Rust
编程与项目实战

朱文伟 李建英 著

清华大学出版社

北京

内 容 简 介

Rust是一门系统编程语言，专注于安全，尤其是并发安全，它也是支持函数式、命令式以及泛型等编程范式的多范式语言。标准Rust在语法和性能上和标准C++类似，设计者可以在保证性能的同时提供更好的内存安全。本书详解Rust编程技巧，配套示例源码、PPT课件、作者QQ答疑服务。

本书共分17章，内容包括Rust基础，搭建Rust开发环境，常量、变量和标量数据类型，运算符和格式化输出，选择结构，控制结构，函数，复合数据类型，指针，模块化编程和标准库，标准库中的字符串对象，多线程编程，标准输入输出和命令行参数，文件读写，网络编程实战，图像和游戏开发实战，数据分析实战。

本书适用于Rust编程初学者、Rust应用开发人员、高并发和分布式开发人员、Web Assembly开发人员、游戏开发人员以及嵌入式应用开发人员。本书也适合作为高等院校或高职高专Rust编程课程的教材。

图书在版编目（CIP）数据

Rust 编程与项目实战/朱文伟，李建英著. —北京：清华大学出版社，2024.5

ISBN 978-7-302-66024-8

Ⅰ．①R… Ⅱ．①朱… ②李… Ⅲ．①程序语言－程序设计 Ⅳ．①TP312

中国国家版本馆CIP数据核字（2024）第070053号

责任编辑：夏毓彦
封面设计：王　翔
责任校对：闫秀华
责任印制：刘　菲

出版发行：清华大学出版社
　　　　网　　　址：https://www.tup.com.cn，https://www.wqxuetang.com
　　　　地　　　址：北京清华大学学研大厦A座　　　　　　　　邮　　编：100084
　　　　社 总 机：010-83470000　　　　　　　　　　　　　邮　　购：010-62786544
　　　　投稿与读者服务：010-62776969，c-service@tup.tsinghua.edu.cn
　　　　质量反馈：010-62772015，zhiliang@tup.tsinghua.edu.cn
印 装 者：天津鑫丰华印务有限公司
经　　销：全国新华书店
开　　本：190mm×260mm　　　　　印　　张：20.25　　　　　字　　数：546千字
版　　次：2024年5月第1版　　　　　　　　　　　　　　　　印　　次：2024年5月第1次印刷
定　　价：99.00元

产品编号：105225-01

前　言

笔者一直在讲究性能的领域做开发，比如网络服务器、算法、图像、游戏以及嵌入式等。这些领域通常只能用C/C++，因为C/C++是相对高效的编程语言。但这哥俩比较调皮，稍微没看好它们，它们就会闯个祸，弄个纰漏，导致系统的稳定性一直让人提心吊胆。有时真羡慕隔壁项目组使用Java的老兄，毕竟Java以安全稳定和跨平台著称，但Java天生性能一般，所以应用得也不是很广。为此，笔者经常仰天长叹，C和Java为何不能合二为一！

Rust应运而生。Rust站在了前人的肩膀上，借助最近几十年的语言研究成果，创造出了所有权与生命周期等崭新的概念。相对于C/C++等传统语言，它具有天生的安全性。换句话说，你无法在安全的Rust代码中执行任何非法的内存操作。相对于C#等带有垃圾回收机制的语言来讲，它遵循了零开销抽象（Zero-Cost Abstraction）规则，并为开发者保留了最大的底层控制能力。

可见，Rust不但具有C/C++的性能，而且具有C/C++不具备的安全性。所以它能替代传统的C/C++应用场合，比如嵌入式开发和服务器开发等，而且更适合这些场合，因为这些场合除性能要求高外，对健壮性要求也非常高，而Rust能主动帮助程序员规避传统C/C++程序员经常犯的错误。可见，Rust前途非常光明，大有取代C/C++的趋势，这也是大公司新项目采用它的原因。

Rust由开源基金会Mozilla推动开发，它的背后有一个完善且热情的社区。年轻的Rust正在众人合力推动之下不断进步，许多像你我一样的开发者共同决定着Rust的前进方向。你能够在Rust的托管网站GitHub上追踪到最新的源代码及开发进展，甚至是参与到Rust本身的开发中。但不得不承认的是，Rust独特的创新性也给我们带来了突兀的学习曲线。这些概念与传统语言雕刻在我们脑海中的回路是如此的不同，以至于使众多初学者望而却步。这让人无比遗憾。于是，一直提倡学习曲线要平缓的笔者撰写了本书，希望能对Rust的推广起到一个添砖加瓦和抛砖引玉的作用。

Rust作为开源的、跨平台的系统级编程语言，可以帮助你编写出更为快速且更为可靠的软件，在给予开发者底层控制能力的同时，通过深思熟虑的工程设计，避免了传统语言带来的诸多麻烦。

关于本书

本书由浅入深地探讨了Rust语言的方方面面。全书共分17章，从Windows和Linux的Rust开发环境搭建，到基本的语言语法、函数、选择、循环结构，再到复杂的数据类型、字符串、指针、多线程、标准库、文件读写，最后到网络编程实战、图像与游戏编程实战、数据分析实战，基本覆盖了Rust开发所需要的常见知识。

另外，笔者并没有把一些冷门、生僻和不常用的知识介绍给大家，因为学这些内容"性价比"太低，还会打击初学者的信心。总之，笔者认为对于初学者而言，学习曲线一定要平缓，因此设计的网络案例、游戏案例、数据分析案例也是短小精悍，尽量给读者带来启发。

配套资源下载

本书配套示例源代码、PPT课件、作者QQ答疑服务，需要用微信扫描下面的二维码获取。如果阅读中发现问题或有疑问，请联系booksaga@163.com，邮件主题写"Rust编程与项目实战"。

碍于作者能力有限，本书难免存在疏漏之处，还望读者不吝赐教，我们会随着Rust的迭代升级，不断对本书进行更新与勘误。作者答疑QQ参见配套下载资源。

作者

2024年1月

目　　录

第 1 章
Rust 基础

在你决定是否要学习一门新语言 Rust 的时候，先看一个新闻：2022 年的调查结果显示，Android 的安全漏洞从 2019 年的 223 个降低到 2022 年的 85 个，经过分析，谷歌认为内存漏洞减少的情况主要与 Rust 代码的比例增加有关。

Rust 语言考虑了内存的安全性。在编译的时候，Rust 就能够捕捉到大多数的内存安全问题，避免相关漏洞在生产环境中出现。

在 Android 13 中，已经有约 21% 的新原生代码以 Rust 开发，官方提到，这些组件大多数是在用户层面的系统服务（即 Linux 中运行），但目前还有许多组件依然使用 C++编写，而其中许多安全关键组件都在 Linux 核心之外的裸机环境中运行，当下谷歌为了强化 Android 设备的安全性，正逐渐提高在裸机环境使用 Rust 的比例。

1.1 Rust概述

1.1.1 Rust 的来源与定义

1. Rust的来源

Rust语言一开始在2006年作为Mozilla员工Graydon Hoare的私人项目出现，而Mozilla于2009年开始赞助这个项目。第一个有版本号的Rust编译器于2012年1月发布。Rust 1.0是第一个稳定版本，于2015年5月15日发布。

Graydon Hoare是一个职业编程语言工程师，其日常工作就是给其他语言开发编译器和工具集，但是不会参与语言本身的设计，由于这种工作性质，他接触过很多编程语言，了解各种语言的优缺点。比如C和C++，性能比较好，但是类型系统和内存都不太安全；一些拥有垃圾回收（Garbage Collection，GC）的语言，比如Java、Golang、Kotlin等，内存是安全的，但是性能却比较低。于是Graydon Hoare萌生了自己开发一门语言的想法，这门语言就是Rust。

Rust的LOGO如图1-1所示。Rust的LOGO承载了创造者对该语言的期望：

（1）Rust这个单词是由Trust和Robust组合而成的，暗示了信任（Trust）和鲁棒性（或健壮性，Robust）。

（2）Rust LOGO的形状与一种叫作锈菌的真菌相似，这种真菌生命力非常顽强，在其生命周期内可产生多达5种孢子类型，这5种生命形态还可以相互转换，也就是健壮性非常强。其LOGO上面的5个小圆孔与锈菌的5种生命形态相对应，暗示Rust语言超强的健壮性。

图 1-1

2. Rust的定义

Rust是一门系统编程语言，专注于安全，尤其是并发安全，是支持函数式、命令式以及泛型等编程范式的多范式语言。Rust在语法上与C++类似，设计者想要在保证性能的同时提供更好的内存安全。

Rust最初是由Mozilla研究院的Graydon Hoare设计创造的，然后在Dave Herman、Brendan Eich以及其他人的贡献下逐步完善。Rust的设计者们通过在研发Servo网站浏览器布局引擎的过程中积累的经验，优化了Rust语言和Rust编译器。

Rust编译器是在MIT License和Apache License 2.0双重协议声明下的免费开源软件。Rust已经连续7年（2016~2022年）在Stack Overflow开发者调查的"最受喜爱编程语言"评选项目中摘取桂冠。

1.1.2 Rust 适合做什么

Rust语言适合做的事情包括以下8个方面：防止数据泄露、数据分析、游戏开发、机器学习、嵌入式设备的开发、网络服务器的开发、编译成 WebAssembly、直接生成目标可执行程序。

1. 防止数据泄露

Rust已经是一种用于生产环境的成熟技术。作为一种系统编程语言，它允许用户保持对低级细节的控制。用户可以选择将数据存储在堆栈上（用于静态内存分配），还是存储在堆上（用于动态内存分配）。在这里，着重提一下RAII技术。RAII也称为"资源获取就是初始化"，是C++等编程语言常用的管理资源、避免内存泄露的方法。它保证在任何情况下，使用对象时先构造对象，再析构对象，这是一个主要与C++相关的代码习语，但该技术现在也存在于Rust中，即每次对象超出范围时，都会调用其析构函数并释放其拥有的资源，程序员不必手动执行此操作，并且可以防止资源泄露错误。

2. 数据分析

高性能和安全性对使用Rust来执行大量数据分析的科学家具有强烈的吸引力。Rust的速度非常快，使其成为计算生物学和机器学习的理想选择，在这些领域的应用中，用户需要非常快速地处理大量数据。

3. 游戏开发

Rust是一种面向性能的语言，它可以通过适当的内存管理有效地执行复杂的任务。此外，Rust不使用垃圾回收器，这是最优化的游戏性能的加分项。

4. 机器学习

Rust预计将在机器学习（Machine Language，ML）领域大放异彩，因为它的低级内存控制。该语言使用高级抽象，这些抽象在构建基于Rust的神经网络时非常有益。Rust具有创建现代算法的巨大潜力，但它仍然远不及其他机器学习语言。程序员目前正在尝试Rust，该语言仍然需要一些时间来成熟到足以创建机器学习算法，就像我们在Python中所做的那样。目前正在创建新的Rust库来开发可靠的神经网络，但这需要一些时间。

5. 嵌入式设备的开发

Rust是一种低级编程语言，可直接访问硬件和内存，这使其成为嵌入式和裸机开发的绝佳解决方案。用户可以使用Rust编写操作系统或微控制器应用程序。事实上，有许多用Rust编写的操作系统，例如vivo自主研发的"蓝河操作系统"（BlueOS）、BlogOS、RustOS、QuiltOS、intermezzOS等。Rust也被用于浏览器（如Mozilla Firefox）、游戏等方面。不少开发者视 Rust 为一种更具创新性的系统级语言，因为它不允许悬空指针或空指针。它是为了在不影响性能和速度的前提下做到安全、可靠而创建的。

6. 网络服务器的开发

Rust用极低的资源消耗做到安全高效，且具备很强的大规模并发处理能力，十分适合开发普通或极端的服务器程序，可以用于开发网络服务器。

7. 编译成WebAssembly

Rust可以被编译成WebAssembly，WebAssembly是一种JavaScript的高效替代品。

8. 直接生成目标可执行程序

Rust编译器可以直接生成目标可执行程序，不需要任何解释程序，可用于传统命令行程序。

1.1.3　Rust 的特点

Rust是一门系统级编程语言，它有如下特点。

1. 类C的语言语法

Rust的具体语法和C/C++类似，都是由花括号限定代码块，还有一样的控制流关键字，例如if、else、while和for。然而，也并非所有的C或者C++关键字都被实现了。尽管与C/C++极其相似，Rust在深层语法上跟元语言家族的语言，比如Haskell（一种通用的纯函数编程语言）更接近。基本上一个函数体的每个部分都是表达式，甚至是控制流操作符。例如，普通的if表达式就取代了C的三元表达式。一个函数不需要以return表达式结束，在这种情况下函数最后的表达式就是返回值。

2. 内存安全

Rust语言系统设计用于保证内存安全，它在安全代码中不允许空指针、悬垂指针和数据竞争。数值只能用一系列固定形式来初始化，要求所有输入已经被初始化。在其他语言中复制函数指针要么有效、要么为空，比如在链表和二叉树等数据结构中，Rust核心库提供Option类型，用来测试指针是否有值。Rust同时引入添加语法来管理生命周期，而且编译器通过租借检查器来说明相关理由。

3. 高效的内存管理

Rust不像Go、Java以及.NET Framework那样使用自动垃圾回收系统。不同的是Rust通过RAII来管理内存和资源，还可以选用引用计数。Rust以低开销提供资源确定性管理。Rust也支持值的栈分配，并且不表现暗箱。Rust中也有引用概念（用&符号），不包含运行时引用计数，租约检查器编译时已经验证了此类指针的安全性，阻止了悬空指针和其他形式的未定义行为。

4. 引进所有权

所有权（系统）是Rust最为与众不同的特性，对语言的其他部分有着深刻含义。它让Rust无须进行垃圾回收即可保障内存安全，因此理解Rust中的所有权如何工作是十分重要的。所有程序都必须管理其运行时使用计算机内存的方式，有些语言具有垃圾回收机制，在程序运行时有规律地寻找不再使用的内存，而有些语言程序员必须亲自分配和释放内存。

C/C++这样的语言主要通过手动方式管理内存，开发者需要手动申请和释放内存资源。但为了提高开发效率，只要不影响程序功能的实现，许多开发者没有及时释放内存的习惯。所以手动管理内存的方式常常造成资源浪费。

Java语言编写的程序在虚拟机（Java Virtual Machine，JVM）中运行，JVM具备自动回收内存资源的功能。但这种方式常常会降低运行时效率，所以JVM会尽可能少地回收资源，这样也会使程序占用较多的内存资源。

Rust则选择了第三种方式，通过所有权系统管理内存，编译器在编译时会根据一系列的规则进行检查。违反任何规则，程序都不能编译。在运行时，所有权系统的任何功能都不会减慢程序运行速度。

Rust有一个所有权系统，所有的值都有一个唯一的属主，值的有效范围跟属主的有效范围一样。Rust中的每一个值都有一个所有者，值在任一时刻且只有一个所有者，所有者（变量）离开作用域，这个值将被丢弃。在任何时候，要么有多个不可变引用，要么只有一个可变引用。Rust编译器在编译时执行这些规则，同时检查所有引用的有效性。

5. 类型多态

Rust的类型系统支持一种类似类型类的机制，叫traits，是被Haskell语言激发灵感产生的。这是一种用于特定同质法的设施，通过给类型变量声明添加约束来实现。其他来自Haskell的特性，如更高类型多态还没有支持。

1.1.4 Rust 和其他语言的总体比较

Java、C、Python都是功能强大的编程语言，为什么人们还要设计出一个Rust？笔者当初也很困惑，我们首先将其和其他优秀语言做一下总体比较。

1. Rust与C++比较

Rust和C/C++相比肯定是稍显年轻，最初的开发者只有一位，就是Graydon Hoare，之后得到了Mozilla的赞助。Rust的语法与C++相似，它能提供更高的速度和更好的内存安全，不用自动垃圾回收，也无须手动释放。

在安全的内存管理方面，不少开发者把Rust当作一种更具有创新性的系统级语言，因为它不允许悬空指针或者空指针。

在外媒The Register的文章中写道：或许我们总是可以写出完美安全的C/C++代码，只是大多数情况下这不是一件容易的事情。因为这两种语言都太容易造成内存错误了，比如无效的栈和堆内存访问、内存泄露、不匹配的内存分配和反分配、未初始化的内存访问。

2. Rust与Java比较

对于开发者而言，完美的资源分配和良好的内存管理是Rust突出的优点。使用Rust可以轻易尝试各种类型新颖的复杂项目，之前由于Java语言的复杂性，用户不敢轻易尝试的都可以用Rust尝试。

3. Rust与Python比较

Rust超越Python的一个主要原因是性能。因为Rust是直接编译成机器代码的，所以在代码和计算机之间没有虚拟机或解释器。

与Python相比，另一个关键优势是Rust的线程和内存管理。虽然Rust不像Python那样有垃圾回收功能，但Rust中的编译器会强制检查无效的内存引用泄露和其他危险或不规则行为。

编译语言通常比解释语言要快。但是，使Rust处于不同水平的是，它几乎与C和C++一样快，但是没有开销。

1.2　Rust到底值不值得学

Rust是近两年呼声比较高的一种新型开发语言，市场占有量并不大，但增长速度极为迅猛。

有人统计过，在计算机行业，平均每33.5天就有一种所谓的新型开发语言面世，这还不包括很多企业内部、项目内部的内置简易流程工具。然而大浪淘沙，如今仍然占据着市场地位的，仍然是耳熟能详的有限几种。

作为新来的搅局者，Rust到底值不值得学习并且在工作中应用呢？先说结论，这里粗略地把开发者分为初学者、小有经验的常规工程师和资深开发者三类。

对于初学者，Rust具有比较陡峭的学习曲线，虽然学习Rust能训练良好的编程习惯，从长远来看对提高学习者的开发素养极具价值。但短期的大量付出很容易让初学者心力交瘁。并且尽管官方文档并不欠缺，但学习资料对于初学者来说仍然远远不够，比较而言得不偿失。因此，建议初学者仍然使用久经验证的语言入门加入软件开发的大家庭，比如C、Java、Python、JavaScript都是很好的入门选择。

对于有一定经验的常规工程师，他们已经有了一段时间的开发工作实践，对于软件开发的现状、发展都已经形成了自己的世界观。如果感觉不是很喜欢这个行业，希望将来转行管理岗位或者产品岗位。那么当前应当倾向于业务领域，了解业务和技术的衔接和互动，完全不需要学习Rust。而如果醉心于技术，并从中获得了自己的乐趣，希望逐步提高自己的技术水平，那么Rust会是一个很好的桥梁，哪怕仅仅学习Rust而并不将其应用于工作，也能让开发者从中获取大量的有益习惯和软件底层经验，从而形成自己良好的代码风格。

对于资深工程师，即便并不从事底层系统级的开发工作，Rust也是一门很优秀的语言。它能弥补当前多种开发语言的不足，形成良好的开发哲学和思想导向，帮助开发者交付高质量的软件产品。因此，及早学习并应用Rust非常有价值。

为了说明这个结论，下面从多个角度，采用同传统语言对比的方式来说一说笔者对Rust的理解。

1.2.1　Rust 是一种全面创新的语言

值不值得学笔者说了不算，我们要评估这门新语言的特点。这几年出现了不少有影响力的语言出现，但大多数都只是关键字或者小范围的语法创新，随后可能会有大量的特色库函数来丰富语言的功能。一个有经验的开发者，可能翻两天资料，就能快速掌握。

而Rust极具自身语言特点，是一种完全创新的语言，而不是简单的语法替换。简单地熟悉几个关键字、判断、循环等语法，远不足以掌握这门语言。

为了证明这一点，下面用Rust的"所有权"（Ownership）机制和"遮蔽"（Shadowing）机制来举例说明。以C++为例，请看下面这段代码：

```
#include using namespace std;
int main(){
    string s1="hello";
    string s2=s1;
    cout << "s1=" << s1 << ",s2=" << s2 << endl;
    return 0;
}
```

编译执行后，程序输出：

```
s1=hello,s2=hello
```

代码再简单不过，首先声明、赋值一个字符串变量s1，然后把变量s1赋值给变量s2，最后输出两者的值。对应地，我们看一个Rust的版本：

```
fn main(){
    let s1=String::from("hello");
    let s2=s1;
    println!("s1={},s2={}",s1,s2);
}
```

除细小的语法差异外，看上去跟C++版本没有什么不同。然而在Rust中，这段代码连编译都无法通过，得益于rustc编译程序详细的输出，我们能看到很细致的错误提示：

```
2 | let s1=String::from("hello"); | -- move occurs because `s1` has type
`std::string::String`, which does not implement the `Copy` trait 3 | let s2=s1; | --
value moved here 4 | println!("s1={},s2={}",s1,s2); | ^^ value borrowed here after move
```

这个编译错误是指，上面的代码中，当变量s1赋值给s2之后，s1变量名所指向的内存所有权被

"转移"（move）到了s2变量名之下。从此之后，s1变量名就无效了，不再指向任何一块内存。除非重新声明并为s1赋值（Rust中称为Shadow，"遮蔽"原有的s1），s1不能再被使用。

所有权机制可以有效防止内存泄露所导致的程序Bug，是Rust内存管理的核心理念。上面提到的所有权"转移"是所有权管理的重要特征之一。

"遮蔽"也是一个有趣的概念，Rust的处理方式跟很多我们熟悉的语言不同。

请看下面的C语言代码：

```c
#include int main(){
    int x = 5;
    x = x+1;
    printf("x=%d\n", x);
}
```

这又是一段很基本的代码。首先声明、赋值一个整数变量x，接着把x的值加1，再赋值回变量x。这是各种开发语言中都常见的用法。编译执行的输出结果为x=6。

下面来看Rust的版本：

```rust
fn main(){
    let x=5;
    x = x+1;
    println!("x={}", x);
}
```

很不幸，这段代码同样无法编译通过，错误是：

```
error[E0384]: cannot assign twice to immutable variable `x` --> test-own1.rs:3:5
| 2 | let x=5; | - | | | first assignment to `x` | help: make this binding mutable:
`mut x` 3 | x = x+1; | ^^^^^^^ cannot assign twice to immutable variable
```

编译器rustc这种"图示"型的输出信息让你排查错误更加方便。错误的原因在于，在Rust中，默认所有变量都是只读类型的，除非在变量声明的时候就注明为可变类型mut。因此，两次对于一个只读变量赋值导致编译错误。解决的办法是，要么注明变量为可读写，这样与C语言版本具有完全相同的意义：

```rust
let mut x=5;
```

要么用前面提到过的"遮蔽"机制：

```rust
fn main(){
    let x=5;
    let x = x+1;
    println!("x={}", x);
}
```

注意，在上面的x=x+1这一行的开始再次使用let关键字，表示再次声明了变量x。

与大多数语言不允许重复声明变量不同，这个变量x跟第一次声明的变量x同名，并对其做出了"遮蔽"。之后除非再次遮蔽变量x，那么起作用的都将是本次新声明的x。

通过这两个例子可以看出，Rust是从理念上做出了大量创新的一种语言。如果只是像学习其他语言一样对比学习语法和关键字，无法真正掌握这门语言。这些融汇在语言中的理念才是Rust最宝贵的地方。注意，在这里"理念"可不是什么大而化之的套话，而是实际操作中很重要的原则。

很多语言的设计初衷是"简化"，在Rust中当然也有很多简化的地方，就像直接使用let关键字声明一个变量，而变量的类型可以通过赋值的操作从而推导出变量的类型。比如变量超出作用域，也会被自动回收。但Rust中也大量存在"复杂化"的操作，比如上面举例的所有权机制，再比如使用可读写变量需要额外标注mut。这些"复杂化"的部分，都基于"尽量在程序开发的早期，就将可能会出现问题的部分暴露出来，从而在设计中和编译时就解决掉"这样一个理念。

1.2.2　引用和借用

如果每次都发生所有权的转移，程序的编写就会变得异常复杂。因此，Rust和其他编程语言类似，提供了引用（References）的方式来操作。获取变量的引用称为借用。类似于你借别人的东西来使用，但是这个东西的所有者不是你。引用不会发生所有权的转移。引用类似于C语言中的指针，指向一块已经存在的数据：

```
let mut x = 5;
let y = &x;
```

上例中，y是对变量x的引用，并且没有标注mut，所以是只读引用。写法跟C语言中获取指针的方式类似，就是一个&符号。y此时具有了变量x的一些权限，所以也称为"借用"，本例中因为只借用了读的功能，没有借用写的功能，所以称"一些"。当然也可以借用写的功能，我们后面会再举例。

借用（Borrowing）看起来跟引用是一回事，但"借用"这个词更主要对应的是前面所说的所有权"转移"的概念，转移之后，原来的变量就无效了。而借用之后，原来的变量还有效，或者部分有效，比如只被借用了写权限。在函数参数中，使用引用的方式让函数临时获得数据的访问权，也是典型的借用。事实上，这种方式才是最常用到借用的地方：

```
fn main() {
    fn sum_vec(v: &Vec) -> i32
    { return v.iter().fold(0, |a, &b| a + b); }
    let v1 = vec![1, 2, 3];
    let s1 = sum_vec(v1);
    println!("{}", s1);
}
```

先别管我们使用到的令人困惑的关键字和函数名，那些系统学习之后都不算什么。在函数sum_vec的参数中，我们就使用了借用。顺便还见识了Rust中函数的嵌套写法，当然现在新兴的语言，包括C++11之后的版本，都已经支持这种写法，这在函数式（Functional Programming Paradigm，注意不是函数化Functionalization）编程中是很重要的支持。

引用和借用的概念与C/C++语言中所使用的非常类似，尽管名称不同，主要的区别在于对引用的管理理念，Rust对引用的管理规则如下：

（1）对于一块内存，同时只能有一个可写引用存在。

（2）对于一块内存，同时可以有多个只读引用存在。

（3）对于一块内存，在有一个可写引用存在的时候，不能有其他引用存在，无论只读或者可写。

引用的原始对象必须在引用存在的生命期一直有效，比如：

```
let mut x = 5;
let y = &mut x;
let z = &mut x;
println!("{} {} {}", x,y,z);
```

上面的代码会产生编译错误，因为y已经是可写的引用，而同时存在一个可写的引用z，违反了Rust对引用的管理规则。如果把z变量这一行和后面显示z的部分去掉呢？去掉之后是可以编译通过的，但仍然需要注意，y此时是可写的指针，"借用"了x的写权限。所以x此时只有读的权限，不能再对x进行赋值。因为它已经被"借用走"（Borrowed）了。

这些复杂的规则看起来就跟前面见过的所有权转移一样，似乎极大地限制了程序员的自由度。但这些都是在强迫你，让你成为一位更优秀的程序员，产出更高质量的代码，将Bug消灭在萌芽期。

1.2.3　生命期

通常一个变量的生命期（Lifetime）就是它的作用域。但在引用和借用出现后，这个问题变得复杂了。熟悉C语言的程序员都碰到过数据失效了而指针依然存在的情况，俗称"悬挂指针"。Java为了解决这个问题，干脆取消了指针，并且最终以引用计数器作为内存管理的主要模式。这种情况出现最多的场景，是在某个函数中使用了变量或者申请了内存，并将其引用作为返回值传递到调用者的时候。比如这段C语言代码：

```
int *getSomeData(){
    int c=32767;
    return &c;
}
```

变量c位于栈上，是一个局部变量，当函数返回指针的时候，指针在这个函数的调用者中依然存在，但变量c已经被回收了。在新版本的编译器中，这种情况也会被警告，但可以编译成功。而在Rust中，这种情况是不允许编译通过的，比如下面的类似代码：

```
fn somestr() -> &str {
    let result = String::from("a demo string");
    result.as_str()
}
```

直接使用方法返回值（或者变量），之后没有分号，即将其作为返回值处理，不用像C语言一样要使用return result.as_str()语句返回值。编译的时候会报错"result变量没有足够长的生命期"：

```
error[E0597]: `result` does not live long enough --> src/main.rs:3:5 | 3 |
result.as_str() | ^^^^^^ does not live long enough 4 | } | - borrowed value only lives
until here
```

如果仅仅是这样断然地禁止返回悬挂引用，也就"不过如此"了。事实上，更复杂的问题在于，如果数据源来自函数的参数，参数本身就是引用的情况。比如下面的Rust代码：

```
fn longest(x: &str, y: &str) -> &str {
    if x.len() > y.len() { x }
    else { y }
}
```

上面这个函数接受两个字符串的引用，比较其长度，将长的那个字符串作为结果返回调用者。这种返回值的方式一定让你印象深刻。虽然示例简单，但不可否认，这种需求是很正当的。大量的应用场景都需要函数独立于外，处理固定的内存数据，进入和返回的都只是指向内存的指针。当然，尽管合理，但是上面的代码是无法编译通过的，报错是"丢失生命期指定"：

```
error[E0106]: missing lifetime specifier --> src/main.rs:1:33 | 1 | fn longest(x:
&str, y: &str) -> &str { | ^ expected lifetime parameter | = help: this function's return
type contains a borrowed value, but the signature does not say whether it is borrowed
from `x` or `y`
```

Rust引入了生命期的概念，从而保证返回值与给定的参数具有相同的生命期。这既保证了程序的灵活性，又不会造成内存泄露，同时还不会把维护内存安全的责任推给不可靠的人为因素。

```
fn longest<'a>(x: &'a str, y: &'a str) -> &'a str {
    if x.len() > y.len() { x }
    else { y }
}
```

上面的代码添加了生命期指定。在函数名之后首先声明了生命期a，语法样式跟泛型的类型说明部分实际是一样的，都放在尖括号"<>"中。生命期名称之前附加一个单引号"'"。随后的两个引用参数x/y以及作为返回值的字符串引用都直接在&符号之后标注了生命期'a。这表示，这几个引用具有相同的生命期。

当然，在这个例子中，x/y是调用的参数，是外面传递进来的，所以完整的含义应当是：返回的引用值，同参数x/y一样具有相同的生命期。因此，从调用者的角度来看，当x/y指向的内存超出作用域销毁之后，所获得的函数返回值也同时被销毁。

有一个特殊的生命期'static，用于表示Rust中的全局量或者静态量，专门表示这种引用具有贯穿于整个程序运行时的生命期长度。比如，Rust中通常用字面量赋值的字符串实际都是'static，因为这些字面量实际在编译程序的时候，就放置到了数据区并一直存在，贯穿程序始终：

```
let s = "I have a static lifetime.";
```

1.2.4 编译时检查和运行时开销

通过前面的几个例子，我们对Rust的编译器rustc有了一个初步了解，丰富、详尽的编译错误输出对于排查源码中的错误帮助很大。实际上远不止于此。Rust的编译器包含着Rust语言的另一个核心思想，那就是尽量在编译阶段就暴露出程序的设计错误，而不让这些错误带到生产环境中，从而付出昂贵的代价。

这也是Rust学习曲线陡峭的原因之一，很多在其他语言中可以编译通过的代码，在Rust中都无法编译通过（排除语法错误）。这种更严格的编译时检查，很容易让初学者手足无措。

带来的优点也是显而易见的，除刚才提过的不让程序Bug带入生产环境外，错误能在编译阶段就消除掉，无须在运行时进行更多不必要的错误检查，这也将大大地减少程序在运行时的消耗。这个消耗包括编译所生成的代码体积和运行时检查所损耗的CPU资源两个方面。比如，Rust中有多种不同功能的智能指针，以常见的Box和Rc为例，前者提供基本的指针功能，后者提供类似Java语言一样，基于引用统计的自动垃圾回收机制。（请注意，这里并不是做语言学习，所以请关注在Rust的设计理念上，先别在意具体的关键字和语法。）

如果在程序中使用Box指针的话，当变量x被赋值给变量y，所有权同时被转移，变量x就不再可用了，这个在开始介绍所有权时就见到了：

```
let x = Box::new(1);
let y = x;                    // x从此无效了
```

与此规则对应的所有操作在程序的编译器都可以做出检查，从而判断是否有错误存在。但毕竟我们也有其他的需求，比如希望同时有多个指针指向同一块存储区域。这时就需要使用Rc指针。

```
let five = Rc::new(5);
let five1 = five.clone();     // 此时five/five1都是有效的
```

但显然，使用Rc指针的时候我们无法在编译过程中发现可能的错误。并且，Rc指针类似于Java，当对一块内存的所有引用都失效之后，系统会释放这部分内存。而这个过程都需要在程序执行的过程中，有对应的管理代码不停地工作，以保证跟踪内存的引用和内存的释放（垃圾回收）。这就产生了运行时开销。

为了对运行时开销能够更精确地掌控，Rust在语言层面增加了许多选择，这些选择在其他语言中本来是不需要的。但一个经验丰富的程序员，可以充分利用这些不同的选择，写出高品质的代码。比如Rc指针并不支持多线程，因为其中的引用计数器操作不是原子级的，所以Rust还提供了Arc用于多线程环境。当然，原子级的操作在运行时需要额外的开销。

与Rust语言的编译设计相映成趣的是Go语言，Go语言提供非常快速的编译过程，从而提供流畅的开发体验，让Go语言易于学习和使用。但Go语言的编译质量早就为人所诟病。

当然，更极端的例子是Python、JS等脚本型的语言，脚本语言完全无须编译。虽然执行效率方面这些年来随着计算机性能的提升已经不是严重问题，但大多错误几乎都只能通过代码的执行来发现，使得脚本语言在商业软件开发中占有率一直不高，更别说操作系统这一类的底层软件了。

总结一下这一部分，Rust提供高级语言所具有的一些特征，比如自动的运行时垃圾回收机制。但同时也提供并且倾向于开发人员通过精细的设计，在开发和程序编译过程中就完成内存的设计和管理，从而及早发现错误，降低运行时开销，提高最终的代码质量。

1.2.5　有限的面向对象特征

面向对象是现代开发语言的基本能力，但Rust只提供了有限的面向对象支持。笔者衷心地认为这是一件好事，笔者一直认为现在很多程序员往往为了面向对象而去进行面向对象开发，把原本很简单的事情做得过于复杂，使得代码量和运行开销高企不下，开发效率和执行效率完全失控。

Linus Torvalds曾经在那场著名的辩论中直呼C++是"糟糕程序员的垃圾语言"，有兴趣的读者可以去看原文：*Re: [RFC] Convert builin-mailinfo.c to use The Better String Library*。

在Rust中没有直接提供"类"（Class）的概念，希望使用"对象"的程序员可以直接在结构（Struct）和枚举（Enum）类型上附加函数方法，比如：

```
// 声明一个"圆"结构类型
struct Circle { x: f64, y: f64, radius: f64, }
// 为结构实现一个方法
area impl Circle {
    fn area(&self) -> f64 { std::f64::consts::PI * (self.radius * self.radius) } }
fn main() {
    let c = Circle { x: 0.0, y: 0.0, radius: 2.0 };
    println!("{}", c.area());          // 调用结构的内置方法计算圆的面积
}
```

看起来跟Go处理对象的方法很像，其实在面向对象方面，Go语言的理念也是高举了"简化"的大旗。

Rust也没有我们习惯了的构造函数和析构函数。上面代码中对Circle对象的初始化语句如下：

```
let c = Circle { x: 0.0, y: 0.0, radius: 2.0 };
```

就是直接对成员变量赋值。这是因为Rust推崇"明确化"（Being Explicit）的代码方式，也就是所有要执行的代码应当清晰地在代码中体现出来，而不是隐藏在一些容易忘记、容易出错的构造函数之后。

与"简化对象"相反，Rust对面向对象中"接口"（Java中的接口，或者C++中的多重继承）的概念做了发扬，贯穿在了Rust类型管理的方方面面。

当然笔者这样说有点不贴切，其实应当先忘记"接口"的概念，从头理解Rust中的trait，因为trait和接口只是在技术实现上有些类似，但在应用理念上还是很有区别的。本质上说，trait也是实现多个对象中共性的方法，比如：

```
trait HasArea {                    //求取对象的面积
fn area(&self) -> f64; }
```

随后多个对象都可以实现这个trait，从而都具有这个方法：

```
struct Circle {                    //定义一个"圆"对象
   x: f64, y: f64, radius: f64, }
impl HasArea for Circle {
    fn area(&self) -> f64 { std::f64::consts::PI * (self.radius * self.radius) }
}
struct Square {                    //定义一个"方形"对象
   x: f64, y: f64, side: f64, }
impl HasArea for Square { fn area(&self) -> f64 { self.side * self.side }
}
```

在Rust中，通过泛型的帮助，根据数据类型实现的不同trait会把类型分为不同的功能和用途。比如，具有Send trait的类型，才可以安全地在多个线程间传递从而共享数据。

比如，具有Copy trait的类型，说明数据保存在栈（Stack）上，数据的复制（赋值给其他变量）不会产生所有权的转移（参考前面所有权的例了）。还有刚才讲过Rust中没有析构函数，但如果有一些数据并没有被Rust所管理，需要自己去释放，则可以为自己定义的对象实现一个Drop trait，在其中的drop方法中释放自己申请的内存：

```
impl Drop for CustomSmartPointer {
    fn drop(&mut self) { println!("Dropping CustomSmartPointer with data `{}`!",
self.data); }
}
```

其他面向对象的编程特征，比如泛型、重载，与其他语言并没有很大的区别，这里不再额外介绍。这些相比较其他面向对象语言并不算丰富的语法工具，是保留了面向对象开发模式最精华的部分，并不会对业务的描述造成什么障碍，反而会让建模工作更为简洁、务实，尽可能不造成代码上的晦涩和运行时的低效。

早期出现的开发语言，比如C、Java，本身并没有附加官方的管理工具，比如包管理、测试管理、编译管理。

在编程语言的发展过程中，因为开发工作的需求，往往会出现多个有影响力的工具。在C/C++方面，常见的编译管理工具有Makefile、CMake、AutoMake等，包管理工具往往与系统包管理工具结合在一起，常见的有APT、YUM、Aptitude、Dnf、HomeBrew。Java的情况与之类似。

新近风靡的语言，比如Python，pip工具占了大部分市场，Node.js则是NPM用户最多。Go语言的同名管理工具就更不用说了。这些现象跟语言本身的官方支持密不可分。

Rust也由官方直接发布了Cargo工具，功能涵盖版本升级、项目管理、包管理、测试管理、编译管理等多方面。

大多数初学者的Rust之旅就是由执行cargo new helloworld开始的。

开发语言的综合管理工具对于构建大型的软件项目必不可少。相信在Cargo的帮助下，可以让学习者快速学以致用，把一些项目迁移至Rust能轻松不少。

1.2.6　扩展库支持

一门语言能否被大量用户支持，与语言所提供的扩展库功能密不可分。笔者就见到不少程序员学习Python的原因是，Python能够更好地支持PyTorch、TensorFlow等机器学习工具包。Rust通过Crate（可以翻译为扩展箱）机制支持自己的扩展包，而且通过内置的Cargo工具可以直接使用大量的官方预置扩展包和社区共享的扩展包。此外，Rust还可以通过FFI接口（Foreign Function Interface）直接调用其他语言编写的函数库或者共享Rust函数供其他语言调用。比如，我们在Rust中调用C++写的Snappy压缩、解压功能包。Snappy官方网站为https://google.github.io/snappy/。因为使用了libc扩展库，需要在Cargo.toml中设置库依赖：

```
[dependencies] libc = "0.2.0"
```

编译的时候，rustc会自动链接libc库和宏定义指明的Snappy压缩解压库。把Rust中定义的函数共享给C语言调用也很类似，请看Rust的代码：

```
extern crate libc;
use libc::uint32_t; #[no_mangle]
pub extern fn add(a: uint32_t, b: uint32_t) -> uint32_t { a + b }
```

上面的代码需要设置Cargo.toml文件的lib参数：

```
[lib] crate-type =["cdylib"]
```

从而让rustc将项目编译为.dylib动态链接库文件（macOS）或者.so动态链接库文件（Linux）。对应的C语言代码如下：

```
#include extern "C" uint32_t
add(uint32_t, uint32_t);
int main(){ uint32_t sum = add(5, 5);
    return 0;
}
```

C代码编译的时候，记着使用-l参数链接Rust生成的动态链接库。

综上所述，迁移至Rust完全不用担心扩展库的限制，也完全不用担心同现有软件资源之间的互动和共享。可以从一个小的项目作为切入点，边学边用，在享受Rust安全可靠的同时，逐渐达成软件架构的迁移。

1.2.7　Rust 是一种可以进行底层开发的高级语言

现在流行的开发语言很多，但能够进行操作系统底层开发的选择项并没有几个。除传统的C、新近的Go外，Rust是另一个不错的选择。要做到这一点，除Rust是真正的二进制编译外，Rust还具有非常小并且可控的"脚印"（Footprint）。这代表Rust可以做到在完全没有自己的运行时库支持下运行。

作为新兴的开发语言，Rust在函数式编程、网络编程、多线程、消息同步、锁、测试代码、异常处理等方面都有不俗表现，但本书这里不展开介绍。建议在学习Rust的过程中，根据所选教程的组织结构来逐步了解。在企业应用中，Web框架和ORM是最常用的组件，但这应当说是Rust当前的一个短板。因为毕竟Rust是一个新兴的生态系统，尽管选择很多，但尚没有重量级的选手出现。在性能和规模化的应用方面还有待市场验证。

总之，Rust首先包含长期软件工程中对于高频Bug的经验总结，从而开创性地提出了大量全新编程理念。不同于很多新式语言给予开发者更多的便利和自由，Rust更苛刻地对待程序员的开发工作。尽管在易用方面Rust也下了不少功夫，但相对于繁复的规则，这些努力很容易被忽视。而这些"成长的代价"保证了更高品质的开发输出。比如，自2004年以来，微软安全响应中心（Microsoft Security Response Center，MSRC）已对所有报告过的微软安全漏洞进行了分类。根据其提供的数据，所有微软年度补丁中约有70%是针对内存安全漏洞的修复程序。恐怕没有人再继续做延伸统计，比如这些安全漏洞造成了多少经济损失。所以，甚至已有传闻微软正在探索使用Rust编程语言作为C、C++和其他语言的替代方案，以此来改善应用程序的安全状况。

Rust并不适合初学者，只有经历过大量实践磨炼，甚至被安全漏洞痛苦折磨的资深开发者，才更能理解Rust的价值。自由还是安全，终要有所取舍。

第 **2** 章

搭建 Rust 开发环境

2.1　搭建Windows下的Rust开发环境

2.1.1　安装 vs_buildtools

在Windows系列操作系统中，Rust开发环境需要依赖C/C++编译环境，因此需要先安装C/C++工具vs_buildtools。步骤如下。

首先安装vs_buildtools工具。打开浏览器，访问https://visualstudio.microsoft.com/zh-hans/visual-cpp-build-tools/，单击"下载生成工具"按钮，如图2-1所示。

图 2-1

Microsoft C++生成工具通过可编写脚本的独立安装程序提供MSVC工具集，无须使用Visual Studio。如果从命令行界面（例如持续集成工作流中）生成面向 Windows 的 C++ 库和应用程序，则推荐使用此工具，Visual Studio 2015 Update 3、Visual Studio 2017、Visual Studio 2019和最新版本的Visual Studio 2022中提供这个工具。

下载下来的文件是vs_BuildTools.exe，如果不想下载，也可以在源码目录的 somesofts文件夹下找到vs_BuildTools.exe。双击下载的vs_BuildTools.exe文件，按照提示默认安装，在最后选择安装组件时按图2-2进行选择。

图 2-2

然后单击右下角的"安装"按钮开始安装，如图2-3所示。

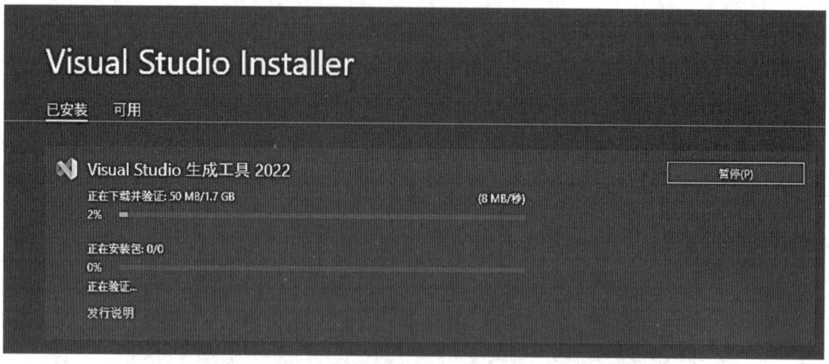

图 2-3

一直到安装结束，这样，我们就完成了vs_BuildTools工具的安装。

2.1.2 安装 Rust 相关工具

打开浏览器，访问https://www.rust-lang.org/zh-CN/tools/install，根据当前操作系统的环境（目前主流操作系统一般都是64位操作系统），单击"下载RUSTUP-INIT.EXT(64位)"按钮下载Rust安装工具。下载下来的文件是rustup-init.exe，如果不想下载，也可以在somesofts文件夹下找到。

下面准备开始安装，打开我的电脑，进入rustup-init.exe所在的目录，然后在资源管理器地址栏输入cmd后按Enter键，此时会打开命令行窗口，并自动定位到rustup-init.exe所在的目录，如图2-4所示。

然后在命令行窗口执行以下命令：

```
set RUSTUP_DIST_SERVER=https://mirrors.ustc.edu.cn/rust-static
```

```
set RUSTUP_UPDATE_ROOT=https://mirrors.ustc.edu.cn/rust-static/rustup
```

设置这些环境变量的目的是让Rust安装包使用国内Rust镜像库安装，以提高相关Rust软件包的下载速度。之后直接在命令行下执行rustup-init.exe，选择一项（default）后按Enter键开始安装，如图2-5所示。

图 2-4　　　　　　　　　　　　　　　　　　　　　　图 2-5

如果一切顺利（不顺利可能是因为你的网络不稳定），最终会出现安装成功的提示，如图2-6所示。

```
stable-x86_64-pc-windows-msvc installed - rustc 1.67.1 (d5a82bbd2 2023-02-07)

Rust is installed now. Great!

To get started you may need to restart your current shell.
This would reload its PATH environment variable to include
Cargo's bin directory (%USERPROFILE%\.cargo\bin).

Press the Enter key to continue.
```

图 2-6

安装成功后，就可以验证相关工具是否处于可用状态。比如我们可以通过选项-V来查看版本。关闭当前命令行窗口，再重新打开命令行窗口，然后执行以下两个命令：

```
C:\Users\Administrator>cargo -V
cargo 1.72.1 (103a7ff2e 2023-08-15)

C:\Users\Administrator>rustc -V
rustc 1.72.1 (d5c2e9c34 2023-09-13)
```

其中，cargo是Rust的工程包管理工具。如果每条命令的输出都是你安装的Rust版本号，说明该工具安装成功。

2.1.3　第一个 Rust 项目

本节我们趁热打铁，开始编写第一个Rust项目。这个项目纯手工打造，没有用到集成开发环境。

【例2.1】　第一个Rust项目

步骤 01　新建项目。打开命令行窗口，在硬盘的某个路径（这里是D:\ex\）下执行命令：

```
D:\ex>cargo new firstrust
```

Cargo是Rust的工程管理工具，使用Cargo创建项目后，将在D:\ex下自动新建一个文件夹firstrust，并且在firstrust下生成文件夹和文件，如图2-7所示。

其中，文件.gitignore用于版本管理工具Git，现在我们没有用Git工具，所以不需要理会这个文件。文件Cargo.toml 是工具Cargo 的元配置文件，里边包含项目名称、版本号等内容，该文件从用户的角度出发来描述项目信息和依赖管理，因此它是由用户来编写的，它又被称为清单（manifest），文件格式是TOML（Tom's Obvious Minimal Language），

图 2-7

这是一种用于配置文件的文件格式，它被设计为易于读写，并且在结构上类似于INI文件。文件夹src下也会生成一个文件main.rs，这个.rs文件就是Rust语言的源代码文件，此时里面已经有内容了：

```
fn main() {
    println!("Hello, world!");
}
```

是不是感觉有点像C语言，有C编程基础的读者一看便知，这个main函数将打印一行字符串"Hello, world!"。这里的main函数也是整个Rust项目的入口函数。

步骤02 编译运行程序。在命令行下进入目录D:\ex\firstrust，然后执行命令：

```
D:\ex\firstrust>cargo run
   Compiling firstrust v0.1.0 (D:\ex\firstrust)
    Finished dev [unoptimized + debuginfo] target(s) in 6.73s
     Running `target\debug\firstrust.exe`
Hello, world!
```

可以看到，编译成功，并且运行成功了，最终打印了字符串"Hello, world!"。如果有兴趣，还可以用文本编辑器（比如记事本）打开main.rs，然后改变一下字符串，再编译运行，看看运行结果是否发生了变化。

此时我们到文件夹firstrust下查看，可以发现多出了文件Cargo.lock和文件夹target，它们是编译过程中自动生成的。其中，文件Cargo.lock也是工具Cargo的元配置文件，它包含依赖的精确描述信息，它是由Cargo自行维护的，因此不需要手动修改。文件夹D:\ex\firstrust\target\debug下包含可执行文件firstrust.exe，直接双击它就可以运行。

至此，Rust相关工具的安装工作就完成了。但这个开发环境比较简陋，下面我们搭建集成开发环境来开发Rust程序。

2.1.4　VS Code 搭建 Rust 开发环境

尽管我们可以采用文本编辑器完成Rust源码编辑，然后通过Cargo运行、调试Rust程序，这对于学习Rust语言足够了。但是在实际应用开发工程中，很少有人采用各种原始的生产方式，毕竟效率实在是太低了。所以一般在应用开发过程中，为了提升生产效率，开发人员都会采用集成开发环境（Integration Development Environment，IDE）开展实际生产开发工作。Rust官方没有提供IDE，我们完全可以采用VS Code + 插件的方式搭建一个轻量级的IDE。

打开浏览器访问https://code.visualstudio.com/Download，然后根据操作系统平台（目前流行的

操作系统一般是64位），单击System Installer旁的x64链接，以此来下载64位的安装包，如图2-8所示。

下载下来的文件是VSCodeSetup-x64-1.76.1.exe，如果不想下载，也可以在本书配套源码somesofts文件夹下找到。安装过程非常简单，这里不再赘述。

VS Code刚装好只是一个编辑器，很多功能都需要安装插件才能拥有，下面我们准备安装3个插件：Code Runner、rust-analyzer和CodeLLDB。

打开VS Code，单击左侧的Extensions工具按钮，或者直接按快捷键Ctrl+Shift+X，如图2-9所示。

图 2-8

图 2-9

在Search Extensions in Marketplace...输入框中输入Code Runner后按Enter键，此时将搜索到Code Runner这个插件，单击Install按钮就可以开始安装了，如图2-10所示。

Code Runner是Jun Han编写的一款VS Code代码运行插件，可以运行多种语言的代码片段或代码文件，比如C、C++、Java、Objective-C、Rust等。此插件安装成功后，会在VS Code的右上角出现一个三角形按钮，如图2-11所示。以后要运行程序时，直接单击这个三角形按钮即可。

图 2-10

图 2-11

再搜索下一个插件rust-analyzer，在Search Extensions in Marketplace...输入框中输入rust-analyzer，然后按Enter键，等搜出来后，单击install按钮。rust-analyzer会实时编译和分析你的 Rust 代码，提示代码中的错误，并对类型进行标注，还可以实现自动补全、语法高亮等功能。

还要安装插件CodeLLDB，CodeLLDB的作用是Debug。在Search Extensions in Marketplace...输入框中输入CodeLLDB，然后按Enter键，等搜出来后，单击Install按钮开始安装。如果在线安装比较慢，我们也可以先把整个插件安装包下载下来，然后离线安装。下载地址如下：

```
https://github.com/vadimcn/codelldb/releases/download/v1.9.0/codelldb-x86_64-w
indows.vsix
```

下载下来的文件是codelldb-x86_64-windows.vsix，如果不想下载，也可以在somesofts文件夹下找到，然后打开VS Code，单击左侧工具栏上的Extensions按钮，然后把文件codelldb-x86_64-windows.vsix拖入VS Code的Extensions页下的空白处，稍等片刻，VS Code右下角会提示安装完成，如图2-12所示。

最后重新启动VS Code，安装的插件就能起作用了。

2.1.5 VS Code 单步调试 Rust 程序

好了，粮草和兵马都准备好了，下面讲解一下单步调试Rust程序的方法。

【例2.2】 在VS Code下单步调试Rust程序

步骤 01 准备在磁盘某目录下新建工程。笔者这里使用的路径是D:\ex\，打开命令行窗口，并定位到路径D:\ex，然后输入创建Rust项目的命令：

```
cargo new myrust
```

其中，myrust是项目名称，创建后，会在D:\ex\下出现一个myrust文件夹，并且在myrust\src子文件夹下，src还会自动新建一个main.rs文件。

步骤 02 打开VS Code，然后单击菜单File→Open Folder...，选择D:\ex\myrust\，将会弹出窗口提示是否信任该文件夹中的所有文件的作者，选择Yes, I trust the authors即可，如图2-12所示。此时EXPLORER视图下将会显示myrust文件夹下的内容，如图2-13所示。

步骤 03 在EXPLORER视图下展开子目录src，双击main.rs打开该文件，然后在代码编辑器的第2行和第3行的行号左边单击一下，以此来设置两个断点，这时会显示两个红色小圆点，如图2-14所示（红色小圆点请读者自行验证）。

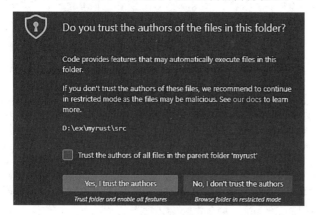

图 2-12

图 2-13

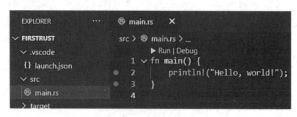

图 2-14

所谓断点，就是调试运行程序的时候会自动停下来的地方。按键盘上的F5键启动VS Code程序调试器，此时将提示因为不具备合适的调试触发配置而不能调试，如图2-15所示。

单击OK按钮后继续提示是否生成默认调试配置信息，如图2-16所示。

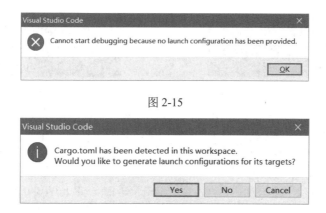

图 2-15

图 2-16

单击Yes按钮将自动在myrust目录（这个目录可以看作工程的根目录）下生成.vscode文件夹，并在该文件夹下生成一个launch.json文件，该文件用于配置VS Code的调试功能。此时，EXPLORER视图下的内容如图2-17所示。

这个launch.json文件的内容我们先不用管它，保持默认即可，再次按启动调试的快捷键F5，此时将在VS Code中调试运行main函数，并在运行到第2行时停下来，如图2-18所示。

图 2-17

图 2-18

可以看到，图2-18中第2行左边出现一个黄色的五边形箭头，用来提示当前停在这一行，且这一行还没执行。

图2-18中右上方出现了一个工具栏，上面的工具栏按钮依次分别表示Continue（F5）、Step Over（F10）、Step Into（F11）、Step Out（Shift+F11）、Restart（Ctrl+Shift+F5）、Stop（Shift+F5）。这些都是常见的调试功能，最常用的是前3个。其中Continue（F5）表示继续运行，直到碰到下一个断点才停下或一直运行到程序结束（如果没有碰到断点的话）；Step Over（F10）表示运行一步（通常是一行），但碰到函数不进入函数内部；Step Into（F11）也表示运行一步（通常是一行），但碰到函数会进入函数内部。

好了，我们现在按F10键，让程序运行一步，此时第2行就被执行完毕了，该行代码打印输出了一个字符串"Hello, world!"，我们可以在VS Code下方的TERMINAL视图中看到输出的结果，如图2-19所示。

单步运行程序成功了，是不是感觉很棒？再看编辑器，此时那个黄色五边形箭头指向第3行了，如图2-20所示。

图 2-19　　　　　　　　　　　　　　　　　　　图 2-20

其实，按F5键也可以在第3行处停下来，因为我们在第3行也设置了断点。第3行没什么代码，也没输出。最后，我们按F5键，让程序彻底运行结束。至此，基于VS Code的Rust开发环境搭建完毕，而且可以单步调试。

如果不想调试，直接不调试全速运行，可以单击菜单Run→Run Without Debugging或按快捷键Ctrl+F5。

2.1.6　VS Code 自动清除输出窗口

在编译运行过程中，底部输出（OUTPUT）窗口会显示错误警告和运行结果等信息，但它默认情况下不会自动清理，从而需要手动清理。而每次运行Code都需要手动清除上次输出的信息才能看到最新的运行结果很麻烦。

我们可以通过设置Code Runner这个插件来自动化清理输出窗口。在VS Code中单击Extensions，然后搜索出Code Runner，单击旁边的齿轮符号，此时出现菜单，在菜单中单击Extension Settings，如图2-21所示。

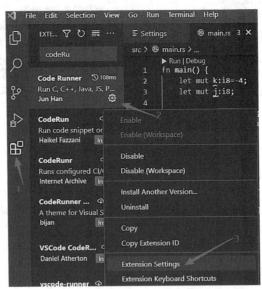

图 2-21

接着，在出现的Settings页面中，勾选Whether to clear previous output before each run.复选框，如图2-22所示。

这样就会清理先前的输出（Clear Previous Output）了。

图 2-22

2.1.7 VS Code 修改程序自动保存

用VS Code运行Rust代码时，如果代码修改后，在没有保存的情况下再次运行程序，程序会自动运行修改之前的代码。解决方案：

步骤01 依次单击File → Preferences → Settings 菜单，搜索Save，在Files: Auto Save 中选择 onFocusChange，如图2-23所示。

步骤02 勾选Whether to save the current file before running.复选框，如图2-24所示。

图 2-23   图 2-24

2.1.8 关闭 rust-analyzer 插件的自动类型提示

Rust可以自动推测出变量的类型，所以一些插件用力过度，就会把Rust自动推测出的数据类型显示出来，导致程序员有时不知道某个类型是自己写的还是系统推断出的，要去删的话，又会突然消失，导致删除了其他东西。因此，有必要关闭VS Code的rust-analyzer 插件的自动类型提示。

首先打开设置（Settings）界面，如图2-25所示。

图 2-25

在设置界面搜索关键字typeHints，取消勾选 Whether to show inlay type hints for variables.复选框，如图2-26所示。这句话的意思是"是否显示变量的嵌入类型提示"。取消勾选该复选框后，就不会再显示变量的类型提示了。

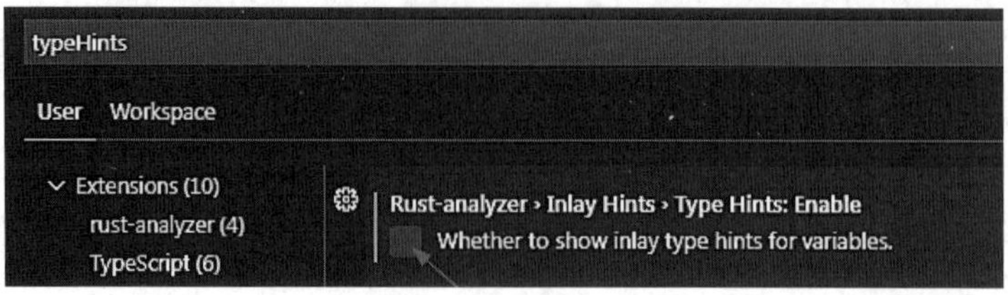

图 2-26

然后在搜索框中输入parameterHints，勾选Whether to show function paramenter name inlay hints at all call site.复选框，如图2-27所示。这句话的意思是"是否在所有调用站点显示函数参数名称嵌入提示。"，取消勾选该复选框后，就可以让函数参数不自动显示参数的类型。

图 2-27

现在我们回到编辑界面，顿时感到清爽多了。对了，inlay是镶嵌的意思。

2.2　在Linux下搭建Rust开发环境

2.2.1　安装基本开发工具

本节讲解在Ubuntu下搭建Rust开发环境。假定读者已经在Windows系统上利用虚拟机软件安装好Ubuntu，默认情况下，Ubuntu不会自动安装gcc或g++，所以我们先要在线安装一下。确保虚拟机Ubuntu能上网，然后在命令行下输入以下命令进行在线安装：

```
apt-get install build-essential
```

稍等片刻，便会把gcc、g++、gdb等安装在Ubuntu上。

2.2.2　启用 SSH

使用Linux不会经常在Linux自带的图形界面上操作，而是在Windows下通过Windows的终端工具（比如SecureCRT等）连接到Linux，然后使用命令操作Linux，这是因为Linux所处的机器通常不配置显示器，也可能是远程的，我们只能通过网络和远程Linux连接。Windows上的终端工具一般通过SSH协议和远程Linux连接，该协议可以保证网络上传输数据的机密性。

Secure Shell（SSH）是用于客户端和服务器之间安全连接的网络协议。服务器与客户端之间的每次交互均被加密。启用SSH将允许用户远程连接到系统并执行管理任务。用户还可以通过SCP和SFTP安全地传输文件。启用SSH后，我们可以在Windows上用一些终端软件（比如SecureCRT）远程命令操作Linux，也可以用文件传输工具（比如SecureFX）在Windows和Linux之间相互传文件。

Ubuntu默认是不安装SSH的，因此我们要手动安装并启用SSH。这里不免吐槽一句，Ubuntu既没有网络命令ifconfig，也没有SSH，这些可都是使用Linux的必备工具，真希望他们能跟CentOS学习一下。

现在我们还是老老实实地安装和配置吧，步骤如下。

步骤01 安装SSH服务器。

在Ubuntu 20.04的终端命令下输入如下命令：

```
apt install openssh-server
```

稍等片刻，安装完成。

步骤02 修改配置文件。

在命令行下输入：

```
gedit /etc/ssh/sshd_config
```

此时将打开SSH服务器配置文件sshd_config，我们搜索定位PermitRootLogin，把下列3行：

```
#LoginGraceTime 2m
#PermitRootLogin prohibit-password
#StrictModes yes
```

改为：

```
LoginGraceTime 2m
PermitRootLogin yes
StrictModes yes
```

然后保存并退出编辑器Gedit。

步骤03 重启SSH，使配置生效。

在命令行下输入：

```
service ssh restart
```

再用命令systemctl status ssh查看是否正在运行：

```
root@myub:/etc/apt# systemctl status ssh
● ssh.service - OpenBSD Secure Shell server
    Loaded: loaded (/lib/systemd/system/ssh.service; enabled; vendor preset:
enabled)
    Active: active (running) since Thu 2022-09-15 10:58:07 CST; 10s ago
      Docs: man:sshd(8)
            man:sshd_config(5)
   Process: 5029 ExecStartPre=/usr/sbin/sshd -t (code=exited, status=0/SUCCESS)
  Main PID: 5038 (sshd)
     Tasks: 1 (limit: 4624)
    Memory: 1.4M
    CGroup: /system.slice/ssh.service
            └─5038 sshd: /usr/sbin/sshd -D [listener] 0 of 10-100 startups
```

可以发现现在的状态是active (running)，说明SSH服务器程序正在运行。稍后我们就可以在Windows下用Windows终端工具连接虚拟机Ubuntu了。

2.2.3 安装 C 编译工具

在Windows系列操作系统中，Rust开发环境需要依赖C/C++编译环境，比如vs_buildtools。同样，在Linux环境下，Rust开发环境也需要C/C++开发环境。如果不预先安装C/C++开发环境，则以后用Cargo编译运行Rust代码时，会出现下列错误提示：

```
$ cargo run
   Compiling Hello_world v0.1.0 (/home/shuai/Hello_world)
warning: crate `Hello_world` should have a snake case name
  |
  = help: convert the identifier to snake case: `hello_world`
  = note: `#[warn(non_snake_case)]` on by default

error: linker `cc` not found
  |
  = note: No such file or directory (os error 2)
```

出现这个错误就是因为C/C++开发工具没有安装。在安装之前，我们先检查一下当前系统中C/C++开发工具是否已经安装好，如下命令：

```
gcc -v
```

如果有版本显示，说明已经安装了。注意：默认情况下，Ubuntu不会自动安装gcc或g++，所以我们要先在线安装，确保虚拟机Ubuntu能上网，然后在命令行下输入以下命令进行在线安装：

```
apt-get install build-essential
```

下面就可以开启第一个C程序了，程序代码很简单，主要用来测试我们的环境是否支持编译C语言。

【例2.3】 第一个C程序

步骤 01 在Ubuntu下打开终端窗口，然后在命令行下输入命令gedit或者vi来打开文本编辑器，接着在编辑器中输入代码如下：

```
#include <stdio.h>
void main()
{
    printf("Hello world\n");
}
```

然后保存文件到某个路径（比如/root/ex，ex是自己建立的文件夹），文件名是test.c，并关闭Gedit编辑器。

步骤 02 在终端窗口的命令行下进入test.c所在路径，并输入编译命令：

```
gcc test.c -o test
```

其中，选项-o表示生成目标文件，也就是可执行程序，这里是test。此时会在同一路径下生成一个test程序，我们可以运行它：

```
./test
Hello world
```

至此，第一个C程序编译运行成功，这说明C语言开发环境搭建起来了。如果要调试，可以使用gdb命令，这里不再赘述。关于该命令的使用，大家可以参考笔者在清华大学出版社出版的《Linux C与C++一线开发实践》，另外本书也详述了Linux下用图形开发工具进行C语言开发的过程，这里不再赘述，因为笔者喜欢在Windows下工作。有同学说了，既然喜欢在Windows下开发，为何还要开辟这一节，直接进入Windows下开发得了？笔者认为，本小节可以验证我们的编译环境是否正常，如果这个小程序能运行起来，说明Linux下的编译环境已经没有问题，以后到Windows下开发如果发现有问题，至少可以排除Linux本身的原因。

2.2.4　安装和配置 Rust 编译环境

要安装Rust，请使用Rust官方推荐的脚本安装方法。首先需要安装curl命令行下载器，curl是Linux下的命令行工具，用于传输数据。它支持多种网络协议，可以轻松抓取URL、上传文件等。在Ubuntu下通常需要安装curl后才能使用，命令如下：

```
apt-get install curl
```

安装完毕后，就可以在终端中运行以下命令并按照提示信息安装Rust。请注意，Rust实际上是由rustup工具安装和管理的。

因为从国外服务器安装比较慢，所以我们首先要指定国内服务器，在命令行窗口执行以下命令：

```
set RUSTUP_DIST_SERVER=https://mirrors.ustc.edu.cn/rust-static
set RUSTUP_UPDATE_ROOT=https://mirrors.ustc.edu.cn/rust-static/rustup
```

设置这些环境变量的目的是让Rust安装包使用国内Rust镜像库安装，以提高相关Rust软件包的下载速度。然后正式开始安装，安装如下命令：

```
curl --proto '=https' --tlsv1.2 -sSf https://sh.rustup.rs | sh
```

然后出现下列提示：

```
1) Proceed with installation (default)
2) Customize installation
3) Cancel installation
>
```

如果你熟悉rustup安装程序并希望自定义安装，请选择第2个选项。但是，出于照顾初学者的考虑，我们仅选择默认的第1个选项，然后按Enter键开始安装，稍等片刻，即可安装完成。

在Rust开发环境中,所有工具都安装在~/.cargo/bin目录中,用户可以在这里找到包括rustc、cargo和rustup在内的Rust工具链,如下所示:

```
# ls ~/.cargo/bin
cargo cargo-fmt   clippy-driver  rust-analyzer  rustdoc  rust-gdb  rust-lldb
cargo-clippy cargo-miri rls   rustc   rustfmt  rust-gdbgui  rustup
```

其中,rustc是编译程序,用来编译Rust源代码程序。而rust-gdb是命令行调试程序,rust-gdbgui是图形化调试程序。

安装完毕后,我们需要配置Rust环境变量,运行以下命令:

```
source $HOME/.cargo/env
```

然后验证是否安装成功,运行以下命令:

```
# rustc --version
rustc 1.72.1 (d5c2e9c34 2023-09-13)
# cargo -V
cargo 1.72.1 (103a7ff2e 2023-08-15)
```

能出现版本号,说明安装和配置成功了。1.72.1是目前的新版本,这也是在线安装的好处,即可以及时获得新版本。

当然,安装后也可以更新到新版本,如果以后想更新Rust,可以运行:

```
rustup self update
```

如果想卸载 Rust,可以运行:

```
rustup self uninstall
```

2.2.5 命令行开发 Rust 程序

安装完Rust的编译环境后,我们乘热打铁,来编译一个Rust程序。本小节先通过Linux下的简单编辑器(比如vi/vim、Gedit等)来编写代码,然后在Linux命令行下编译和运行程序。当然,编辑代码也可以在Windows下编辑,然后把源代码文件上传到Linux中进行编译运行。这种命令行开发方式需要在不同的窗口切换,而且要在命令行输入编译命令,效率较低,通常只用来测试开发环境是否正常或者用来开发小规模程序。

【例2.4】 非工程方式编译运行Rust程序

步骤 01 用vi、vim或Gedit等编辑器在某个目录下(这里是/root/ex/myrust)新建一个文件,然后输入代码如下:

```
fn main() {
    println!("Hello, world!");
}
```

代码很简单,就打印一句字符串"Hello, world!"。然后保存为main.rs,其中rs是Rust语言的源代码文件的后缀名。

步骤 02 在命令行下编译：

```
rustc main.rs
```

编译成功后，将在同目录下生成可执行程序main，直接运行它将打印"Hello, world!"，结果如下：

```
root@mypc:~/ex/myrust# ./main
Hello, world!
```

Linux第一个Rust程序运行成功了。在实际开发中，还可以通过工程开发的方式构建一个Rust程序。

【例2.5】 工程方式构建Rust程序

步骤 01 创建项目。打开命令行窗口，在Linux的某个路径（这里是/root/ex/myrust）下执行命令：

```
cargo new firstrust
```

cargo是Rust的工程管理工具（或称包管理工具），使用cargo创建项目后，将在D:\ex自动新建一个文件夹firstrust，并且在firstrust下生成文件夹和文件，如下所示：

```
# ls
Cargo.toml  src
```

其中，文件Cargo.toml是工具Cargo的元配置文件，里边包含项目名称、版本号等内容，该文件从用户的角度出发来描述项目信息和依赖管理，因此它是由用户来编写的，它又被称为清单(manifest)，文件夹src下也会自动生成了一个文件main.rs。

步骤 02 编译运行程序。在命令行下进入firstrust目录下，然后执行命令：

```
root@mypc:~/ex/myrust/firstrust# cargo run
   Compiling firstrust v0.1.0 (/root/ex/myrust/firstrust)
    Finished dev [unoptimized + debuginfo] target(s) in 6.83s
     Running `target/debug/firstrust`
Hello, world!
```

cargo run会先编译，然后运行，可以看到，编译运行成功了，最终打印了字符串"Hello, world!"。如果有兴趣，还可以用文本编辑器（比如记事本）打开main.rs，然后改变一下字符串，再编译运行，看看运行结果是否发生了变化。

此时我们到文件夹firstrust下查看，可以发现多出了文件Cargo.lock和文件夹target，它们是编译过程中自动生成的。其中，文件Cargo.lock也是工具Cargo的元配置文件，它包含依赖的精确描述信息，由Cargo自行维护，因此不要手动修改。文件夹target\debug下包含可执行文件firstrust，它可以直接运行。

扩展一下，Cargo跟不同的选项会执行不同的功能，如表2-1所示。

表 2-1　不同 Cargo 命令的功能

命　　令	功　　能
cargo new	创建一个新的 Rust 项目
cargo build	构建 Rust 项目
cargo run	构建并运行 Rust 项目
cargo check	检查 Rust 项目，但不生成二进制文件
cargo test	启动 Rust 项目的测试套件
cargo doc	生成 Rust 项目的文档
cargo publish	发布 Rust 项目到 Crates.io
cargo update	更新 Rust 项目的依赖项

至此，工程方式构建运行Rust成功了。但这个开发环境比较简陋，下面我们搭建集成开发环境来远程开发Rust程序。

2.2.6　在 VS Code 中开发远程 Rust 程序

简陋的编辑器和命令行编译运行程序的方式肯定只能应付小规模程序开发，真正做项目，一般都需要一个图形界面的集成开发环境。而企业一线开发中，通常Linux服务器都不带图形界面，而且都是在本地计算机中远程登录Linux服务器来开展工作的。这就需要我们的集成开发环境运行在本地计算机中（通常是Windows系统）。这里，我们依然使用VS Code这个集成开发环境，然后在VS Code中打开位于远程Linux服务器中的源代码进行编辑，编辑完毕后，再在VS Code中调用远程Linux服务器中的Rust构建工具进行编译和运行，并实时把编译运行的结果输出到VS Code中，以便我们可以及时观察到代码的编译运行是否正确。以上就是在VS Code中开发远程Rust程序的过程。

首先要在Windows下安装两款软件，一款是加密通信协议软件OpenSSH，安装这个软件是为了让VS Code中的插件Remote-SSH可以通过SSH协议访问远程Linux，这样可以在VS Code中浏览远程Linux的文件目录。建议先安装OpenSSH软件，然后到VS Code中安装插件Remote-SSH。另一款软件是Visual Studio Code（即VS Code），官网地址是https://code.visualstudio.com/，打开网址后，找到Download for Windows，单击它即可下载。

如果不想下载，这两款软件也已经包含在本书配套源码目录的somesofts文件夹内，可以直接使用，OpenSSH的安装包的名称是setupssh-8.0p1-2.exe。这两款软件的安装非常傻瓜化，基本都是默认安装。由于我们本地的Windows是当作客户端，远程的Linux系统是当作服务器，所以在安装OpenSSH的过程中，可以不用选择Server，如图2-28所示。

其他保持默认配置即可。当然，选中Server选项也没事。安装完成后，打开cmd，输入ssh --version，验证安装是否成功，如果有usage反馈结果，说明成功了，如图2-29所示。

VS Code的安装就更加简单了，首先到官网（https://code.visualstudio.com/）下载Windows版本的VS Code，下载下来后直接双击安装包即可开始安装，过程很简单。VS Code安装后启动的主界面如图2-30所示。

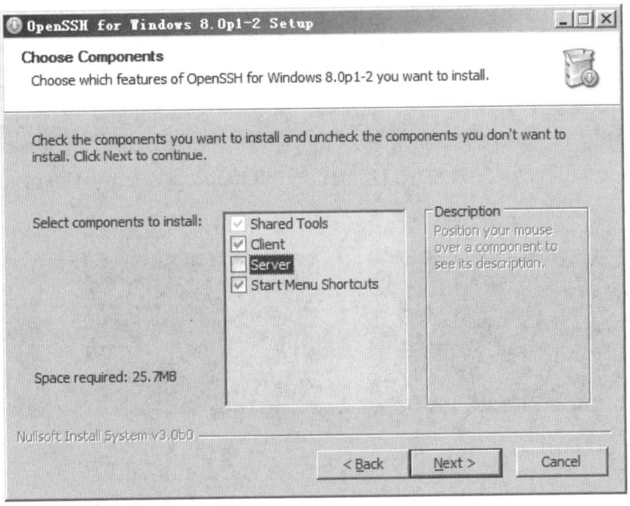

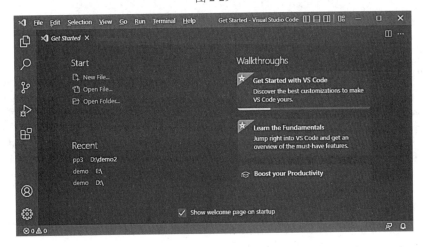

图 2-28

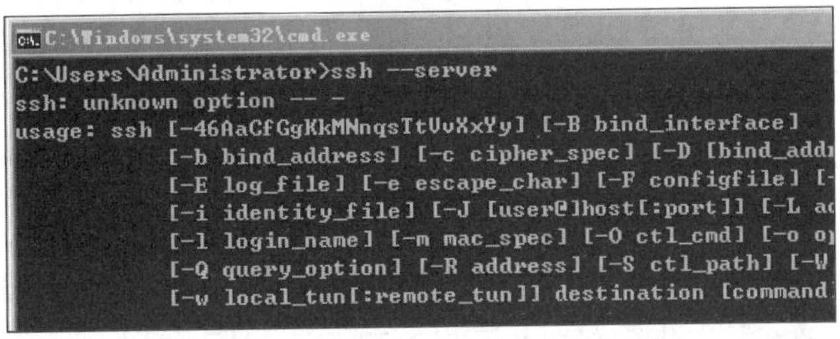

图 2-29

图 2-30

接下来我们要安装一个远程通信插件Remote-ssh和两个与Rust编程有关的插件rust-analyzer和Native Debug。

步骤 01 安装插件Remote-ssh，在VS Code中单击左方竖条工具栏上的Extensions图标或者直接按快捷键Ctrl+Shift+X切换到Extensions页，该页主要用来搜索和安装（扩展）插件，在左上方的搜索框中输入Remote-ssh后按Enter键，如图2-31所示。

单击Install开始安装。安装完毕后，VS Code的左侧工具栏上会多出一个名为Remote Explorer的按钮，如图2-32所示。

以后连接成功远程Linux后，再单击该按钮，可以显示远程Linux中的目录文件。

除该按钮外，VS Code的左下角还会出现一个名为Open a Remote Window的绿色按钮，如图2-33所示。

图 2-31

图 2-32

图 2-33

SSH（Secure Shell，安全外壳）是一个需要进行加密和认证的，用于远程访问及文件传输的网络安全协议。SSH的功能类似于Telnet服务，但SSH基于加密和认证的特性可以为用户提供更强大的安全保障机制，在用户使用不安全的网络环境登录设备时，SSH能够有效保护设备不受IP地址欺诈、明文密码截取等攻击。SSH基于服务器/客户端结构。SSH服务器可以接受多个SSH客户端的连接。若要在VS Code中使用SSH客户端，需要先为VS Code安装一个名为Remote-SSH的插件。

步骤 02 安装插件rust-analyzer，该插件是Rust语言的模块化编译器前端。在VS Code中单击左方竖条工具栏上的Extensions图标或者直接按快捷键Ctrl+Shift+X切换到Extensions页，该页主要用来搜索和安装（扩展）插件，在左上方的搜索框中输入rust-analyzer后按Enter键，如图2-34所示。单击Install按钮开始安装。

步骤 03 安装插件Native Debug，该插件用于调试，它集成了多个调试工具。在VS Code的Extensions页中搜索Native Debug，如图2-35所示。

图 2-34

图 2-35

单击Install按钮开始安装。这两个插件安装完毕后，就可以开始实战了。

【例2.6】 在VS Code下编译、运行Rust程序

步骤 01 在VS Code中添加远程主机的配置并连接。首先要确保Remote-SSH插件已经装在VS Code中，安装过程前面已经讲述过了，这里不再赘述。运行虚拟机Linux，然后打开VS Code，单击左侧工具栏上的Remote Explorer按钮。

在REMOTE EXPLORER视图中，单击SSH旁边的加号来添加一个新的远程主机连接，如图2-36所示。

此时VS Code的中间上方会出现一个编辑框，让我们输入远程连接服务器的账号和IP地址，输入的形式如下：

```
ssh 主机用户名@主机IP地址 -A
```

其中，-A表示在配置文件中会产生ForwardAgent yes这样的字段，目的是希望使用本地计算机中的密钥登录，且不想把这个密钥发送到堡垒机中进行配置。笔者远程的虚拟机Linux的IP地址是192.168.100.128，账号就是root，因此输入如下内容：

```
ssh root@192.168.100.128 -A
```

然后按Enter键，此时编辑框下出现几个文件路径选项，意思是让我们选择一个SSH配置文件，我们选择第一个，如图2-37所示。

图 2-36

图 2-37

此时右下角会出现一个信息框，提示主机添加了Host added，选择要打开配置文件还是连接，如图2-38所示。

单击Open Config按钮来打开SSH配置文件，这个时候，VS Code的中间上方会出现SSH配置文件的内容，如图2-39所示。

图 2-38

图 2-39

remote-ssh 是基于 OpenSSH 的插件，所以配置文件遵循 OpenSSH 的 SSH 配置文件格式（sshd_config），可以使用SSH格式进行配置。其中Host表示远程主机名，可以自定义（比如myLinux），目的是知道自己用的什么主机，默认是主机IP；HostName表示远程主机IP，User表示登录远程主机的用户名；ForwardAgent yes表示希望使用本地计算机中的密钥登录，且不想把这个密钥发送到堡垒机，该字段由之前添加的-A生成。通常SSH服务端的默认端口号是22，如果改为其他端口号了，则这里还需要添加字段定义服务端的端口号，比如：

```
Port xx
```

xx是一个数字，表示SSH服务端的端口号。由于我们使用22作为端口号，因此这里可以不写Port字段。然后单击图2-39中config右边的叉号来关闭这个配置文件。接着，单击REMOTE EXPLORER视图下的REMOTE右边的Refresh按钮来刷新一下，如图2-40所示。

此时单击SSH左边的箭头可以展开SSH下面已经添加成功的主机，如图2-41所示。

图 2-40   图 2-41

这个时候，把鼠标移动到192.168.100.128这一行，此时在该行右边会出现一个箭头按钮，该按钮的意思是在当前VS Code中连接远程主机，如图2-42所示。

单击该按钮即可开始连接远程主机，此时VS Code的中间上方出现编辑框，如图2-43所示。

图 2-42   图 2-43

该编辑框是让我们输入远程主机的用户口令的，笔者是用root账户登录的，且口令是123456，因此输入123456后按Enter键。此时VS Code的左下角状态栏上出现正在打开远程主机的提示，如图2-44所示。

如果连接成功，出现如图2-45所示的提示。

图 2-44   图 2-45

步骤02 远程主机连接成功后，我们可以新建一个Rust项目。在VS Code中单击菜单Terminal→New Terminal，此时会在VS Code的下方出现终端窗口视图，并出现远程主机的命令行提示，如图2-46所示。

图 2-46

这里，笔者将在/root/ex/myrust/下新建一个Rust工程，在该命令行下输入：

```
root@mypc:~# cd ex/myrust/
root@mypc:~/ex/myrust# cargo new vsrust
    Created binary (application) `vsrust` package
```

这样在/root/ex/myrust/目录下会新建一个文件夹vsrust，该文件夹就是我们的工程文件夹。然后切换到Explorer视图，单击左侧工具栏第一个按钮来打开EXPLORE视图，如图2-47所示。

在EXPLORE视图中可以打开这个工程文件夹了，单击Open Folder按钮，如图2-48所示。

图 2-47

图 2-48

然后在VS Code的中间上方会让我们选择路径，这里选择/root/ex/myrust/vsrust/，如图2-49所示。

图 2-49

然后单击右边的OK按钮，提示我们输入口令，如图2-50所示。

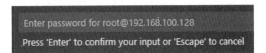

笔者的口令是123456，输入后按Enter键。此时，在EXPLORER视图将会显示vsrust下的内容，展开子目录src，可以看到默认生成的main.rs，双击它即可在VS Code中展现其源码，如图2-51所示。

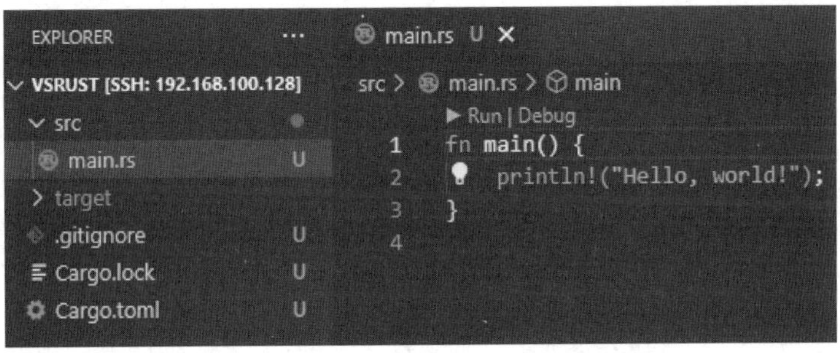

图 2-50

图 2-51

是不是很神奇？在Windows下的VS Code可以显示和编辑远程Linux中的源代码文件了。我们可以编辑一下main.rs，比如在"Hello World!"末尾添加一个感叹号，然后按快捷键Ctrl+S就可以保存文件。让我们感谢微软公司，提供了这样一款优秀且免费的开发工具。工程建立好后，就要准备编译了。

步骤 03　准备编译和运行。首先定义两个配置文件，这两个配置文件位于项目文件夹的.vscode子文件夹下。我们要先建立.vscode文件夹，在EXPLORER视图空白处右击，在出现的菜单中选择New Folder…，如图2-52所示。

然后输入文件夹名称.vscode并按Enter键，如图2-53所示。

此时，文件夹.vscode就成功建立在vsrust目录下，选中.vscode文件夹，然后单击EXPLORER视图右上角的New File…按钮来新建一个文件，如图2-54所示。

图 2-52   图 2-53   图 2-54

因为我们选中了.vscode文件夹，所以新建的文件将会在.vscode文件夹下建立。输入新建的文件名称launch.json，launch.json是VS Code的配置文件之一，用于设置VS Code的调试器。在这个文件中，通过配置不同的属性字段值来告诉VS Code运行和调试的细节。比如，在新建launch.json文件前，如果我们单击菜单Run→Start Debugging和Run Without Debuging，VS Code并不知道干什么，但如果我们新建并配置了launch.json文件，那么单击这两个菜单后的动作就可以在launch.json中寻找。Start Debuging菜单表示调试，其快捷键是F5；Run Without Debuging是不调试直接运行的意思，其快捷键是Ctrl+F5。这里，我们在launch.json中输入如下内容：

```
{
    "version": "0.2.0",
    "configurations": [
        {
            "name": "Debug",
            "type": "gdb",
            "preLaunchTask": "build",
            "request": "launch",
            "target": "${workspaceFolder}/target/debug/${workspaceFolderBasename}",
            "cwd": "${workspaceFolder}",
            "arguments": ""
        }
    ]
}
```

其中，属性name表示调试配置名；属性type表示调试器类型；属性preLaunchTask表示在启动调试器之前要运行的任务，即调试前执行的一个任务（具体任务内容将在tasks.json中定义），联合tasks.json进行自动化编译后调试；属性request表示启动请求的类型，例如launch、attach等，attach是供正在执行的文件用的，比如网页中的组件，而launch用于执行新文件；target表示带路径的目标文件，${workspaceFolder}是VS Code的预定义变量，常用的预定义变量含义如下：

- ${workspaceFolder}：当前工作目录（根目录）。
- ${workspaceFolderBasename}：当前文件的父目录。
- ${file}：当前打开的文件名（完整路径）。
- ${relativeFile}：当前根目录到当前打开的文件的相对路径（包括文件名）。

- ${relativeFileDirname}：当前根目录到当前打开的文件的相对路径（不包括文件名）。
- ${fileBasename}：当前打开的文件名（包括扩展名）。
- ${fileBasenameNoExtension}：当前打开的文件名（不包括扩展名）。
- ${fileDirname}：当前打开的文件的目录。
- ${fileExtname}：当前打开的文件的扩展名。
- ${cwd}：启动时task工作的目录。
- ${lineNumber}：当前激活文件所选行。
- ${selectedText}：当前激活文件中所选择的文本。
- ${execPath}：VS Code执行的文件所在的目录。
- ${defaultBuildTask}：默认编译任务（Build Task）的名字。

属性cwd表示工程的顶层目录。属性arguments表示调试时传入的命令行参数，多个参数以空格隔开，这里为空。

配置好launch.json文件后，如果按快捷键Ctrl+F5来运行工程，会出现错误提示，如图2-55所示。

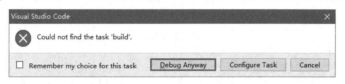

图 2-55

这是因为我们在launch.json中定义了属性preLaunchTask，它要求启动调试器前先执行一个名为build的任务，但这个任务我们还没有定义，所以会出现这个提示。下面我们来定义build任务。单击Configure Task按钮，然后在VS Code的中间上方出现一个编辑框，并在编辑框下出现多个Task，选择rust:cargo build，如图2-56所示。

图 2-56

也就是说，我们选择了cargo build这样一个任务，即在启动调试器前先用命令cargo build来构建工程，这不就和在命令行执行cargo build命令一致了吗？在命令行运行Rust程序前，也是先执行cargo build命令，再运行程序。

选择rust:cargo build后，VS Code会自动在launch.json同目录（也就是.vscode）下新建tasks.json文件，并会在VS Code中打开该文件，里面已经有一些默认生成的内容了，我们要根据实际情况进行一定程度的修改，最终修改后如下：

```json
{
    "version": "2.0.0",
    "tasks": [
        {
            "type": "shell",
            "command": "cargo",
            "label": "build",
            "args": ["build"]
        }
    ]
}
```

属性type用于指定任务的类型，这里是Shell，表示任务执行的是shell命令。属性command 配置用于指定编译器或其他程序，这里用于指定Cargo这个包管理工具。属性label的属性值要和launch.json中的preLaunchTask的属性值完全一致，这样才会执行该tasks.json中定义的内容，因为在执行launch.json之前，系统会根据preLaunchTask先执行tasks.json中的内容。属性args用于指定属性command所指定程序在其后面要加的选项，比如现在command指定的程序是Cargo，args指定的选项是["build"]，那么最终执行的是cargo build。

现在如果按快捷键Ctrl+F5，则会在VS Code下方的TERMINAL窗口中出现如下提示：

```
*  Executing task: cargo build

   Compiling vsrust v0.1.0 (/root/ex/myrust/vsrust)
    Finished dev [unoptimized + debuginfo] target(s) in 7.45s
*  Terminal will be reused by tasks, press any key to close it.
```

没问题的话，马上会自动切换到Debug Console窗口，并输出以下内容：

```
/root/ex/myrust/vsrust/target/debug/vsrust.
Use `info auto-load
python-scripts [REGEXP]' to list them.
Running executable
[Thread debugging using libthread_db enabled]
Using host libthread_db library "/lib/x86_64-linux-gnu/libthread_db.so.1".
Hello, world!!
[Inferior 1 (process 3399) exited normally]
```

其中，"Hello, world!!"就是我们的Rust程序执行后输出的内容。

有关单步调试Rust程序的内容，请读者参考2.1.5节。

第 3 章
常量、变量和标量数据类型

为了讲解方便，我们每个实例都会新建一个空文件夹作为该实例工程的文件夹。这句话就不在每个实例中阐述了，这是默认操作。我们只在实例中说新建某文件，而这些文件的路径都是在这个空文件夹下。

3.1 Rust程序结构

我们从一个最简单的程序入手，来观察一个Rust的程序结构。

【例3.1】 第一个Rust例子

步骤 01 在命令行下用命令cargo new myrust新建一个Rust项目。

步骤 02 打开VS Code，打开文件夹myrust，并在VS Code中打开src下的main.rs，然后输入如下代码：

```
// my first program in Rust
fn main()
{
    println!("Hello, world!");
}
```

学过C语言的朋友，应该一目了然，这个程序就是打印输出一行字符串"Hello, world!"。

步骤 03 按快捷键Ctrl+F5运行工程，在TERMINAL视图上可以看到运行结果：

```
Hello World!
```

以上代码是多数初学者学会写的第一个程序，它的运行结果是在屏幕上打出"Hello World!"这句话。虽然它可能是Rust可写出的最简单的程序之一，但其中已经包含每一个Rust程序的基本组成结构。下面我们就逐个分析其组成结构的每一部分：

```
// my first program in Rust
```

这是注释行。所有以两个斜线符号（//）开始的程序行都被认为是注释行，这些注释行是程序员写在程序源代码内，用来对程序进行简单解释或描述，对程序本身的运行不会产生影响。在本例中，这行注释对本程序是什么做了一个简要的描述。

```
fn main()
```

这一行为主函数（Main Function）的起始声明。fn是一个关键字，它用来声明新函数。关键字（Keyword）又称保留字，是整个语言范围内预先保留的标识符，用户不能用关键字作为变量名或函数名。

main函数是所有Rust程序运行的起始点。无论它是在源代码文件的开头、结尾还是中间，此函数中的代码总是在程序开始运行时第一个被执行。并且，由于同样的原因，所有Rust程序都必须有一个main函数。

main后面跟了一对圆括号，表示它是一个函数，main是函数名。Rust中所有函数都跟有一对圆括号，圆括号中可以有一些输入参数。main函数后面的花括号之间的内容称为函数体，里面的代码就是函数功能的具体实现，花括号必不可少。

```
println!("Hello, world!");
```

这一行用于向控制台打印输出一段字符串。println是一个宏，用于向控制台窗口输出内容，注意println后面紧跟了一个感叹号（!），这也是让人不爽的地方。我们后面还会详述宏println。注意这行代码以分号（;）结尾。分号标示了一个语句的结束，Rust的每一个代码语句都必须以分号结尾。Rust 程序员最常犯的错误之一就是忘记在语句末尾写上分号。

你可能注意到并不是程序中的所有行都会被执行。程序中可以有注释行（以//开头），然后有函数的声明（本例中为main函数），最后是程序语句（例如调用println！），最后这些语句行全部被括在主函数的花括号"{}"内。

本例中程序被写在不同的行中以方便阅读。其实这并不是必需的。本例也可以被写成一行代码：

```
fn main() {println!("Hello, world!");}  // my first program in Rust
```

可以看到，函数名、函数体（花括号中的内容）、注释都写在一行中了，而且最终程序运行结果依旧不变。但我们通常习惯分行写代码，分行写代码更方便让人阅读。

在Rust中，语句之间的分隔是以分号（;）为分隔符的。以下程序包含更多语句：

```
// my first program in Rust
fn main()
{
    println!("Hello, world!");
    println!("Down with 996!");
}
```

这段代码将在VS Code终端窗口中输出两行字符串：

```
Hello, world!
Down with 996!
```

输出"Hello, world!"和"Down with 996!"。在这个例子中，我们在两个不同的语句中调用了println!两次。再一次说明分行写程序代码只是为了方便阅读，因为这个main函数写成以下形式也没有任何问题：

```
fn main() {println!("Hello, world!");   println!("Down with 996!");}
```

为方便起见，也可以把代码分为更多的行来写：

```
// my first program in Rust
fn main()
{
    println!(
        "Hello, world!"
    );
    println!(
        "Down with 996!");
}
```

运行结果依旧是两行字符串。

3.2 注　　释

注释（Comments）是源代码的一部分，但会被编译器忽略。注释不会生成任何执行代码。使用注释的目的只是使程序员可以在源程序中插入一些说明解释性的内容。

在程序中，Rust 支持两种插入注释的方法：

```
// line comment
/* block comment */
```

第一种方法为行注释，告诉编译器忽略从//开始至本行结束的任何内容。第二种为块注释，告诉编译器忽略在/*符号和*/符号之间的所有内容，可能包含多行内容。

在以下程序中，我们插入了更多注释内容。

```
/* my second program in Rust
with more comments */

fn main()
{
    println!("Hello world!");
    println!("Down with 996!");
}
```

如果你在源程序中插入了注释而没有用//符号或/*和*/符号，编译器会把它们当成Rust的语句，那么在编译时就会出现一个或多个错误信息。

3.3 常　　量

3.3.1　常量的定义

常量和变量是高级程序设计语言中数据的两种表现形式。这里我们先介绍常量，常量是指程序运行过程中值始终不变的量。常量的特点是一旦被定义就不能被修改或重新定义。常量可以是一个具体的数值或一个数学表达式。例如，数学中的圆周率π，就是一个常量，它的取值是固定且不能被改变的，又如1、2、1000、5.88等数值也是常量。

在Rust中，常量分为直接常量和const常量。

3.3.2　直接常量

直接常量是指由具体数据直接表示的形式，分为整数常量、实数常量、字符常量和字符串常量。也就是说，直接常量从字面上就可以识别，因此也称为"字面常量"。直接常量通常可以分为以下3类。

1. 数值常量

顾名思义，数值常量就是由数字构成的常量，数值常量就是数学中的常数。在Rust语言中，数值常量可以分为整数型常量和实数型常量，如100、250、1000这种整数在Rust语言中叫作整数型常量，即整型常量（整常数）；如1.22、3.142等带有小数点的称为实数型常量，即实型常量（实常数）。

实数型常量又可以用两种形式表现，一种就是我们经常用的十进制小数形式，如123.456、23.56等，但是由于计算机的内存限制和计算规则以及工程科学中对于数值计算的要求，经常会用科学记数法来表示实数，也就是指数形式，如12.34e3（代表12.34乘以10的3次方）。在Rust语言中规定用e/E来代表以10为底的指数，在e的前面必须有数字，e的后面必须为整数。

2. 字符常量

字符常量即为用字符构成的常量，有以下两种表现形式。

1）普通字符

普通字符用单引号引起来，但单引号只是表示界限，单引号中的字符才是普通字符，而且单引号中只能有一个字符，比如'a'、'B'、'+'、'1'、'?'、'中'等，像'12a'、'tt'就不是合法的字符。在Rust中，字符数据在计算机中是以Unicode值存储的，因此Unicode值能对应的字符都是Rust的字符常量，包括空格、数字0~9、小写字母a~z、大写字母A~Z和标点符号、中文/日文/韩文、emoji表情符号、各种中英文标点符号、算式符号（比如加、减、乘、除）等。

2）转义字符

转义字符是Rust语言自己定义的字符，是一种控制字符，以字符\开头，如经常使用的'\n'就代表换行，'\t'代表空格，如表3-1所示。

表 3-1　转义字符及其含义

转义字符	含　义	输出结果
\n	换行	将当前位置移到下一行开头
\'	英文单引号	'
\"	英文双引号	"
\r	回车（Carriage Return）	效果同\n

学过C语言的同学，这里要注意一下\r和\n，在C语言中，这两个转义字符的作用是不同的，前者是回车，表示输入指针回到当前行行首，也就是\r后面的内容将在当前行首输出。比如下列C代码：

```
printf("aaa\rbbb");
```

VC下输出的是bbb，因为\r表示回到当前行行首，所以后面的bbb就覆盖了缓冲区中的aaa，最终的打印结果也是bbb。

而在Rust下，\r的效果同\n，如下列代码：

```
println!("aaa\rbbb\nccc");
```

输出结果如下：

```
aaa
bbb
ccc
```

3. 字符串常量

顾名思义，就是一串字符常量的组合，但需要用一对英文双引号将这些字符引起来，比如"man"、"123boy"、"tt_88_bag"等。

```
let  x= "man";   //这里，"man"就是字符串
println!("{x}"); //输出man
```

注意，字符串常量需要用双引号引起来。字符串常量也称字符串字面值，它实际上存储在可执行程序的只读内存段中。

3.3.3　const 常量

直接常量从字面形式上就可以识别，因此称为"字面常量"或"直接常量"，它们是没有名字的不变量。但有的时候，直接将这些不变量放在代码中会显得有些啰唆，比如圆周率3.14，如果代码中多处地方用到圆周率，那么每个地方都要写3.14，这样代码看上去就不是很简洁。这个时候，如果用一个符号（比如PI）来代替3.14，就简洁多了。而且，如果我们的代码以后要采用保留3位小数的圆周率，那么就要将每个3.14都改为3.141，这岂不是很麻烦！

因此，Rust提供了const关键字，让我们可以用它来定义一个有名称的常量，const常量在Rust中经常简称为常量。但要注意，定义const常量时需要明确指定常量名称和数据类型，关于数据类型，我们后面会将讲到。定义常量时，必须进行初始化，比如：

```
const PI:f32=3.14
```

其中，PI就是常量的名称，f32是常量PI的数据类型，表示32位的实数类型，3.14是常量绑定的值。以后代码中需要用3.14的地方，都可以用PI来代替。这样有个好处，如果以后程序中要使用三位小数的圆周率，那么只需要将PI的定义改为：

```
const PI:f32=3.141
```

这样程序代码中有PI的地方都代表3.141，非常方便。

定义常量要注意以下几点：

（1）定义常量时命名规则一般是全部大写（如NUM），非强制，否则会有警告。

（2）const定义的常量在程序运行过程中只有一份备份。

（3）常量的赋值只能是常量表达式/数学表达式，也就是说必须是在编译期就能计算出的值，如果需要在运行时才能得出结果的值（比如函数），则不能赋值给常量表达式。

（4）对于常量是不允许出现重复的定义的。例如下面的代码就会报错：

```
fn test_define_same_const_variable(){
    const NUM:i32=100;
    const NUM:f64=200.0;  //error[E0428]: the name `NUM` is defined multiple times
}
```

总之，使用符号常量有两个优点：一个是提高可读性，比如在程序中使用PI，大概就知道代表圆周率；另一个是在程序中多处使用同一个常量时，能做到一改全改。

const常量将在编译期间直接以硬编码的方式内联（Inline）插入使用常量的地方。所谓内联，即将它代表的值直接替换到使用它的地方。比如，定义了const常量ABC=33，在第100行和第300行处都使用了常量ABC，那么在编译期间，会将33硬编码到第100行和第300行处。

Rust中的const常量不仅默认不可变，而且自始至终不可变，因为常量在编译完成后，已经确定了它的值。

3.4　变　量

简单地讲，变量用来表示一块内存空间，这个内存空间可以用来存储不同的数据。现实生活中，我们肯定不会使用"隔壁邻居的儿子、隔壁的隔壁邻居的女儿、隔壁的隔壁的隔壁邻居的儿子"这种称呼，这多难记啊。我们都习惯给别人取一个小名，比如，小明=隔壁邻居的儿子、小红=隔壁的隔壁邻居的女儿、小王=隔壁的隔壁的隔壁邻居的儿子。

在计算机中编程时也是一样的。我们肯定不会使用"内存位置1、内存位置2、内存位置3"这种形式来记录内存中存储的数据。我们喜欢对内存进行标记，比如name = 内存位置1、age = 内存位置2、address = 内存位置3。我们把 name、age 和 address 这些标记称为变量名，简称变量。那么，变量就是对内存空间的标记。

因为内存中存储的数据是有数据类型的，所以变量也是有数据类型的。变量的数据类型不仅用于标识内存中存储的数据类型，还用于标识内存中存储的数据的大小。同时，也标识内存中存储的数据可以进行的操作。

3.4.1 Rust 中的关键字

因为Rust中的关键字是不能用来作为变量名的，所以这里把所有的关键字列出来，方便大家查询，不要一不小心把关键字作为变量名，这主要是初学者会犯的错误。等成为Rust老手后，看到关键字都能一眼认出，也就不会作为变量名了。但为了照顾初学者，还是有必要列出来，如下所示。

- as：类型转换关键字，用于将一个类型转换为另一个类型。
- async：异步函数关键字，用于定义异步函数。
- await：等待异步结果关键字，用于等待异步函数的执行结果。
- break：循环控制关键字，用于跳出当前的循环语句。
- const：常量声明关键字，用于声明一个常量。
- continue：循环控制关键字，用于结束当前的循环迭代并进入下一次迭代。
- crate：模块作用域关键字，用于指定当前模块范围内的作用域。
- dyn：动态类型关键字，用于表示一个动态类型。
- else：条件选择关键字，用于指定一个条件不成立时的执行语句。
- enum：枚举类型关键字，用于定义一个枚举类型。
- extern：链接属性关键字，用于指定 Rust 代码与其他语言的链接属性。
- false：布尔类型关键字，表示逻辑上的假。
- fn：函数定义关键字，用于定义一个函数。
- for：循环关键字，用于定义一个循环。
- if：条件选择关键字，用于指定一个条件成立时的执行语句。
- impl：实现关键字，用于实现接口或者定义类型的某些特定功能。
- in：循环控制关键字，用于指定在循环中使用的变量。
- let：变量声明关键字，用于声明一个变量。
- loop：循环关键字，用于定义一个无限循环。
- match：模式匹配关键字，用于进行模式匹配操作。
- mod：模块关键字，用于定义一个模块。
- move：闭包关键字，用于将某些变量移动到闭包内部。
- mut：可变性控制关键字，用于指定一个变量为可变类型。
- pub：访问控制关键字，用于表示该变量、方法或模块是公开可见的。
- ref：引用关键字，用于引用某个变量。
- return：函数返回关键字，用于指定函数返回值。
- self：上下文关键字，用于指定代码块的当前上下文环境。
- Self：类型关键字，表示当前类型。
- static：静态变量关键字，用于声明一个静态变量。
- struct：结构体类型关键字，用于定义一个结构体类型。
- super：上一级模块关键字，用于指定当前模块的上一级模块。
- trait：特性或接口关键字，用于定义一个特性或接口。
- true：布尔类型关键字，表示逻辑上的真。

- type：类型别名关键字，用于定义一个类型别名。
- unsafe：不安全代码块关键字，用于指定一个不安全的代码块。
- use：导入模块关键字，用于导入一个模块。
- where：类型判断关键字，用于指定一个类型满足某些条件时的执行语句。
- while：循环关键字，用于定义一个 while 循环。

这些关键词都是Rust语言的基础构造块，正确理解和使用它们，是编写和维护Rust代码的重要基础。特别是一些限制性的关键词，如unsafe和ref等，需要开发者注意其使用场景并避免误用。当然，现在不懂它们的使用方法也没关系，后面会陆续介绍。这里，我们只需要知道这些关键字不能用于变量名。如果曾经学过C语言，则上面有些关键字其实是认识的，比如return、if、for等。

3.4.2 变量的命名规则

Rust中的变量名并不是随便什么字符都可以，它遵循着一套规则：

（1）变量名中可以包含字母、数字和下画线，也就是只能是a~z、A~Z、0~9以及_的组合，比如Kill996、_kill_007等都是合法的变量名。空格（Spaces）、标点（Punctuation Marks）和符号（Symbols）都不可以出现在标识中，只有字母（Letters）、数字（Digits）和下画线（_）是合法的。

（2）变量名必须以字母或下画线开头，也就是不能以数字开头，比如a、_boy123都是合法变量名，而123boy是不合法变量名。这里合法的意思是编译器认为不合规。

（3）变量名是区分大小写的，也就是大写的A和小写的a是两个不同的字符，比如name和Name是两个不同的变量名，不能混用。

（4）不能使用关键字来作为变量名，Rust语言中的关键字（Keywords）都是被保留给 Rust 语言使用的，因此不能被用作变量或函数的名称。

这几条规则只是最基本的要求。我们在学习和教学时，为了方便，经常会用a、b、c等简单的字符作为变量名，这无可厚非。但要注意，以后参加工作的时候，要注意变量命名的可读性，也就是说，你定义了一个变量，最好让别人看到这个变量名就大概知道它的类型和基本含义。使用有意义的变量名，能够方便别人和自己（过段时间再看自己程序的时候）更好、更快地理解程序。比如定义变量名为PI，大家就大概知道是圆周率了。

一段好的程序，肯定是易于阅读和理解的。为了提高程序的可读性，在一线开发中，常用以下三种变量命名法。

1. 骆驼式命名法

骆驼式命名法（Camel-Case）又称驼峰式命名法，是计算机编程时的一套命名规则（惯例）。骆驼式命名法混合使用大小写字母来构成变量和函数的名字，分为小驼峰法和大驼峰法。变量名一般用小驼峰法标识，其意思是：变量名中第一个单词全部小写，其他单词首字母大写，例如boyAge、myFirstName。myFirstName第一个单词是my，全部小写；第二个单词是First，其首字母F大写；第三个单词是Name，其首字母N大写。相比小驼峰法，大驼峰法（即帕斯卡命名法）第一个单词的首字母也大写，它常用于类名、属性、命名空间等，譬如DataBaseUser。这些名称看起来就像骆驼峰一样此起彼伏，故得名。

2. 蛇形命名法

蛇形命名法全由小写字母和下画线组成，在两个单词之间用下画线连接即可，例如 my_first_name、my_age等。

3. 匈牙利命名法

据说这种命名法是一位叫 Charles Simonyi 的匈牙利程序员发明的，后来他在微软待了几年，于是这种命名法就通过微软的各种产品和文档资料向世界传播开了。大部分程序员不管自己使用什么软件进行开发，或多或少都使用了这种命名法。这种命名法的出发点是把变量名按"前缀+名称描述（通常是单词组合）"的顺序组合起来，以便对变量的类型和其他属性有直观的了解。但属性不是必须要写的，这个要根据具体情况而定。

匈牙利命名法关键是：标识符的名字以一个或者多个小写字母开头作为前缀，这个前缀通常包括属性和数据类型（关于作用域和数据类型，后续会讲到），前缀之后的是首字母大写的一个单词或多个单词的组合，该单词要指明变量的用途。比如变量iMyAge，其中前缀i表示该变量的数据类型是整型，单词组合MyAge让人一看就知道意思是我的年龄；又比如fManHeight，f表示该变量是浮点类型，而后面的单词组合ManHeight一看便知是指男人的身高。可以看出，匈牙利命名法非常便于记忆，而且使变量名非常清晰易懂，这样增强了代码的可读性，方便各程序员之间相互交流代码。

匈牙利命名法的前缀除数据类型外，还可以包括属性，常用的属性包括g_（表示全局变量）、c_（表示常量）、m_（表示类成员变量）、s_（表示静态变量）等。比如g_iMyAge，表示这个变量是一个全局的整型变量，关于全局变量、静态变量后续会讲到。

3.4.3　变量的定义

在Rust中，变量要定义后再使用，Rust使用let关键字来定义一个变量。Rust中定义变量的语法格式如下：

```
let variable_name:dataType;
```

在Rust中采用的变量定义方式不同于以往语言的声明方式，定义变量时，是变量的名字在前面，而变量的类型在后面，比如：

```
let n: i32;  //带数据类型定义变量
```

我们定义了一个变量n，并且它的数据类型是32位整数类型。

这样定义变量的好处是，对于语法分析来说更为方便，并且在变量定义语句中最为重要的是变量的名字，将变量名提前突出显示变量名的重要性，类型则是变量名的附加说明，对于常用的简单数据类型，Rust编译器可以通过上下文推导出变量的类型，比如我们也可以不带数据类型来定义变量：

```
let n;  //不带数据类型定义变量
```

刚定义的时候，编译器并不知道变量n的数据类型。以后通过赋值，编译器才会自动推导出变量的数据类型。但要注意，Rust的自动类型推导功能具有局限性，对于不能推导出来的类型，需要手动添加类型说明。建议大家不管变量是哪种类型，定义变量的时候，直接写上数据类型，这样也是为了增加程序的可读性。

定义变量时，关键字let的使用也是借鉴了函数式语言的思想，let是绑定的意思，表示将变量名和内存作了一层绑定。

在Rust中，每个变量必须被合理初始化之后才能使用，使用未初始化变量这样的错误在Rust中是不可能出现的。

```
let variable_name;              //不指定变量的数据类型
let variable_name:dataType;     //指定变量的数据类型
```

其中，let是关键字，其作用是定义变量。variable_name是变量名称，value是要赋值给变量的数据。dataType是变量类型。Rust 语言中定义变量时数据类型是可选的，也就是可以忽略。如果忽略了，那么Rust就会自动通过值来推断变量的类型。关于数据类型，随后会讲到。定义变量后，我们就可以给它赋值，这样变量所代表的一块内存区域就有一个值了。比如：

```
let n:i32;                      //定义变量，i32是32位的整数类型
```

3.4.4 变量的赋值

3.4.3节定义了变量，这样在计算机内存中就有了一块有名称的区域，它的名称就是变量名。计算机内存是用来存放数据的，但现在这块内存区域并没有有意义的数据。我们还要通过赋值操作为该内存区域放置一个数据值。

将某一数值赋给某个变量的过程称为赋值。将确定的数值赋给变量的语句叫作赋值语句。各种程序设计语言都有自己的赋值语句，所赋的"值"可以是数字，也可以是字符串和表达式。总之，在计算机程序设计语言中，用一定的赋值语句来实现变量的赋值。赋给某个变量一个具体的确定值的语句叫作赋值语句。

在Rust中，变量必须赋值后才能使用，比如下列代码就会报错：

```
fn main() {
    let pi:f64;
    println!(" pi is {}",pi);
}
```

如果按快捷键Ctrl+F5，会报错：

```
used binding `pi` isn't initialized
`pi` used here but it isn't initialized
```

变量pi没有赋值就放到println中打印其内容了，此时就报错了。

那么我们如何为变量赋值呢？最简单的方式就是用赋值号"="，没学过编程的朋友或许会认为这不就是数学中的等于号吗？的确，外观上是一样的。但在Rust中不是等于号，表示赋值，即把右边的数据赋给左边的变量。比如：

```
pi=3.14;
```

意思就是把数值3.14赋值给变量pi。这样变量pi所代表的内存区域就存放了3.14这个数值了。我们来看一个实例，定义并赋值两个变量，然后输出它们的内容。

【例3.2】　定义变量并输出

步骤 **01**　在命令行下用命令cargo new myrust新建一个Rust项目。

步骤 **02**　打开VS Code，再打开文件夹myrust，然后在VS Code中打开src下的main.rs，输入如下代码：

```
fn main() {
    let fees;
    fees = 32_000;
    let pi:f64;
    pi=3.14;
    println!("fees is {} and pi is {}",fees,pi);
}
```

我们定义了两个变量fees和pi，其中变量fees没有指定类型，Rust编译器会自动根据所赋的值（32_000）来推定fees是一个整型变量。注意：32和000之间有个下画线，当数字很大的时候，Rust可以用下画线来分割数字，让整个数字变得可读性更好。这也算现代语言的一个进步吧。变量pi定义的时候就指定了其类型是64位的浮点数类型（也就是小数类型），然后用3.14对其赋值。最后用println输出，ln表示输出整个字符串后会自动回车换行。println中的{}表示这里要输出变量的值，类似于C语言的printf的%d、%f，但Rust更加智能，不需要在println中指定类型，直接用一个{}即可，这又算一个进步。

步骤 **03**　按快捷键Ctrl+F5，运行结果如下：

```
fees is 32000 and pi is 3.14
```

3.4.5　变量的初始化

所谓初始化，就是"第一次赋值"，那么变量初始化就是第一次给变量赋值。初始化变量可以和定义变量合并为一个语句，也可以分开。比如：

```
let fees=100;          //变量定义时就初始化
let n:i32=50;          //变量定义时就初始化
let pi:f64;            //定义变量，但还没初始化
pi=3.14;              //对已经定义的变量进行初始化
```

3.4.6　变量的可变性

Rust有一个独特的"特性"。默认情况下，用户声明的每个变量都是不可变的，这一点和其他高级语言不同。这意味着一旦将值赋给变量，它就无法更改。这个决定是为了确保默认情况下，用户不必像自旋锁或互斥锁这样进行特殊处理来引入多线程。Rust保证了安全的并发性。由于所有变量（默认情况下）都是不可变的，因此用户不必担心一个线程会无意中更改一个值。

当变量是不可变的时，一旦值绑定到名称，就不能更改该值。这是Rust为用户提供的安全特性之一，以便可以利用Rust提供的安全性和简单并发性来编写代码。Rust语言提供这一概念是为了能够让用户安全且方便地写出复杂甚至是并行的代码。当然，Rust也提供了让用户可以使用可变变量的方法，本小节将讨论有关可变性的设计取舍。

当一个变量是不可变的时，一旦它被绑定到某个值上面，这个值就再也无法被改变。比如下列代码：

```
let j:i8;          //定义8位长度的整型变量
j = 4;             //为变量j赋值
j=5;               //再次为变量j赋值
```

编译时，会有报错提示：cannot mutate immutable variable `j`，意思是无法改变不可变变量j。

不可变变量也称不可变绑定变量。变量可以显式定义为可变的，这样的变量称为可变变量，可变变量也称可变绑定变量。那么如何定义一个可变变量呢？答案是使用关键字mut，mut修饰的变量具有可变性，它可以写在关键字let后面，比如下列代码：

```
fn main() {
    let mut x = 5;                          //使用mut关键字定义x为可变变量，并赋初值5
    println!("The value of x is {}", x);

    x=6;                                    //改变变量x的值
    println!("The value of x is {}", x);   //输出结果
}
```

可以看到，声明可变变量需要用到两个关键字，先是let，再跟一个mut。这段程序输出结果如下：

```
The value of x is 5
The value of x is 6
```

由此可见，变量x的值开始是5，然后重新赋值变为6了。这是因为mut让x成为一个可变变量。值得注意的是，不可变变量的值可以在运行时确定，而const常量的值在编译结束时就确定了。

3.4.7　变量遮蔽

Rust允许声明相同的变量名，在后面声明的变量会遮蔽掉前面声明的。例如：

```
use::std::io;

fn print_type_of<T>(_: &T) {
    println!("{}", std::any::type_name::<T>())
}

fn main() {
    println!("Please input a number:");    // 输出提示

    let mut num = String::new();           // 定义一个名为num的String类型的可变变量
```

```
        io::stdin().read_line(&mut num).expect("Failed to read line"); //从标准输入读
取一行内容，保存到num
    print_type_of(&num);                        // 打印数据类型
    let num: i32 = match num.trim().parse() {   // 将String类型的num转为i32类型
的num，注意这里使用let再次声明num，并让num绑定一个i32数据
        Ok(num) => num,
        Err(_) => {
            println!("请输入整数，请勿输入无关符号！");
            return;
        }
    };
    print_type_of(&num);                        // 打印数据类型
    println!("number is {num}");                // 输出数字
}
```

执行上面这段代码，打印结果如图3-1所示。

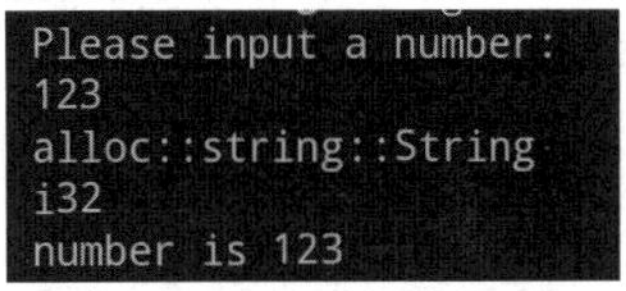

可以看到，前后两次num的数据类型发生了变化。这段代码先将一个空字符串（String::new()）绑定到变量num上，因此我们第一次打印变量num的数据类型是alloc::string::String，接下来，代码从标准输入读取一行内容存放到num中（修改了原来的空字符串）。接下来，将字符串num转为i32值，然后重新绑定到num上，这就导致num的数据类型变为i32。

```
Please input a number:
123
alloc::string::String
i32
number is 123
```

图 3-1

像上面的场景，从标准输入读取的数字是字符串类型，但是我们希望它是i32类型。变量覆盖避免了像num_str这样的名称，可以重新绑定到新的值上，而不必给变量起一个复杂的名称，也避免了大量含义不明的tmp变量或者xxx_tmp变量这样的名称。

变量遮蔽涉及一次内存对象的再分配，而不像mut变量那样，它是在原来的内存上进行修改的。

3.4.8　字符串变量

字符串是由字符组成的连续集合，Rust中的字符用的是Unicode编码，因此每个字符固定占据4字节的内存空间，而字符串用的是UTF-8编码，也就是字符串中的字符所占的字节数是变化的（1～4），这样有助于大幅降低字符串所占用的内存空间。

Rust语言提供了以下两种字符串：

（1）Rust内置的字符串类型&str，它是Rust核心内置的数据类型。

（2）标准库中的字符串对象String，它不是 Rust 核心的一部分，只是 Rust 标准库中的内容，我们暂且不讲。

类型&str是Rust中最基本的字符串类型，定义一个&str类型的变量很简单：

```
let company:&str;
```

但此时变量company中还没有效的内容，还需要对其赋值，也就是初始化：

```
company = "Haier";
```

当然，这两步也可以写成一步：

```
let company:&str= "Haier";  //我们把字符串常量"Haier"赋值给company
```

&str也可以省略，比如：

```
let company= "Haier";
```

编译器会根据字符串常量"Haier"自动推测出company的类型是字符串类型&str。由于字符串是UTF-8 编码，因此现在可以用中文初始化：

```
let name1 = "张三丰";
```

下列代码可以输出字符串变量的内容：

```
fn main() {
    let company ="Haier";
    let location:&str = "中国";
    println!("公司名：{}, 位于:{}",company,location);
}
```

结果输出：

```
公司名：Haier, 位于:中国。
```

默认情况下，变量是不可以修改的，所以如果要改变字符串变量的内容，只需要在定义时加一个mut，比如：

```
fn main() {
    let mut company:&str;                       //定义时加mut，使其可修改
    company = "Haier";
    let mut location:&str = "青岛";              //定义时加mut，使其可修改
    println!("公司名：{}, 位于:{}",company,location);

    company= "北京面粉厂";
    location ="北京";
    println!("公司名:{}, 位于 :{}",company,location);
}
```

结果输出：

```
公司名：Haier, 位于:青岛
公司名:北京面粉厂, 位于 :北京
```

3.5　数据类型的定义和分类

在Rust编程中，所谓数据类型，就是对数据存储的安排，包括存储单元的长度（占多少字节）以及数据的存储形式。不同的数据类型分配不同的长度和存储形式。

在编程时，我们将变量存储在计算机的内存中，但是计算机要知道我们要用这些变量存储什么样的值，因为一个简单的数值，一个字符或一个巨大的数值在内存中所占用的空间是不一样的。

在Rust中，每个值都属于某一个数据类型，用来告诉Rust它被指定为何种数据，以便明确数据处理方式。Rust基本数据类型主要有两类子集：标量（Scalar）类型和复合（Compound）类型。标量类型是单个值类型的统称。Rust中内建了4种标量类型：整数、浮点数、布尔值及字符类型。复合类型包括数组、元组、结构体和枚举等。

这里所讲的基本数据类型都是Rust原生的数据类型，它们都是创建在栈上的数据结构。Rust 标准库还提供了一些更复杂的数据类型，它们有些是创建在堆上的数据结构，这里先不讲。

Rust是静态类型语言，因此在编译时就必须知道所有变量的类型。通常，根据值及其使用方式，Rust 编译器可以推断出我们想要用的类型，当多种类型均有可能时，必须增加类型注解，否则编译会报错。

3.6 标量数据类型

3.6.1 整型

整型也叫整数类型，是专门用来定义整数变量的数据类型。按照整型变量占用的内存空间大小来讲，整型可以划分为 1字节整型、2字节整型、4字节整型、8字节整型、16字节整型。

按最高位是否当作符号位来讲，Rust 中的整型又分为有符号整型（Unsigned）和无符号整型（Signed）。有符号整型的左边最高位为0表示正数，为1则表示负数。有符号整型可以用来定义存储负数的变量，当然也可以定义存储非负数的变量。而无符号整型定义的变量只存储非负整数。

整型数据在内存中的存储方式：用整数的补码形式存放，原因在于，使用补码可以将符号位和数值域统一处理；同时，加法和减法也可以统一处理。一个整数X的补码计算方式可以用以下公式得到：

- 当X≥0时，X的补码=X的二进制形式。
- 当X＜0时，X的补码=（X＋2n）的二进制形式，n是补码的位数。

可以看出，一个非负整数的补码就是该数本身的二进制形式，负整数稍微复杂一些。

比如0，如果用1字节的存储单元存储一个整数，则其补码就是00000000，在内存中存储的形式就是00000000；又比如8，其二进制形式是1000，如果用1字节的存储单元存储一个整数，则在内存中的数据就是00001000。对于−8，假设用1字节的存储单元存储一个整数，根据公式，−8的补码就是（−8+2⁸=−8+256=248）的二进制形式，即11111000，也就是它在内存中存放的形式。

1. 有符号的8位整型i8

有符号的8位整型的类型名是i8，为了方便，经常会省略有符号3个字，直接称8位整型，或超短整型。编译器分配1字节长度的存储单元给i8定义的变量，最高位是符号位，0表示正数，1表示负数。比如定义一个i8类型的变量n：

```
let n: i8 = -6;
```

这个变量n在内存中占据1字节的存储单元，其在内存中的补码位（-6+256=250）的二进制形式为11111010。如果不信，当场验证一下，代码如下：

```
fn main() {
    let n:i8=-6;                  //定义一个i8类型的变量n
    println!("{:b}",n);          //:b的意思是以二进制形式输出变量n的值
}
```

结果输出：11111010。

下面我们来看i8类型所能定义的数据的最小值和最大值，这个问题很多书都没讲清楚。i8类型整数的补码有8位，表示的范围为0000 0000～1111 1111，我们通过补码计算公式可以得到表3-2。

表 3-2　十进制整数及其对应的初码

十进制整数	整数的补码
0	0000 0000
1	0000 0001
-1	1111 1111
2	0000 0010
-2	1111 1110
3	0000 0011
-3	1111 1101
…	…
127	0111 1111
-127	1000 0001
128	1000 0000（符号位是 1，应该用来表示负数，因此无法表示 128）
-128	1000 0000
-129	0111 1111（最高位是 0，不能用来表示负数，且这个编码已经用于 127 了）

从表3-2中不难看出，最大值只能表示到127，因为128的补码最高位（符号位）是1，不能用来表示一个正数。而最小值是-128，因为-129的补码最高位（符号位）是0，不能用来表示一个负数。所以，我们得出i8类型所表示的最小值是-128，最大值是127。这里使用列表法得到最小值和最大值，似乎有点笨笨的。笔者再介绍一个更简便的方法得到最小值和最大值。

根据补码计算公式，非负数的二进制形式和补码相同，我们可以这样考虑来得到最大值，i8类型定义的变量所占用的存储空间长度是1字节，且最高位是符号位，则能存储的最大数据是01111111，左边第一位是0表示正数，后面7位表示数值，7位全为1时最大，因此最大数据就是$2^7-1=127$。对于最小值，则根据负数的补码计算公式，我们知道，正整数的补码是其本身的二进制数，负整数的补码就是（$X+2^n$）的二进制数，现在，0～127的二进制数已经用作正整数的补码了，那么一个负整数X的补码只能从128的二进制数开始找，也就是有这样的关系：$X+256 \geq 128$，即$X \geq -128$，从而得出最小值$X_{min}=-128$。这个方法方便多了。如果不信，当场验证一下，代码如下：

```
fn main() {
    assert_eq!(i8::MIN, -128);
    assert_eq!(i8::MAX, 127);
```

```
    println!("{},{}",i8::MIN,i8::MAX);
}
```

结果输出就是−128,127。其中，Rust提供了i8::MIN来表示i8变量的最小值（−128），用i8::MAX表示i8变量的最大值（127）。而assert_eq!表示传入的两个参数如果不相等，则抛出异常，也就是会在输出窗口打印一行语句：thread 'main' panicked at 'assertion failed: `(left == right)`。

2. 无符号8位整型u8

无符号8位整型的类型名是u8，又称无符号超短整型，它占据1字节长度的存储单元，最高位不是符号位。这里的u表示unsigned，u8定义的变量取值是非负整数，存储形式依旧是补码，根据补码计算公式，非负整数的补码和变量本身的二进制形式相同，比如变量值是255，那么其在内存中的存储形式就是11111111，它就是补码，也是255的二进制形式。

定义一个u8变量示例如下：

```
let n: u8 = 100;
```

u8的最高位不是符号位，是有效的数值位，因此u8定义的变量，其最小值是0，最大值是11111111，即28−1=255，我们可以用下列代码来验证：

```
fn main() {
    println!("{},{}",u8::MIN,u8::MAX);
}
```

输出结果：0,255。

3. 有符号16位整型i16

有符号16位整型的类型名是i16，占据2字节长度的存储单元，最高位是符号位。i16有时又称为短整型。定义一个i16变量示例如下：

```
let n: i16 = -100;
```

i16的最高位是符号位，若为0则表示正数，若为1则表示负数。i16定义的变量，其最大值是0111111111111111，即215−1=32767，最小值这样计算：X+65536≥32768，即X≥−32768，从而得出最小值X_{min}=−32768，对应补码为（−32768+65536）的二进制形式，即32768的二进制数1 000 000 000 000 000。得到最小值和最大值的原理这里不再赘述，因为已经在讲i8的时候详述过了。我们可以用下列代码来验证：

```
fn main() {
    println!("{},{}",i16::MIN,i16::MAX);
    println!("{:b},{:b}",i16::MIN,i16::MAX);
}
```

运行结果如下：

```
-32768,32767
1000000000000000,111111111111111
```

4. 无符号16位整型u16

无符号16位整型的类型名是u16，占据2字节长度的存储单元，最高位不是符号位。u16有时又称无符号短整型。定义一个u16变量示例如下：

```
let n: u16 = 100;
```

u16定义的变量取值范围是[0, 65535]。

5. 32位、64位、128位整型

一理通百理融。了解了8位、16位整型后，32位、64位、128位整型与之类似。i32是默认的整型，如果直接说出一个数字而不说它的数据类型，那么它默认就是i32。i64通常称为长整型，i128称为超长整型。

我们可以用一张表来归纳这些整型，Rust内建的整数类型如表3-3所示。

表 3-3　Rust 内建的整数类型

占据存储空间的位长度	有符号整型	无符号整型
8-bit	i8	u8
16-bit	i16	u16
32-bit	i32	u32
64-bit	i64	u64
128-bit	i128	u128
arch	isize	usize

整型的长度还可以是arch。arch是由CPU构架决定大小的整型类型。大小为arch的整数在x86机器上为32位，在x64机器上为64位。arch整型通常用于表示容器的大小或者数组的大小，或者数据在内存上存储的位置。

有符号整型所表示的范围如表3-4所示。

表 3-4　有符号整型所表示的范围

整　　型	表示的范围
i8	[-128,127]
i16	[-32768,32767]
i32	[-2147483648,2147483647]
i64	[-9223372036854775808,9223372036854775807]
i128	[-170141183460469231731687303715884105728,170141183460469231731687303715884105727]

无符号整型所表示的范围如表3-5所示。

表 3-5　无符号整型所表示的范围

整　　型	表示的范围
u8	[0,255]
u16	[0,65535]

（续表）

整　　型	表示的范围
u32	[0,4294967295]
u64	[0,18446744073709551615]
u128	[0,340282366920938463463374607431768211455]

3.6.2　布尔型

Rust使用关键字bool表示布尔数据类型，布尔型变量共有两个值：true和false。比如定义一个bool变量：

```
let checked:bool = true;
```

布尔变量占用1字节，使用bool类型的场景主要是条件判断。下列代码将输出bool变量的值：

```
fn main() {
    let checked:bool = true;
    println!("{}", checked);//输出true
}
```

输出结果：true。

3.6.3　字符类型

字符类型是Rust的一种基本数据类型，使用关键字char来表示字符类型。字符类型变量用于存放单个Unicode字符，这意味着ASCII字母、重音字母、中文、日文、韩文、表情符号和零宽度空格都是Rust中的有效字符值。Unicode 标量值的范围为U+0000～U+D7FF和U+E000～U+10FFFF（含）。然而，"字符"在Unicode中并不是一个真正的概念。在存储char类型数据时，会将其转换为UTF-8编码的数据（即Unicode代码点）进行存储。

char定义变量占用4字节空间（32bit），且不依赖于机器架构。我们可以用代码验证一下：

```
fn main() {
    println!("{}", std::mem::size_of::<char>());
}
```

结果输出：4。看来的确占用了4字节。std是Rust的标准库，mem是std中的一个模块，size_of是模块mem中的函数，它返回某种数据类型占用的字节数。关于库、模块和函数的概念后面详述，现在只要知道这样调用是可以得到某个类型所占用的字节数的。

char类型变量的值是单引号包围的任意单个字符，例如'a'、'我'。注意：char和单字符的字符串String是不同的类型。比如下列代码定义字符类型变量并输出：

```
fn main() {
    let a = 'z';
    let b = '\n';                    //赋值转义字符'\n'
    let c = '我';
```

```
    print!("{},{},{}",a,b,c);                    //输出
}
```

输出结果：

```
z,

,我
```

b的值是'\n'，因此会出现换行。

另外，可使用关键字as将char转为各种整数类型，目标类型小于4字节时，将从高位截断，这种转换叫作显式转换。注意：Rust不会自动将char类型转换为其他类型，必须使用as进行显式转换。比如：

```
fn main() {
    // char -> Integer
println!("{}", '我' as i32);                // 25105=0x6211
println!("{}", '是' as u16);                // 26159=0x662f
println!("{}", '是' as u8);                 // 47=0x2f，被截断了，因此66就没输出
}
```

结果输出：

```
25105
26159
47
```

我们以十进制形式输出了3个字符的Unicode值，第三行中的'是'转为u8类型，只能把0x2f存于u8中，66就被截断了。如果想在线查询某个字符的Unicode编码值，可以到网站https://www.unicodery.com上查询。

关于整型转为char类型，将用到标注库的char模块，我们到讲标准库的时候再讲。

3.6.4 浮点型

浮点型变量用来表示具有小数点的实数。为何在Rust中把实数称为浮点数呢？这是因为在Rust中，实数是以指数形式存放在存储单元中的。一个实数表示为指数可以有多种形式，比如5.1234可以表示为5.1234×100、51.234×10-1、0.51234×101、0.051234×102、51234×10-5、512340×10-6等。可以看到，小数点的位置可以在5、1、2、3、4这几个数字之间、之前或之后（需添加0）浮动，只要在小数点位置浮动的同时改变指数的值，就可以保证表示的是同一个实数。因为小数点位置可以浮动，因此以指数形式表示的实数称为浮点数。Rust 编程语言按照 IEEE 754 二进制浮点数表示与算术标准存储浮点数。IEEE 754这里就不展开了，如果以后大家从事这方面的底层开发，可以深入研读这个标准。这里只是让大家心里有个数。

与大多数编程语言一样，Rust也拥有两种不同精度的浮点类型，分为单精度浮点类型f32和双精度浮点类型f64。f32的数据使用32位来表示，f64的数据使用64位来表示。Rust中的默认浮点类型是f64，因为现在的CPU几乎为64位的，因此在处理f64和f32类型的数据时所耗的时间基本相同，但f64可表示的精度更高。值得注意的是，所有的浮点类型都是有符号的。下列代码输出3个浮点类型变量：

```
fn main() {
    let x = 2.01;                    // 默认f64
    let y: f32 = 3.14;               // f32
    let z:f64=6.28;                  //f64
    println!("{},{},{}",x,y,z);
}
```

结果输出：2.01,3.14,6.28。

值得注意的是，Rust中不能将0.0赋值给任意一个整型，也不能将0赋值给任意一个浮点型，但可以将0.0赋值给浮点类型变量。

当数字很大的时候，Rust可以用下画线（_）来分段数字，这样可以使数字的可读性变得更好。比如：

```
fn main() {
    let a=1_000_000;
    let b:i64 =1_000_00088000;
    let x:f64=1_000_000.666_123;
    println!("{},{},{}",a,b,x);
}
```

结果输出：1000000,100000088000,1000000.666123。

3.6.5　得到变量的字节数

我们可以用std::mem::size_of::<类型>得到类型所占的字节数，比如：

```
println!("{}", std::mem::size_of::<char>());
```

输出结果是4。

除此之外，还可以通过std::mem::size_of_val获取变量所占用的字节数。比如：

```
fn main() {
    //明确指定类型
    let a:i64=100;

    // 通过变量类型后缀指定变量的类型
    let x = 1u8;
    let y = 2u32;
    let z = 3f32;

    // 没有变量类型后缀，通过怎么使用变量来进行推断
    let i = 1;
    let f = 1.0;

    println!("size of `a` in bytes: {}", std::mem::size_of_val(&a));
    println!("size of `x` in bytes: {}", std::mem::size_of_val(&x));
    println!("size of `y` in bytes: {}", std::mem::size_of_val(&y));
    println!("size of `z` in bytes: {}", std::mem::size_of_val(&z));
    println!("size of `i` in bytes: {}", std::mem::size_of_val(&i));
    println!("size of `f` in bytes: {}", std::mem::size_of_val(&f));
}
```

注意：a必须初始化赋值才能用std::mem::size_of_val来得到其字节数，其他变量也是如此，必须初始化。结果输出如下：

```
size of `a` in bytes: 8
size of `x` in bytes: 1
size of `y` in bytes: 4
size of `z` in bytes: 4
size of `i` in bytes: 4
size of `f` in bytes: 8
```

如果类型不能被推断出来，整型默认是 u32，浮点类型默认是 f64。

3.7 常数的数据类型

在Rust语言中，变量有类型，常量也有类型。我们知道，在定义const常量的时候，就要确定数据类型，这个问题不大，而直接常量如何确定类型呢？首先想个问题，为什么要把常量分为不同的类型呢？这是因为在程序中出现的常量需要存放在计算机内存的存储单元中。如果确定了数据的类型，也就能确定应该分配给它多少字节，按什么方式存储。例如，程序中有整数100，默认情况下，Rust编译器会分配给它4字节，按补码方式存储。那么怎样确定常量的类型呢？

从常量的表示形式即可判定其类型。对于字符常量很简单，只要看到由单撇号引起来的单个字符或转义字符就是字符常量。下面我们来讲一下数值常量。

（1）整数。整数在Rust中有一种特殊的表达方式，比如let a =33u16，因为u8、i8、u16、i32等都可以表示33，所以不指定类型的话，只有33，Rust就不知道它的精度是多少，于是let a=33会自动将a推断成i32。总之，对于没有明确指定整数类型的整数，且其值在i32范围内，Rust默认就认为它是i32类型。如果超出i32范围，且在i64范围内，则默认它是i64类型。

如果在整数后面加上u16类型，那么Rust就知道这是个u16类型的整数。对于let a=33u16，可以知道a是一个u16类型的变量，这和let a:u16=33的作用相同。当然，let a:u16=33u16也可以，只不过有点多此一举。但是let a:u16=33u32这种方式不可行，因为前后矛盾了。同样，如果在整数后面加上i8，且该整数没超出i8范围，就认为它是i8类型。

以上整数都是用十进制表示的，我们也可以使用二进制、八进制或十六进制创建整数，比如：

```
fn main() {
    let a = 33u16;
    let b: i32 = 0b11_01_10_11;              // 二进制
    let c = 0o567i64;                        // 八进制
    let d = 0xFFFFu32;                       // 十六进制
    println!("{} {} {} {}", a, b, c, d);     // 输出: 33 219 375 65535
}
```

（2）浮点数。凡以小数形式或指数形式出现的实数，都是浮点型常量，在内存中都以指数形式存储。例如，10是整型常量，10.0是浮点型常量。那么对浮点型常量是按f32处理还是按f64处理呢？Rust编译器把浮点型常量都按f64处理，分配8字节。

如果要明确指定浮点数类型，可以在后面加上类型，比如3.14159f32，这样就按f32处理了。

3.8 作 用 域

Rust的所有权系统和作用域息息相关，因此有必要先理解Rust的作用域规则。在Rust中，任何一个可用来包含代码的花括号都是一个单独的作用域。类似于Struct{}这样用来定义数据类型的花括号，不在讨论范围之内，本章后面所说的花括号也都不考虑这种花括号。以下几种结构中的花括号都有自己的作用域：

（1）if、while等流程控制语句中的花括号。

（2）match模式匹配的花括号。

（3）单独的花括号。

（4）函数定义的花括号。

（5）mod定义模块的花括号。

例如，可以单独使用一个花括号来开启一个作用域：

```
{                                    // s在这一行无效，因为它尚未声明
  let s = "hello";                   // 从这行起，s是有效的
  println!("{}", s);                 // 使用s
  println!("hello,world");           // 这行没有用到s，但s依然是有效的
}                                    // 到了这行，此作用域已结束，s不再有效
```

上面的代码中，变量s绑定了字符串字面值，在跳出作用域后，变量s失效，变量s所绑定的值会自动被销毁。

实际上，变量跳出作用域失效时，会自动调用Drop trait的drop函数来销毁该变量绑定在内存中的数据，这里特指销毁堆和栈上的数据，而字符串字面量是存放在全局内存中的，它会在程序启动到程序终止期间一直存在，不会被销毁。可通过如下代码验证：

```
fn main(){
    {
      let s = "hello";
      println!("{:p}", s);  // 0x7ff6ce0cd3f8
    }
    let s = "hello";
    println!("{:p}", s);  // 0x7ff6ce0cd3f8
}
```

因此，上面的示例中只是让变量s失效了，仅此而已，并没有销毁s所绑定的字符串字面量。但一般情况下不考虑这些细节，而是照常描述为跳出作用域时，会自动销毁变量所绑定的值。

任意花括号之间都可以嵌套。例如，可以在函数定义的内部再定义函数，在函数内部使用单独的花括号，在函数内部使用mod定义模块，等等。示例如下：

```
fn main(){
  fn ff(){
    println!("hello world");
  }
  ff();

  let mut a = 33;
  {
    a += 1;
  }
  println!("{}", a);  // 结果输出: 34
}
```

虽然任何一种花括号都有自己的作用域，但函数作用域比较特别。在函数作用域内无法访问函数外部的变量，而其他花括号的作用域可以访问花括号外部的变量。比如：

```
fn main() {
  let x = 32;
  fn f(){
    // 编译错误，不能访问函数外面的变量x和y
    // println!("{}, {}", x, y);
  }
  let y = 33;
  f();

  let mut a = 33;
  {
    // 可以访问花括号外面的变量a
    a += 1;
  }
  println!("{}", a);  //结果输出: 34
}
```

在Rust中，能否访问外部变量称为捕获环境。比如，函数是不能捕获环境的，而花括号可以捕获环境。对于可捕获环境的花括号作用域，要注意Rust的变量遮盖行为。分析下面的代码：

```
fn main(){
  let mut a = 33;
  {
    a += 1;                 // 访问并修改外部变量a的值

    // 又声明变量a，这会发生变量遮盖现象
    // 从此开始，花括号内访问的变量a都是该变量
    let mut a = 44;
    a += 2;
    println!("{}", a);       // 输出46
  }                          // 花括号内声明的变量a失效
  println!("{}", a);         // 输出34
}
```

这种行为和其他语言不太一样，因此这种行为需要引起注意。

3.9　所　有　权

3.9.1　让我们回忆栈和堆

在学习C/C++时，老师经常出某变量被分配在栈上还是堆上的题目，几乎每次都有很大一批同学在这种题目上失手。栈和堆都是代码在运行时可供使用的内存，但是它们的结构不同。栈是一种后进先出（Last In First Out，LIFO）的数据结构，栈中的所有数据都必须占用已知且固定大小的内存。堆就好理解了，它是一个没有组织的结构，想怎么使用就怎么使用，只要堆够大，就可以申请一段内存空间，然后把这段内存标记为已使用，并得到指向这段内存开头的指针；当不再使用时，再将这段内存标记为未使用。当声明一个指针但并没有分配空间时，这个指针是空指针；当内存已经标记为未使用，而指针依然指向这段空间时，这个指针就是野指针。

C++中的堆和栈定义如下。

- 堆：由程序员手动分配和释放，完全不同于数据结构中的堆，分配方式类似于链表。由malloc或者new来分配，由free和delete来释放。若程序员不释放，则程序结束时由系统释放。
- 栈：由编译器自动分配和释放，存放函数的参数值、局部变量的值等。栈里面变量的内存必须是已知且固定大小的。函数调用时，参数、本地变量、指向堆的指针都压入一个栈，函数完成时退出。操作方式类似于数据结构中的栈（C和Python中也有，只要基于C的都有这个概念）。

其实分辨起来很容易，动态分配的变量就是在堆上，其他的都在栈上。

栈是一个成熟的结构，基本不会引发内存的问题，而没有组织的堆却很容易引发内存问题。垃圾回收和所有权都是为了解决堆的内存管理问题。

这就是C++相比于垃圾回收机制语言的优势，灵活高效，但是也会带来内存安全问题。

3.9.2　什么是所有权

计算机程序必须在运行时管理它们所使用的内存资源。大多数编程语言都有管理内存的功能：C/C++这样的语言主要通过手动方式管理内存，开发者需要手动申请和释放内存资源。但为了提高开发效率，只要不影响程序功能的实现，许多开发者没有及时释放内存的习惯。所以手动管理内存的方式常常造成资源浪费。

Java语言编写的程序在Java虚拟机（Java Virtual Machine，JVM）中运行，JVM具备自动回收内存资源的功能。但这种方式常常会降低运行时效率，所以JVM会尽可能少地回收资源，这样也会使程序占用较大的内存资源。

所有权对大多数开发者而言是一个新颖的概念，它是Rust语言为高效使用内存而设计的语法机制。所有权概念是为了让Rust在编译阶段更有效地分析内存资源的有用性以实现内存管理而诞生的概念。

Rust的所有权是一个跨时代的理念，是内存管理的第二次革命。较低级的语言依赖程序员分配和释放内存，一不小心就会出现空指针、野指针破坏内存；较高级的语言使用垃圾回收机制管理内存，在程序运行时不断地寻找不再使用的内存，虽然安全，却加重了程序的负担。Rust的所有权理念横空出世，通过所有权系统管理内存，编译器在编译时会根据一系列的规则进行检查，在运行时，所有权系统的任何功能都不会减慢程序，把安全的内存管理推向了零开销的新时代。

所有权概念是Rust语言的一个重要特性，因为通过它才使得Rust的"安全""高并发"得以发挥出优势。因为它让Rust无须垃圾回收，即可保障内存安全。对于C/C++程序员来说，可能一直在跟内存安全打交道，如内存泄露、智能指针等。对于别的语言来说，会有垃圾回收机制。例如Python的垃圾回收机制，有"标记清除""分代回收"等方式。这两种方式各有优缺点。Rust则是通过所有权和借用来保证内存安全的。很多人不理解为什么Rust是内存安全的，其实就是在默认情况下，是写不出内存不安全的代码的。

Rust的所有权并不难理解，它有且只有如下三条规则：

（1）Rust中的每个值都有一个被称为其所有者的变量（即值的所有者是某个变量）。
（2）值在任一时刻有且只有一个所有者。
（3）当所有者（变量）离开作用域时，这个值将被销毁。

这里对第三点做一些补充性的解释，所有者离开作用域会导致值被销毁，这个过程实际上是调用一个名为drop的函数来销毁数据释放内存的。在前面解释作用域规则时曾提到过，销毁的数据特指堆栈中的数据，如果变量绑定的值是全局内存区内的数据，则数据不会被销毁。例如：

```
fn main(){
  {
    let mut s = String::from("hello");
  } // 跳出作用域，栈中的变量s将被销毁，其指向的堆中的数据也被销毁
    // 但全局内存区的字符串字面量仍被保留
}
```

Rust中的每个值都有一个所有者，但这个说法比较容易产生误会。例如：

```
#![allow(unused)]
fn main() {
let s = String::from("hello");
}
```

很多人可能会误以为变量s是堆中字符串数据hello的所有者，但实际上不是。String字符串的实际数据在堆中，但是String大小不确定，所以在栈中使用一个胖指针结构来表示这个String类型的数据，这个胖指针中的指针指向堆中的String的实际数据。也就是说，变量s的值是那个胖指针，而不是堆中的实际数据。因此，变量s是那个胖指针的所有者，而不是堆中实际数据的所有者。但是，由于胖指针是指向堆中数据的，很多时候为了简化理解，简化描述方式，经常会说s是哪个堆中实际数据的所有者。但无论如何描述，都需要理解所有者和值之间的真相。

第 4 章
运算符和格式化输出

4.1 运 算 符

前面已经学习了变量和常量,本节开始对它们进行操作,这就要用到Rust的操作符(Operator)。操作符通常是由一个或多个特殊的符号组成的(也有非特殊符号的操作符,如as),比如+、−、*、/、%、&、*等。每个操作符都代表一种动作(或操作),这种动作作用于操作数之上。简单来说,就是对操作数执行某种操作,然后返回操作后得到的结果。比如,加法操作3 + 2,这里的+是操作符,加号两边的3和2是操作数,加法符号的作用是对操作数3加上操作数2,得到计算结果5并返回5。

有些语言,很多操作符都是关键字,比如add、equals等。Rust的操作符主要是由符号组成的,比如+、−等。这些符号不在字母表中,但是在所有键盘上都可以找到。这个特点使得Rust程序更简洁,也更国际化。运算符也称操作符。运算符是Rust语言的基础,所以非常重要。

4.1.1 赋值运算符

赋值运算符的功能是将一个值赋给一个变量。比如:

```
a = 5;
```

以上代码将整数5赋给变量a。= 运算符左边的部分叫作左值(lvalue,left value),右边的部分叫作右值(rvalue,right value)。左值必须是一个变量,而右值可以是一个常量、一个变量、一个运算的结果,或者是前面几项的任意组合。

有必要强调赋值运算符永远是将右边的值赋给左边,不会反过来。比如:

```
a = b;
```

以上代码将变量b的值赋给变量a,不论赋值前a存储的是什么值,这行代码执行后,a的值就和b的值一样了。但要注意,我们只是将b的值赋给a,以后如果b的值改变了,并不会影响a的值。下面来看实例。

【例4.1】 赋值运算符的使用

步骤 01 在命令行下用命令cargo new myrust新建一个Rust项目，项目名是myrust。

步骤 02 打开VS Code，再打开文件夹myrust，然后在VS Code中打开src下的main.rs，输入如下代码：

```
fn main() {
    let mut a:i32;
    let mut b:i32;                  //此时a、b的值未知
    a = 10;                         // a:10，b未知
    b = 4;                          // a:10，b:4
    a = b;                          // a:4，b:4
    b = 7;                          // a:4，b:7
    println!("{},{}",a,b);
}
```

以上代码的结果是，a的值为4，b的值为7。最后一行中b的值被改变并不会影响a，虽然在此之前我们声明了a = b;（从右到左规则，right-to-left rule）。

步骤 03 运行结果如下：

```
4,7
```

4.1.2 数学运算符

Rust语言支持5种数学运算符，分别为加（+）、减（−）、乘（*）、除（/）、取模（%），括号里的符号就是数学运算符号。加减乘除运算想必大家都很了解，它们和一般的数学运算符没有区别。

唯一你可能不太熟悉的是用百分号（%）表示的取模运算（Module）。取模运算是取两个整数相除的余数。例如，如果我们写a = 11 % 3;，变量a的值将会为2，因为2是11除以3的余数。比如：

```
fn main() {
    let mut a:i32;
    let mut b:i32;
    let mut c:i32;
    a = 11 % 3;                     // 取模运算得a为2
    b = 4+a;                        //加法运算得b为6
    c =(a+b)/2;                     //除法运算得c为4
    println!("{},{},{}",a,b,c);
}
```

输出结果：2,6,4。

4.1.3 组合运算符

Rust以书写简练著称，其一大特色就是这些组合运算符（+=、−=、*=、/=及其他），这些运算符使得只用一个基本运算符就可以改写变量的值：

```
value += increase; 等同于 value = value + increase;
```

比如：

- a -= 5; 等同于 a = a – 5;。
- a /= b; 等同于 a = a / b;。
- price *= units + 1; 等同于price = price * (units + 1);。

其他运算符以此类推。下面来看一个组合运算符的例子，代码如下：

```
fn main() {
    let mut a:i32;
    let mut b:i32;
    let mut c:i32;
    a = 11 % 3;         // a:2
    b = 4+a;            // b:6
    c =(a+b)/2;  //c:3
    a+=c;
    b*=a;
    c/=2;
    println!("{},{},{}",a,b,c);
}
```

结果输出：6,6,4。

值得庆幸的是，Rust 语言不支持自增运算符（++）和自减运算符（--），因此本节绝对不会出现类似于a+++++i这样让人血压升高的语句。其实，编程语言由于是给人用的，一定要考虑到人的局限性（就是面对复杂事物容易出错），所以编程语言一定要简单明了，Rust去掉了++和--，相对于C语言而言，绝对是个进步，可以从源头上尽可能防止人类出错。

4.1.4　关系运算符

我们用关系运算符来比较两个表达式，关系运算的结果是一个布尔值，即它的值只能是true或false。例如，我们想通过比较两个表达式来看它们是否相等，或一个值是否比另一个值大。表4-1所示为Rust的关系运算符。

表 4-1　Rust 的关系运算符

关系运算符	说　　明
==	如果左右值相等，则运算符结果是 true，否则是 false
!=	如果左右值不相等，则运算符结果是 true，否则是 false
>	如果左值大于右值，则运算符结果是 true，否则是 false
<	如果左值小于右值，则运算符结果是 true，否则是 false
>=	如果左值大于或等于右值，则运算符结果是 true，否则是 false
<=	如果左值小于或等于右值，则运算符结果是 true，否则是 false

示例代码如下：

```rust
fn main() {
    let mut a:bool;
    let mut b:bool;
    let mut c:bool;

    a=(7!=5);
    b = (100<=99);
    c=(6==6);
    println!("{},{},{}",a,b,c);
}
```

运行结果：true,false,true。

除使用数字常量外，我们也可以使用任何有效表达式，包括变量。比如下列代码：

```rust
fn main() {
    let mut a:i32;
    let mut b:i32;
    let mut c:i32;
    a=2;
    b=3;
    c=6;
    println!("{},{},{}",(a == 5),(a*b >= c),(b+4 > a*c));
}
```

输出结果：false,true,false。(a*b >= c)返回true是因为它实际是(2*3 >= 6)，(b+4 > a*c)返回false因为它实际是(3+4 > 2*6)。

值得注意的是，运算符=（单个等号）不同于运算符==（两个等号），前者是赋值运算符（将等号右边的表达式值赋给左边的变量）；后者（==）是一个判断等于的关系运算符，用来判断运算符两边的表达式是否相等。

4.1.5 逻辑运算符

运算符!等同于boolean运算NOT（取非），它只有一个操作数（Operand），写在它的右边。它做的唯一工作就是取该操作数的反面值，也就是说如果操作数值为真（true），那么运算后值变为假（false），如果操作数值为假（false），则运算结果为真（true）。它就好像是取与操作数相反的值。例如：

- !(5 == 5)返回false，因为它右边的表达式（5 == 5）为真（true）。
- !(6 <= 4)返回true，因为（6 <= 4）为假（false）。
- !true返回假（false）。
- !false返回真（true）。

大家如果不信，可以用下列代码直接输出看看结果：

```rust
println!("{},{},{},{}",!(5 == 5),!(6 <= 4),!true,!false);
```

逻辑运算符&&和||用来计算两个表达式而获得一个结果值。它们分别对应逻辑运算中的与运算（AND）和或运算（OR）。它们的运算结果取决于两个操作数的关系，如表4-2所示。

表 4-2　两个操作数的逻辑运（&&和||）

第一个操作数 a	第二个操作数 b	a && b 结果	a || b 结果
true	true	true	true
true	false	false	true
false	true	false	true
false	false	false	false

例如：

- ((5 == 5) && (3 > 6))返回false (true && false)。
- ((5 == 5) || (3 > 6))返回true (true || false)。

大家如果不信，可以用下列代码直接输出看看结果：

```
println!("{},{}",( (5 == 5) && (3 > 6) ) ,( (5 == 5) || (3 > 6)));
```

4.1.6　位运算符

位运算符以比特位改写变量存储的数值，也就是改写变量值的二进制表示。Rust的位运算符如表4-3所示。

表 4-3　Rust 的位运算符

名　　称	运 算 符	说　　明	范　　例
位与	&	若相同位都是 1，则返回 1；否则返回 0	(A & B) 结果为 2
位或	|	若相同位只有一个是 1，则返回 1；否则返回 0	(A | B) 结果为 3
异或	^	若相同位不相同，则返回 1；否则返回 0	(A ^ B) 结果为 1
位非	!	把位中的 1 换成 0，0 换成 1	(!B) 结果为−4
左移	<<	操作数中的所有位向左移动指定位数，右边的位补 0	(A << 1) 结果为 4
右移	>>	操作数中的所有位向右移动指定位数，左边的位补 0	(A >> 1) 结果为 1

下面的范例演示上面提到的所有位运算符。

```
fn main() {
    let a:i32 = 2;      // 二进制表示为 0 0 0 0 0 0 1 0
    let b:i32 = 3;      // 二进制表示为 0 0 0 0 0 0 1 1

    let mut result:i32;

    result = a & b;
    println!("(a & b) => {} ",result);

    result = a | b;
    println!("(a | b) => {} ",result) ;

    result = a ^ b;
```

```
    println!("(a ^ b) => {} ",result);

    result = !b;
    println!("(!b) => {} ",result);

    result = a << b;
    println!("(a << b) => {}",result);

    result = a >> b;
    println!("(a >> b) => {}",result);
}
```

输出结果如下：

```
(a & b) => 2
(a | b) => 3
(a ^ b) => 1
(!b) => -4
(a << b) => 16
(a >> b) => 0
```

4.1.7　变量类型转换运算符

变量类型转换运算符可以将一种类型的数据转换为另一种类型的数据。在Rust中，可以使用关键字as进行类型转换，as 运算符有点像C中的强制类型转换，区别在于，它只能用于原始类型（i32、i64、f32、f64、u8、u32、char等类型），并且它是安全的。注意，不同的数值类型是不能进行隐式转换的。比如：

```
let b: i64 = iNum;  //iNum是一个i32类型的变量
```

会出现编译错误，提示无法进行类型转换。这时可以使用as 进行转换，比如：

```
fn main() {
    let mut iNum:i32;
    let mut b:i64;

    iNum=100;
    b = iNum as i64;
    print!("{}",b);
}
```

输出结果：100。

为什么as是安全的？尝试以下代码：

```
b = iNum as char;
```

编译器报错：

```
error[E0604]: only `u8` can be cast as `char`, not `i32`
```

可见在不相关的类型之间，Rust 会拒绝转换，这样避免了运行时错误。

4.1.8　运算符的优先级

当多个操作数组成复杂的表达式时，我们可能会疑惑哪个运算先被计算，哪个后被计算。例如以下表达式：

```
a = 5 + 7 % 2
```

我们可以怀疑它实际上表示：a = 5 + (7 % 2) 结果为6，还是 a = (5 + 7) % 2 结果为0?

正确答案为第一个，结果为6。每一个运算符都有一个固定的优先级，不仅是数学运算符（我们可能在学习数学的时候已经很了解它们的优先顺序了），所有在Rust中出现的运算符都有优先级。从最高级到最低级，运算符的优先级按表4-4排列。

表4-4　运算符的优先级

优　先　级	操　作　符	结合方向
1	一元操作符（!、&、&mut）	从左到右
2	二元操作符（*、/、%）	从左到右
3	二元操作符（+、−）	从左到右
4	位移计算（<<、>>）	从左到右
5	位操作（&）	从左到右
6	位操作（|）	从左到右
7	比较操作（==、!=、<、>、<=、>=）	需要括号
8	逻辑与（&&）	从左到右
9	逻辑或（||）	从左到右
10	赋值操作（=、+=、−=、/=、%=、|=、^=、<<=、>>=）	从右到左

以下是简单的示例：

```
fn main() {
    //二元计算操作
    println!("1 + 2 = {}", 1u32 + 2);
    println!("1 - 2 = {}", 1i32 - 2);

    //逻辑操作
    println!("true AND false is {}", true && false);
    println!("true OR false is {}", true || false);
    println!("NOT true is {}", !true);

    //位运算操作
    println!("0011 AND 0101 is {:04b}", 0b0011u32 & 0b0101);
    println!("0011 OR 0101 is {:04b}", 0b0011u32 | 0b0101);
    println!("0011 XOR 0101 is {:04b}", 0b0011u32 ^ 0b0101);
    println!("1 << 5 is {}", 1u32 << 5);
    println!("0x80 >> 2 is 0x{:x}", 0x80u32 >> 2);
}
```

运行结果如下：

```
1 + 2 = 3
1 - 2 = -1
true AND false is false
true OR false is true
NOT true is false
0011 AND 0101 is 0001
0011 OR 0101 is 0111
0011 XOR 0101 is 0110
1 << 5 is 32
0x80 >> 2 is 0x20
```

所有这些运算符的优先级顺序可以通过使用一对圆括号"（）"来控制，而且更易读懂，示例如下：

```
a = 5 + 7 % 2;
```

根据我们想要实现的计算不同，可以写成：

```
a = 5 + (7 % 2);
```

效果和a = 5 + 7 % 2;一样，因为%的优先级比+高，所以加不加括号没什么区别。如果要先计算5+7，则可以这样：

```
a = (5 + 7) % 2;
```

此时最终计算结果就不同了。所以如果想写一个复杂的表达式而不敢肯定各个运算的执行顺序，那么就加上括号。这样可以使代码更易读懂。

4.2 格式化输出宏

我们编写程序的目的就是对输入进行处理，然后将处理结果反馈给用户，对于初学者一般是将处理结果直接显示在屏幕上。

Rust语言的打印操作主要是通过在std::fmt中定义一系列宏来处理。主要包括：

- format!：将格式化文本存入字符串。
- print!：与format!类似，但是把文本输出到控制台（io::stdout）。
- println!：与print!类似，但是输出结果末尾会追加换行符。
- eprint!：与format!类似，但是把文本输出到标准错误（std::stderr）。
- eprintln!：与eprint!类似，但是输出结果末尾会追加换行符。
- write!：与format!类似，但是把文本输出到&mut io::Write。
- writeln!：与write!类似，但是输出结果末尾会追加换行符。

Rust中的主要输出靠宏print!或println!，两者唯一不同的地方在于print!会将要输出的内容打印到控制台，println!会在输出的内容打印到控制台后进行换行。

print!接受的是可变参数，第一个参数是一个字符串常量，它表示最终输出的字符串的格式，第一个参数可以看到类似于{}的符号，它相当于占位符，可以在最终的结果中按照指定的规则进行替换。比如：

```
print!("{}{}",1,2);                //输出: "12"
```

其实我们已经多次接触过输出print!了，已经知道了可以用它来输出字符串、数字等，其实还有很多格式化输出的方式。下面一起来了解一下。

4.2.1 默认输出

默认输出就是直接输出字符串常量。比如：

```
println("hello wolrd");  //输出字符串hello wolrd
```

4.2.2 通配符{}

在字符串字面量中使用{}通配符代指即将输出的值，后面依次对应输出的值。如果有多个值，则中间需使用英文逗号","分隔。示例代码如下：

```
println!("今天是 {} 年 {} 月 {} 日", 2022, 6, 18); //输出: 今天是 2022 年 6 月 18 日
```

4.2.3 通配符和位置

输出时可以在通配符{}中添加要输出值的位置（从0开始），来代指当前要输出哪个位置的值。示例代码如下：

```
println!("{0} 的平方是 {0}, {0} 的相反数是 {1}", 1, -1);
```

输出结果如下：

```
1 的平方是 1, 1 的相反数是 -1
```

又比如：

```
fn main() {
    // 按照顺序进行格式化
    // 输出: 10 is a number, 'hello world' is a string
    println!("{} is a number, '{}' is a string", 10, "hello world");

    // 按照索引进行格式化
    // 输出: 10 is a number, 'hello world' is a string
    println!("{1} is a number, '{0}' is a string", "hello world", 10);

    // 按照顺序与索引混合进行格式化
    // 没有索引的{}会按照迭代顺序进行格式化
    // 输出: 2 1 1 2
    println!("{1} {} {0} {}", 1, 2)
}
```

输出结果如下：

```
10 is a number, 'hello world' is a string
10 is a number, 'hello world' is a string
2 1 1 2
```

又比如：

```
print!("{1}{0}",1,2);              //输出: 21
print!("{1}{}{0}{}",1,2);          //输出: 2112
```

4.2.4　通配符和命名参数

输出时可以在通配符{}中添加要输出值的命名参数，来代指当前要输出哪个命名参数的值。示例代码如下：

```
println!("我的名字叫{name}，今年{age}岁，喜欢{hobby}", hobby = "打篮球", name = "张三", age = 18);
```

输出结果如下：

我的名字叫张三，今年18岁，喜欢打篮球

又比如：

```
print!("{arg}",arg = "tyest");          //=>"test"
print!("{name} {}",1, name =2);         //=>"2 1"
print!("{a} {c} {b}",a ="a",b ='b', c=3);      //=>"a 3 b"
```

需要注意的是，带名字的参数必须放在不带名字的参数的后面，以下例子无法通过编译：

```
print!("{abc} {1}", abc = "def", 2);
```

4.2.5　输出不同的进制数

可以在通配符{}中添加不同的符号来实现二进制、八进制、十六进制数的输出。常用符号如表4-5所示。

表 4-5　常用符号

格　　式	说　　明
{:b}	输出结果转为二进制
{:o}	输出结果转为八进制
{:x}	输出结果转为十六进制（小写）
{:X}	输出结果转为十六进制（大写）
{:e}	科学记数（小写）
{:E}	科学记数（大写）
{:p}	输出指针

（续表）

格　式	说　明
{:?}	打印 Debug
{:+}	如果数值类型是整数，则前置打印+号

还可以添加0，用来在整数格式化时填充宽度，格式说明如表4-6所示。

表 4-6　添加 0，用来在整数格式化时填充宽度

格　式	说　明
{:08b}	输出 8 位二进制数，不足 8 位使用 0 填充
{:08o}	输出 8 位八进制数，不足 8 位使用 0 填充
{:016x}	输出 8 位十六进制数，不足 16 位使用 0 填充

还有个#要注意一下，这应该算是一个补充标记符，常与其他字符连用，格式说明如表4-7所示。

表 4-7　#与其他字符连用格式说明

格　式	说　明
{:#b}	在输出的二进制数前添加 0b
{:#o}	在输出的八进制数前添加 0o
{:#x}	在输出的十六进制数前添加 0x（x 是小写）
{:#X}	在输出的十六进制数前添加 0x（x 是小写）
{:#?}	带换行和缩进的 Debug 打印

示例代码如下：

```
fn main() {
    println!("{},{}", 1, 2);               //输出十进制数
    //输出二进制数
    println!("{:b},{:b},{:b}", 0b11_01,0b1100,0b1111111110000000001);
    println!("{:b},{:b}", 8,16);
    println!("{:b},{:b}", 0xF,0xe);
    //输出八进制数
    println!("0o{:o}", 10);                // 0o12
    println!("{:#o}", 10);                 // 0o12
    //十六进制小写
    println!("0x{:x}", 0xFF);              //0xff
    println!("{:#x}", 0xFF);               //0xff
    //十六进制大写
    println!("0x{:X}", 0xFF);              // 0xFF
    println!("{:#X}", 0xFF);               // 0xFF
}
```

二进制常数需要以0b开头，十六进制常数需要以0x开头。输出结果如下：

```
1,2
1101,1100,1111111110000000001
1000,10000
1111,1110
```

```
0o12
0o12
0xff
0xff
0xFF
0xFF
```

又比如：

```
fn main() {
    let a = 31;
    println!("二进制 {:b}", a);
    println!("八进制 {:o}", a);
    println!("十六进制（小写）{:x}", a);
    println!("十六进制（大写）{:X}", a);

    println!("输出标点 {:+}", 5);

    println!("前置符二进制 {:#b}", a);
    println!("前置符八进制 {:#o}", a);
    println!("前置符十六进制（小写）{:#x}", a);
    println!("前置符十六进制（大写）{:#X}", a);

    println!("二进制8位补零 {:08b}", a);
    println!("八进制8位补零 {:08o}", a);
    println!("十六进制16位补零 {:016b}", a);
}
```

输出结果如下：

```
二进制 11111
八进制 37
十六进制(小写) 1f
十六进制(大写) 1F
输出标点 +5
前置符二进制 0b11111
前置符八进制 0o37
前置符十六进制(小写) 0x1f
前置符十六进制(大写) 0x1F
二进制8位补零 00011111
八进制8位补零 00000037
十六进制16位补零 0000000000011111
```

4.2.6 指定宽度

指定宽度的形式如下。

- {:n}：通过数字直接指定宽度，比如{:5}。
- {:n$}：通过参数索引指定宽度，比如{:1$}。
- {:name$}：通过具名参数指定宽度，比如{:width$}。

需要注意的是，这里指定的是最小宽度，如果字符串不足宽度会进行填充，如果超出并不会截断。示例代码如下：

```
fn main() {
    // 不足长度5，填充空格
    // 输出：Hello a    !
    println!("Hello {:5}!", "a");

    // 超出长度1，仍然完整输出
    // 输出：Hello abc!
    println!("Hello {:1}!", "abc");

    // 因为未指定索引，所以按照顺序位置引用的是"abc"
    // 通过$符指定了宽度的索引为1，即宽度为5
    // 输出：Hello abc  !
    println!("Hello {:1$}!", "abc", 5);
    // 指定了位置索引为1，使用$符指定了宽度的索引为0，即宽度为5
    // 输出：Hello abc  !
    println!("Hello {1:0$}!", 5, "abc");

    // 通过具名参数指定宽度为5
    // 输出：Hello abc  !
    println!("Hello {:width$}!", "abc", width = 5);
    let width = 5;
    println!("Hello {:width$}!", "abc");
}
```

输出结果如下：

```
Hello a    !
Hello abc!
Hello abc  !
Hello abc  !
Hello abc  !
Hello abc  !
```

4.2.7　填充与对齐

如果不指定对齐方式，Rust会用默认的方式进行填充和对齐。对于非数字，采用的是空格填充左对齐，数字采用的是空格填充右对齐。在格式化字符串内，一般按照":XF"来排列，其中X表示要填充的字符，F表示对齐方式，有三种对齐方式：<表示左对齐，^表示居中对齐，>表示右对齐。比如":-<7"，-表示填充字符，<表示左对齐，7表示总宽度是7。

特别要注意的是，有些类型可能不会实现对齐。特别是对于Debug trait，通常不会实现该功能。确保应用填充的一种好方法是格式化输入，再填充此结果字符串以获得输出。示例代码如下：

```
fn main() {
    // 非数字默认左对齐，空格填充
    assert_eq!(format!("Hello {:7}!", "abc"), "Hello abc    !");
    println!("Hello {:7}!", "abc");
```

```
    // 左对齐
    assert_eq!(format!("Hello {:<7}!", "abc"), "Hello abc    !");
    println!("Hello {:<7}!", "abc");

    // 左对齐，使用-填充
    assert_eq!(format!("Hello {:-<7}!", "abc"), "Hello abc----!");
    println!("Hello {:-<7}!", "abc");

    // 右对齐，使用-填充
    assert_eq!(format!("Hello {:->7}!", "abc"), "Hello ----abc!");
    println!("Hello {:->7}!", "abc");

    // 中间对齐，使用-填充
    assert_eq!(format!("Hello {:-^7}!", "abc"), "Hello --abc--!");
    println!("Hello {:-^7}!", "abc");

    // 数字默认右对齐，使用空格填充
    assert_eq!(format!("Hello {:7}!", 7), "Hello       7!");
    println!("Hello {:7}!", 7);

    // 左对齐
    assert_eq!(format!("Hello {:<7}!", 7), "Hello 7      !");
    println!("Hello {:<7}!", 7);

    // 居中对齐
    assert_eq!(format!("Hello {:^7}!", 7), "Hello    7   !");
    println!("Hello {:^7}!", 7);

    // 填充0
    assert_eq!(format!("Hello {:07}!", 7), "Hello 0000007!");
    println!("Hello {:07}!", 7);

    // 负数填充0，负号会占用一位
    assert_eq!(format!("Hello {:07}!", -7), "Hello -000007!");
    println!("Hello {:07}!", -7);
}
```

assert_eq!用于判断两者是否相等。如果没有报错输出，则说明全部正确。输出结果如下：

```
Hello abc    !
Hello abc    !
Hello abc----!
Hello ----abc!
Hello --abc--!
Hello       7!
Hello 7      !
Hello    7   !
Hello 0000007!
Hello -000007!
```

4.2.8　指定小数的精确值

常用的3种指定小数精确值的方式如表4-8所示。

表 4-8　常用的 3 种指定小数精确值的方式

格　　式	说　　明
{:.3}	小数点后精确度保留 3 位（不足补零，多余截断），这种方式精度写死了，不灵活
{1:.0$}	"1"和".0"分别对应两个数字，一个是精度（小数位数），另一个是要显示的小数。其中，"1"相当于一个占位符，其对应的数字用来指定小数的位数（不足补零，多余截断）。".0"所对应的数字就是要显示的小数，比如 println!("小数保留位数 {1:.0$}", 3, 0.01);。这种方式比上一种方式灵活，精度值相当于一个变量，可以自由控制
{:.*}	这种格式也对应两个数字，一个是精度（小数位数，不足补零，多余截断），另一个是具体小数。这种格式书写更加简洁

示例代码如下：

```
fn main() {
    println!("科学记数（小写）{:e}", 100000_f32);
    println!("科学记数（大写）{:E}", 100000_f32);

    println!("小数保留位数 {:.3} ", 0.01);
    println!("小数保留位数 {1:.0$} ", 3, 0.01);
    println!("{}小数保留3位数 {:.*} --- 保留4位数 {:.*} ", 0.01, 3, 0.01, 4, 0.10);//3
和0.01是一对
}
```

输出结果如下：

```
科学记数（小写）1e5
科学记数（大写）1E5
小数保留位数 0.010
小数保留位数 0.010
0.01小数保留3位数 0.010 --- 保留4位数 0.1000
```

4.2.9　输出{和}

有时可能在字符串中包含{和}，这里可以通过{{输出{，}}输出}。示例代码如下：

```
fn main() {
    println!("左边的括号   {{");
    println!("右边的括号   }}");
    println!("全括号   {{}}");
}
```

输出结果如下：

```
左边的括号   {
右边的括号   }
全括号   {}
```

4.2.10 格式化宏 format!

格式化的用法和输出的用法基本相同，它的用途是写格式化文本到字符串。上一小节代码的所有println!都可以换成format!，使用format!常用于格式化多个变量为字符串，println则会直接输出到屏幕。比如：

```
fn main() {
    let mut s = format!("左边的括号  {{");
    println!("{}",s);
    s = format!("右边的括号  }}");
    println!("{}",s);
    println!("{}",format!("全括号  {{}}"));  //把format!写在println!中，更加简洁
}
```

输出结果如下：

```
左边的括号  {
右边的括号  }
全括号  {}
```

又比如：

```
fn main() {
    let s1="I";
    let s2="love";
    let s3="China";
    let s = format!("{}-{}-{}",s1,s2,s3);
    println!("{}",s);
    println!("{}",format!("{}-{}-{}","I","love","you"));
}
```

输出结果如下：

```
I-love-China
I-love-you
```

第 5 章
选 择 结 构

到目前为止，我们所完成的代码都是按照编写顺序依次执行下去，这样的代码结构称为顺序结构。顺序结构的代码逻辑较为简单，但能够完成的工作也相对较少，因为我们遇到的大多数现实问题都是条件判断问题。比如：

（1）如果明天下雨，我就吃火锅，否则出去玩。

（2）如果吃火锅，就得涮牛肚，否则等下一次再吃。

（3）如果出去玩，那么一定得带上我的超级可爱的女（男）朋友，否则和她（他）吃火锅。

（4）如果真的有的话，那么早都去了。

所以，看到了吧，根据条件是否为真时执行某些代码或者在条件为真时重复执行某些代码的能力，是大多数编程语言的基本构建块。这样的条件分支结构以及循环结构也被称为控制流。

结构化程序设计中有 3 种基本的程序结构：顺序结构、选择结构和循环结构。它们控制着代码执行的次序，从而提高程序的灵活性，使其能够实现比较复杂的程序。顺序结构是基础，选择结构是进阶，循环结构是高阶。选择结构起到承上启下的作用。

本章将讲述选择结构的程序设计。在 Rust 语言中，有两种多分支结构，分别是多分支的 if 选择语句和 match 语句，它们搭配使用使得程序能够解决复杂的问题。

5.1 if 选择语句

Rust 语言实现选择结构时，根据某种条件的成立与否而采用不同的程序段进行处理的程序结构称为选择结构。通常选择结构有两个分支，条件为"真"，执行甲程序段，否则执行乙程序段。有时，两个分支还不能完全描述实际问题。例如，判断学生的成绩属于哪个等级（A：90～100，B：

80~89，C：60~79，D：0~59），根据学生的成绩的条件分成4个分支，分别处理各等级的情况。这样的程序结构称为多分支选择结构。

Rust语言中的if选择语句分为3种：单分支结构（if语句）、双分支结构（if…else语句） 和多分支结构（if…else if语句）。通过使用关键字if或if…else、if…else if…else加上条件语句来实现。

5.1.1　单分支 if 语句

if语句是最简单的选择语句，它实现程序的单分支执行路径。其语法格式如下：

```
if 条件表达式 {
    代码段
}
```

它表示"条件表达式"为true时执行花括号内的"代码段"内容，否则将跳过"代码段"，执行if语句的下一条语句。代码段可以是一条语句，也可以是多条语句，但都必须用花括号括起来。

> 注意：if后面的"条件表达式"是不需要圆括号的。另外，即使"代码段"仅有一条语句，也需要用花括号括起来。也就是说，花括号不能省略。这两点和C/C++不同。

另外需要注意的是，代码中的条件表达式必须产生一个 bool 类型的值，否则会触发变异错误。与C/C++或JavaScript等语言不同，Rust不会自动尝试将非布尔类型的值转换为布尔类型，必须显式地在 if 表达式中提供一个布尔类型作为条件。

下面的代码当输入为偶数时输出even：

```
fn main() {
    let num: i32 = 8;
    if num % 2 == 0 {   //8可以整除2
        println!("even");
    }
}
```

因为8可以整除2，所以8%2的结果是0，从而执行花括号中的println!("even");。

看个例子，求给定整数的绝对值。

算法设计：求x的绝对值的算法很简单，若x≥0，则x即为所求：若x< 0，则-x为x的绝对值。程序中首先定义整型变量x和y，其中y存放x的绝对值。输入x的值之后，执行y=x;语句，即先假定x≥ 0，然后判断x是否小于0，若x<0，则x的绝对值为-x，将-x赋给y（y中原来的x值被"冲"掉了）后输出结果y。若x≥0，则跳过y=-x;语句，直接输出结果。此时y中的值仍然是原x的值。程序代码如下：

```
fn main() {
    let x: i32 = -8;                    //给定一个整数
    let mut y=x;

    if x < 0
    {
        y=-x;                           //若x< 0，则-x为x的绝对值
```

```
    }
    print!("|x|={}",y);                    //程序输出: |x|=8
}
```

5.1.2 双分支 if···else 语句

单分支if语句只指出条件为true时做什么，而未指出条件为false时做什么。if···else语句明确指出作为控制条件的表达式为true时做什么，为false时做什么。语法格式如下:

```
if 条件表达式 {
    代码段1
} else {
    代码段2
}
```

计算条件表达式的值时，若表达式的值为true，则执行代码段1，并跳过代码段2，然后继续执行if···else语句的下一条语句，若表达式的值为false，则跳过代码段1，执行代码段2，然后继续执行if···else语句的下一条语句。

下面的代码当num为偶数时输出even，当num为奇数时输出odd:

```
fn main() {
    let num: i32 = 5;
    if num % 2 == 0 {
        println!("even");
    } else {
        println!("odd");
    }
}
```

因为5是奇数，所以整除2的结果不是0，结果输出odd。

我们再来看求两个数中的最大值，代码如下:

```
fn main() {
    let x: f32 = 5.6;
    let y=7.8;
    if x>y
    {
        println!("max={}",x);
    } else {
        println!("max={}",y);
    }
}
```

结果输出: max=7.8。

5.1.3 多分支 if 语句

多分支语句是对同一个条件表达式的不同结果分别执行不同的代码块。比如判断一个整数是正数、负数还是0，那么就有3种情况：若大于0，则输出正数；若小于0，则输出负数；若等于0，则输出零。这种情况就使用if多分支语句来判断。

if多分支语句的语法格式如下：

```
if 条件表达式1
{
    代码段1;
}
else if 条件表达式2
{
    代码段2;
}
…
else if 条件表达式n
{
    代码段n;
}
```

if 多分支结构执行过程的本质就是：若满足则执行，否则不执行。从语法上分析就是：判断条件表达式1的取值，若条件表达式1的值为true，则执行代码段1。若条件表达式1的值为false，则代码段1不会被执行，继续判断条件表达式2的取值，若条件表达式2的值为true，则执行代码段2。若条件表达式n前面所有的条件表达式取值都为false，则会判断表达式n的取值，若条件表达式n的取值为true，则执行语句n；若条件表达式n的取值为false（或不为1），则整个if结构都不会被执行。这种情况下，该结构的存在多半没有意义。如果n个条件都不满足，但还是想让程序执行这n种条件外的其他情况，那么可以在最后加一个else：

```
if 条件表达式1
{
    代码段1;
}
else if 条件表达式2
{
    代码段2;
}
…
else if 条件表达式n
{
    代码段n;
}
else
{
    代码段n+1;
}
```

此时，当前面n个条件都不为false时，则会执行最后else中的"代码段n+1"。看个例子：

```
fn main() {
    let number = 6;
    if number % 4 == 0 {
        println!("number is divisible by 4");
```

```
    } else if number % 3 == 0 {
        println!("number is divisible by 3");
    } else if number % 2 == 0 {
        printin!("number is divisible by 2");
    } else {
        println!("number is not divisible by 4, 3 or 2");
    }
}
```

number是6，不能被4整除，但可以被3整除，结果输出：number is divisible by 3。然后整个多分支if语句结束。

我们再来看一个例子，用if语句实现计算器程序设计。设计计算器程序使用的是多选择结构，即先判断是否为加法运算，如果是，则执行加法操作，如果不是，继续判断是否为减法运算，如果是，则执行减法操作，如果不是，继续判断是否为乘法运算，如果是，则执行乘法操作，如果不是，则执行除法操作，在执行除法操作时需要进一步判断除数是否为0，若除数为0，则输出data error，若除数不为0，则输出除法运算结果。程序流程图如图5-1所示。

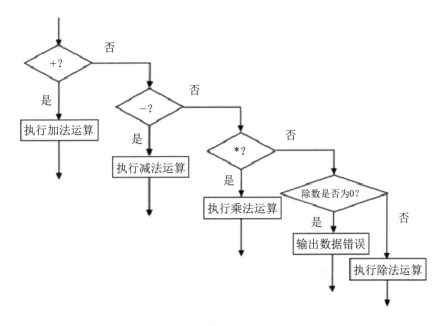

图 5-1

根据程序流程图，我们可以写出计算器的Rust语言程序代码。其代码如下：

```
fn main() {
    let op:char='*';
    let c1:f32=3.14;
    let c2:f32=2.0;
    if op=='+' { print!("{}{}{}={}",c1,op,c2,c1+c2);}
    else if op=='-' { print!("{}{}{}={}",c1,op,c2,c1-c2);}
    else if op=='*' { print!("{}{}{}={}",c1,op,c2,c1*c2);}
    else if op=='/' {
        if c2==0.0 {print!("data error");}
```

```
      else {print!("{}{}{}={}",c1,op,c2,c1/c2)};
   }
}
```

结果输出：3.14*2=6.28。

5.1.4 在 let 语句中使用 if

因为if是一个表达式，所以可以将它放在let语中等号的右边。比如：

```
fn main() {
   let condition = true;
   let number = if condition { 5 } else { 6 };   // if else必须返回相同的数据类型
   println!("The value of number is: {}", number);
}
```

结果输出：The value of number is: 5。

5.2   匹配控制语句match

学过C语言的同学或许在等switch，明确告诉你们，Rust没有switch，而是提供了功能更加强大的匹配控制语句match。它使我们可以将值与一系列模式进行比较，然后根据匹配的模式执行代码。模式可以由文字值、变量名、通配符和其他内容组成。

match语句是Rust中的一种控制流语句，它可以让我们根据不同的模式匹配执行不同的代码。match语句的基本语法如下：

```
match value {
   pattern1 => {
   // code1
   }
   pattern2 => {
   // code2
   }
   _ => {
   // 没有任何匹配
   }
}
```

其中，value是要匹配的变量，pattern是匹配模式，=>后面是要执行的代码块。如果value匹配了某个模式，就会执行对应的代码块。如果value没有匹配任何模式，就会执行默认的代码块（即_ => {…}）。

接下来，我们将通过一些示例来介绍match语句的基础用法。

5.2.1 匹配整数

匹配整数就是让待匹配的值和不同的整数比较，代码如下：

```
fn main() {
    let x = 1;

    match x {
        1 => println!("x is one"),
        2 => println!("x is two"),
        _ => println!("x is not one or two"),
    }
}
```

在这个示例中，我们定义了一个整数变量x，并使用match语句匹配它。如果x等于1，就会执行第一个代码块，输出"x is one"；如果x等于2，就会执行第二个代码块，输出"x is two"；如果x不等于1或2，就会执行默认的代码块，输出"x is not one or two"。最终输出结果：x is one。

这个例子是匹配单个值，我们还可以匹配多个值，如果想匹配多个值，不同的值之间用"|"隔开，比如：

```
fn main() {
    let number = 7;
    match number {
        // 匹配多个值
        2 | 3 | 5 | 7 | 11 => println!("This is a prime"),
        // 要覆盖所有的可能分支，不然有编译错误
        _ => println!("Ain't special"),
    }
}
```

结果输出：This is a prime。

5.2.2 匹配枚举类型

枚举是一个数据结构，里面可以包含不同的成员元素。匹配枚举就是让待匹配的值和一个枚举中的不同元素进行比较。枚举我们暂时还没学到，这里暂时不用太深究，枚举在日常生活中很常见，例如表示星期的SUNDAY、MONDAY、TUESDAY、WEDNESDAY、THURSDAY、FRIDAY、SATURDAY就是一个枚举。可以认为，枚举是一个有名称的整型常数的集合。

match匹配枚举的代码如下：

```
enum Color {
    Red,
    Green,
    Blue,
}
```

```
let color = Color::Green;

match color {
    Color::Red => println!("The color is red"),
    Color::Green => println!("The color is green"),
    Color::Blue => println!("The color is blue"),
}
```

在这个示例中，我们定义了一个枚举类型Color，并将变量color赋值为Color::Green。然后，使用match语句匹配color。如果color等于Color::Red，就会执行第一个代码块，输出"The color is red"；如果color等于Color::Green，就会执行第二个代码块，输出"The color is green"；如果color等于Color::Blue，就会执行第三个代码块，输出"The color is blue"。

5.2.3 匹配元组

元组可以将其他不同类型的多个值组合进一个复合类型中。元组还拥有一个固定的长度：你无法在声明结束后增加或减少其中的元素数量。通常使用逗号分隔后放置到一对圆括号中创建一个元组。元组每个位置的值都有一个类型，这些类型不需要是相同的。比如我们定义一个元组：

```
let tuple:(i32,f64,u8) = (-325,4.9,22);
```

也可以省略类型，比如：

```
let point = (1, 2);
```

匹配元组的代码如下：

```
let point = (1, 2);

match point {
    (0, 0) => println!("The point is at the origin"),
    (_, 0) => println!("The point is on the x-axis"),
    (0, _) => println!("The point is on the y-axis"),
    (x, y) => println!("The point is at ({}, {})", x, y),
}
```

在这个示例中，我们定义了一个元组变量point，并使用match语句匹配它。如果point等于(0, 0)，就会执行第一个代码块，输出"The point is at the origin"；如果point的第二个元素等于0，就会执行第二个代码块，输出"The point is on the x-axis"；如果point的第一个元素等于0，就会执行第三个代码块，输出"The point is on the y-axis"；否则执行第四个代码块，输出"The point is at ({}, {})"。

5.2.4 匹配范围

匹配范围和匹配多个值有点类似，但匹配多个值可能是不连续的，而匹配范围则是一段连续的值区间。匹配范围的示例代码如下：

```
let age = 20;
```

```
match age {
    0..=17 => println!("You are a minor"),
    18..=64 => println!("You are an adult"),
    _ => println!("You are a senior"),
}
```

在这个示例中，我们定义了一个整数变量age，并使用match语句匹配它。如果age的取值范围为0~17，就会执行第一个代码块，输出"You are a minor"；如果age的取值范围为18~64，就会执行第二个代码块，输出"You are an adult"；否则执行默认的代码块，输出"You are a senior"。

5.2.5 匹配守卫

匹配守卫（Match Guard）是一个位于match分支模式之后的额外if条件，它能为分支模式提供进一步的匹配条件。示例代码如下：

```
let x = 5;

match x {
    n if n < 0 => println!("The value is negative"),
    n if n > 10 => println!("The value is greater than 10"),
    _ => println!("The value is between 0 and 10"),
}
```

在这个示例中，我们定义了一个整数变量x，并使用match语句匹配它。在模式中，我们使用if语句添加了一个守卫条件。如果x小于0，就会执行第一个代码块，输出"The value is negative"；如果x大于10，就会执行第二个代码块，输出"The value is greater than 10"；否则执行默认的代码块，输出"The value is between 0 and 10"。

5.2.6 一些经验

在实际开发中，我们经常需要使用match语句来处理复杂的逻辑。以下是一些实践经验，可以帮助我们更好地使用match语句。

经验1：给每个分支加上花括号

在match语句中，每个分支的代码块通常都比较复杂，因此我们应该给每个分支加上花括号，以便更好地阅读和维护代码。例如：

```
fn main() {
    let x = 1;

    match x {
        1 => {
            println!("The value is one");
            println!("This is a long message");
        }
        2 => {
```

```
        println!("The value is two");
        }
        _ => {
            println!("The value is not one or two");
        }
    }
}
```

输出结果如下：

```
The value is one
This is a long message
```

经验2：使用_忽略不需要的变量

在match语句中，我们可以使用_符号来忽略不需要的变量。这样可以简化代码，并且让代码更加清晰。例如：

```
let x = (1, 2);

match x {
    (1, _) => println!("The first element is 1"),
    (_, 2) => println!("The second element is 2"),
    _ => (),
}
```

在这个示例中，使用_符号来忽略第二个元素，因为我们只关心第一个元素是否等于1。

经验3：使用if let简化模式匹配

在某些情况下，我们只需要匹配一个模式，而不需要处理其他模式。此时，可以使用if let语句来简化模式匹配的代码。例如：

```
let x = Some(5);

if let Some(n) = x {
    println!("The value is {}", n);
}
```

在这个示例中，我们只需要匹配Some类型的值，而不需要处理None类型的值。因此，使用if let语句可以让代码更加简洁和清晰。

match语句是Rust中非常强大的语言特性，它可以让我们根据不同的匹配模式执行不同的代码。在本教程中，我们介绍了 match 语句的基础用法、进阶用法和实践经验等方面的内容。通过学习本教程，相信读者可以掌握match语句的基本用法，并能够在实际开发中灵活运用它。

第 **6** 章

控 制 结 构

6.1　生活及数学中的循环控制

每个同学每天早上起床、刷牙、吃早饭、上午上课、吃午饭、下午上课、吃晚饭、上晚自习、睡觉。第二天重复前一天的活动，日复一日，年复一年，这就是现实生活中循环的实例。这种循环生活方式只有在学生时代结束时，循环才会结束。

当年高斯计算S=1+2+3+⋯+100的故事家喻户晓，如何设计这个算法呢？定义变量，然后不断累加，一直加到100。比如：

```
let S:i32;
S=1;
S=S+2;
S=S+3;
...
S=S+100;
```

这种方法虽然可以实现要求，但是显然是不可取的，因为工作量大，程序冗长、重复、难以阅读和维护。相信大家都会认为这是最笨的方法。事实上，几乎每一种高级编程语言都提供了循环控制结构，用来处理循环反复的操作。

循环结构可以减少源程序重复书写的工作量，用来描述重复执行某段算法的问题，这是程序设计中最能发挥计算机特长的程序结构。Rust 中有三种循环：loop、while和for。

6.2　for 循 环

迭代次数是确定/固定的循环称为确定循环。for循环是一个确定循环。for循环执行代码块指定的次数。它可用于迭代一组固定的值，例如数组。for循环的语法如下：

```
for temp_variable in lower_bound..upper_bound {
    //代码语句
}
```

temp_variable 是 一个临时 变量，取值范围是 [lower_bound,upper_bound-1]，也就是让 temp_variable不断改变取值（从lower_bound开始，每次加1），不断执行代码语句。

第一次temp_variable取值是lower_bound，然后执行代码语句；第二次temp_variable取值是 lower_bound+1，然后执行代码语句；第三次temp_variable取值是lower_bound+2，然后执行代码语句，以此类推，一直到temp_variable取值upper_bound-1，此时将最后一次执行代码语句，则整个for 循环结束。

注意：循环次数从lower_bound到upper_bound-1，不包括upper_bound。另外，花括号不能省略，即使只有一条代码语句。

下面举一个for循环的例子：

```
fn main(){
    for x in 0..10
    {
        print!("{}, ", x);
    }
}
```

输出结果如下：

0, 1, 2, 3, 4, 5, 6, 7, 8, 9,

可见，x的取值范围为0～9，不包括10，0～9已经是10次了，所以执行了10次打印语句。

6.3 while 循 环

当循环中的迭代次数不确定或未知时，通常使用while循环。while循环的语法格式如下：

```
while 表达式
{
    循环体内的语句
}
```

这种循环语句中的表达式是循环语句能否继续运行的条件，其功能是保证语句循环运行。只要表达式为true，就可以执行循环体内的语句，否则终止循环，执行循环体外的语句。比如：

```
fn main(){
    let mut x = 0;
    while x < 5{
        x+=1;
        println!("inside loop x value is {}",x);
    }
```

```
    println!("outside loop x value is {}",x);
}
```

值得注意的是，即使循环体内的语句只有一句，花括号依旧不能少。

Rust语言到写本书时还没有do-while的用法，但是do被规定为保留字，也许以后的版本中会用到。

6.4 loop 循 环

loop告诉Rust永远重复执行一段代码，直到明确地告诉需要停止为止,否则将一直重复执行(直到你的机器没电为止)，相当于一个while无限循环。示例代码如下：

```
fn main() {
    loop {
        println!("loop!");
    }
}
```

执行该代码，不出意外的话将不会停止打印loop:

```
loop
loop
loop
loop
loop
loop
loop
...
```

如果程序在VS Code中运行，则单击右上角的红色矩形按钮才会停止程序。如果该程序在命令行窗口执行，则需要按快捷键Ctrl+C才会停止程序。这里的loop循环也可以改写为：

```
while true{
    println!("loop!");
}
```

6.5 break 语 句

通过使用break语句，即使在没有满足结束条件的情况下，也可以跳出一个循环。break可以被用来结束一个无限循环（Infinite Loop），或强迫循环在其自然结束之前结束。例如，我们想要在倒计数自然结束之前强迫它停止。break语句可以用在for、while和loop循环体中。

break既可以单独使用，也可以带参数，这个参数将作为循环体的返回值。

6.5.1 break 单独使用

单独使用时，break的作用就是跳出循环，比如：

```
fn main(){
    let mut x = 0;
    loop {
        x+=1;
        println!("x={}",x);
        if x==5 {
            break;
        }
    }
}
```

当满足x等于5的时候，就执行break语句，然后跳出loop循环，循环结束。输出结果如下：

```
x=1
x=2
x=3
x=4
x=5
```

这个程序终止无限循环，当然也可以终止非无限循环，比如：

```
fn main() {
    let mut x = 0;
    while x < 30 {
        x += 1;
        println!("{}", x);
        if x>5 {break;}
    }
    println!("循环结束了");
}
```

本来要执行30次循环，但一旦x大于5，就要执行break语句，从而提前跳出循环。输出结果如下：

```
1
2
3
4
5
6
循环结束了
```

6.5.2 break 带出返回值

从loop循环中获得返回值，我们可以利用这一点来获取循环退出的原因，从而分析循环操作是否完成或成功，当然还有其他用途。注意：只有loop循环有这个功能。

这里loop相当于一个表达式，因此可以返回一个值。比如：

```
fn main() {
    let mut counter = 0;

    let result = loop {              //定义变量result，并把循环体的结果赋值给它
        counter += 1;

        if counter == 10 {
            break counter * 2;       //此时counter是10，乘以2就是20
        }
    };

    println!("The result is {}", result);
}
```

在进入loop循环之前，首先声明了一个名为counter的变量并初始化为0。然后声明了一个名为result的变量，用来保存循环返回的值。在每次循环迭代中，counter变量自加1，当counter为10时，if表达式判断条件为真，进入代码块中执行break counter * 2;语句，使用break关键字后跟具体值的方式来为循环返回值。在整个loop循环体后添加分号表示结束let语句。结果输出：The result is 20。

6.5.3 跳转到指定标签的循环

若Rust可以为循环指定标签，则在有多层循环嵌套时，可以直接指定跳出哪个循环。若循环中嵌套循环，则在最内层循环中使用break。当为循环指定了一个循环标签后，可以使用 break指定作用于哪个（层） loop 循环。循环标签必须以单引号开头。比如：

```
fn main() {
    let mut count = 0;
    'counting_up: loop {
        println!("count = {count}");
        let mut remaining = 10;

        loop {
            println!("remaining = {remaining}");
            if remaining == 9 {
                break;  //跳出内部循环
            }
            if count == 2 {
                break 'counting_up;
            }
            remaining -= 1;
        }

        count += 1;
    }
    println!("End count = {count}");
}
```

代码中有两个loop，分别表示外部循环和内部循环，外部循环有标签'counting_up，它会从0计数到2。没有标签的内部循环从10倒数到9。第一个break没有指定标签，将跳出内部循环。而break 'counting_up;语句将退出外部循环。结果输出：

```
count = 0
remaining = 10
remaining = 9
count = 1
remaining = 10
remaining = 9
count = 2
remaining = 10
End count = 2
```

6.6　continue　语　句

6.6.1　continue 单独使用

continue语句使得程序跳过当前循环中剩下的部分而直接进入下一次循环，就好像循环中语句块的结尾已经到了使得循环进入下一次重复。比如：

```
fn main() {
    let mut count = 0;
    for num in 0..21 {
       if num % 2==0 {
           continue;
       }
       count+=1;
    }
    println! (" The count of odd values between 0 and 20 is: {} ",count);
    //outputs 10
}
```

上面的示例显示了0～20的偶数值。如果数字是偶数，则循环退出当前迭代。这是使用 continue 语句实现的。输出结果如下：

```
The count of odd values between 0 and 20 is: 10
```

我们再把continue和break放在一个程序中，体会它们的区别，比如：

```
fn main() {
    let mut count = 0u32;
    println!("Let's count until infinity!");
    // 无限循环
    loop {
        count += 1;
```

```
        if count == 3 {
            println!("three");
            // 不再继续执行后面的代码，跳转到loop开头继续循环
            continue;
        }
        println!("{}", count);
        if count == 5 {
            println!("OK, that's enough");
            // 跳出循环
            break;
        }
    }
}
```

输出结果如下：

```
Let's count until infinity!
1
2
three
4
5
OK, that's enough
```

我们可以使用continue和break控制执行流程。continue语句表示本次循环内，后面的语句不再执行，直接进入下一轮循环。break语句表示跳出循环，不再继续。另外，continue语句还可以在多重循环中选择跳出到哪一层循环。

6.6.2 跳转到指定标签的循环

若Rust可以为循环指定标签，则在有多层循环嵌套时，可以直接指定跳出哪个循环。continue也可以跳出到指定的标签。比如：

```
fn main()
{
    let (mut i, mut j) = (0, 0);
    'outer: loop
    {
        i += 1;
        if i>2 {break;}
        j = 0;
        'inner: loop
        {
            j += 1;
            println!("i={}, j={}", i, j);

            if j == 3
            {
```

```
            continue 'outer;        // 继续外层循环
        }
    }
  }
}
```

输出结果如下：

```
i=1, j=1
i=1, j=2
i=1, j=3
i=2, j=1
i=2, j=2
i=2, j=3
```

第7章 函 数

函数是编程语言中的基本构建块之一，用于封装可重用的代码块，并实现特定的功能。在 Rust 中，函数是一个重要的概念，它具有严格的类型系统和内存安全性。本章将详细介绍 Rust 函数的定义、参数、返回值和其他相关概念，并提供相关代码示例。

在数学中其实就有函数的概念，比如一次函数 y=kx+b，k 和 b 都是常数，给定一个任意的 x，就得到一个 y 值，且 x 与 y 是一一对应的。Rust 语言同样引入了函数的概念。Rust 语言中的函数就是一个完成某项特定任务的一小段代码，这段代码具有特殊的写法和调用方法。Rust 语言的程序其实是由无数个小的函数组合而成的，也可以说，一个大的计算任务可以分解成若干较小的函数（对应较小的任务）完成。同时一个函数如果能完成某项特定任务的话，这个函数也是可以重复使用的，这样可以提升开发软件的效率。

7.1 函 数 定 义

在Rust中，函数使用fn关键字定义，后跟函数名、参数列表、返回类型和函数体。函数体由一系列语句组成，用于执行特定的操作和计算。以下是一个简单的函数示例：

```rust
fn greet() {
    println!("Hello, Rust!");
}
fn main() {
    greet();
}
```

上述示例中，我们定义了一个名为greet的函数，它不接收任何参数，也没有返回值。函数体中的语句println!("Hello, Rust!")用于打印一条问候信息。在main函数中，我们调用了greet函数，通过函数名后加上圆括号"()"来调用函数。

7.2　函 数 参 数

函数可以接收参数，参数是函数的输入数据，用于在函数体中进行处理和操作。在Rust中，函数的参数由参数名和类型组成，并通过逗号分隔。以下是一个带有参数的函数示例：

```
fn greet(name: &str) {
    println!("Hello, {}!", name);
}


fn main() {
    let name = "Alice";
    greet(name);
}
```

在上述示例中，我们定义了一个名为greet的函数，它接收一个类型为&str的参数name。参数类型&str表示一个字符串切片，它是对字符串的引用。

在main函数中，我们定义了一个名为name的变量，并将其赋值为"Alice"。然后，我们将name作为参数传递给greet函数，以打印问候信息。

7.3　函数返回值

函数可以返回一个值，返回值是函数的输出结果，用于提供函数执行后的结果或计算的值。在Rust中，函数的返回类型由->符号后跟类型来指定。以下是一个带有返回值的函数示例：

```
fn add(a: i32, b: i32) -> i32 {
    a + b
}


fn main() {
    let result = add(3, 5);
    println!("Result: {}", result);
}
```

在上述示例中，我们定义了一个名为add的函数，它接收两个参数a和b，类型均为i32。函数体中的表达式a + b表示将参数a和b相加，并作为函数的返回值。

在main函数中，我们调用了add函数，并将返回值存储在result变量中。然后，使用println!宏打印出结果。结果输出：Result: 8。

7.4　函　数　重　载

Rust不支持传统意义上的函数重载，即在同一作用域中定义多个同名函数但参数类型或数量不同的情况。然而，Rust通过使用泛型和trait来实现类似的功能。以下是一个使用泛型和trait实现函数重载的示例：

```rust
trait Add {
    type Output;
    fn add(self, other: Self) -> Self::Output;
}

impl Add for i32 {
    type Output = i32;
    fn add(self, other: Self) -> Self::Output {
        self + other
    }
}

impl Add for f64 {
    type Output = f64;
    fn add(self, other: Self) -> Self::Output {
        self + other
    }
}

fn main() {
    let a = 3;
    let b = 5;
    let c = 2.5;
    let d = 4.8;

    let result1 = a.add(b);
    let result2 = c.add(d);

    println!("Result 1: {}", result1);
    println!("Result 2: {}", result2);
}
```

在上述示例中，我们定义了一个名为Add的trait，它具有一个关联类型Output和一个add方法。然后，为i32和f64类型分别实现了Add trait，为它们提供了不同的实现方式。

在main函数中，我们分别定义了a、b、c和d四个变量，并使用add方法对它们进行相加操作。根据变量的类型，编译器会自动选择正确的实现方式。运行结果如下：

```
Result 1: 8
Result 2: 7.3
```

7.5　函数作为参数和返回值

在Rust中，函数可以作为参数传递给其他函数，也可以作为函数的返回值。这种特性可以实现函数的灵活组合和高阶函数的编写。以下是一个函数作为参数和返回值的示例：

```
fn add(a: i32, b: i32) -> i32 {
    a + b
}

fn subtract(a: i32, b: i32) -> i32 {
    a - b
}

fn calculate(op: fn(i32, i32) -> i32, a: i32, b: i32) -> i32 {
    op(a, b)
}

fn main() {
    let result1 = calculate(add, 3, 5);
    let result2 = calculate(subtract, 8, 4);

    println!("Result 1: {}", result1);
    println!("Result 2: {}", result2);
}
```

在上述示例中，我们定义了两个简单的函数add和subtract，分别用于相加和相减操作。

然后，我们定义了一个名为calculate的函数，它接收一个函数参数op，类型为fn(i32, i32) -> i32，表示接收两个i32类型的参数并返回i32类型结果。在函数体中，我们调用了op函数，并传递了a和b作为参数。

在main函数中，我们分别使用add和subtract作为calculate函数的参数，并打印出计算结果。运行结果如下：

```
Result 1: 8
Result 2: 4
```

7.6　Rust　泛　型

7.6.1　什么是泛型编程

C/C++、Rust都是强类型语言，在对数据进行处理时，必须明确数据的数据类型。但是很多时候，比如链表这种数据结构，可以是整型数据的链表，也可以是其他类型，可能会写出重复的代码，只是数据类型不同而已。泛型编程是一种编程风格，其中的算法以尽可能抽象的方式编写，而不依赖于将在其上执行这些算法的数据形式。泛型这个词并不是通用的，在不同的语言实现中，具有不同的命名。在Java/Kotlin/C#中称为泛型，在ML/Scala/Haskell中称为Parametric Polymorphism，而在C++中被叫作模板，比如最负盛名的C++中的STL。任何编程方法的发展一定有其目的，泛型也不例外。泛型的主要目的是加强类型安全和减少强制转换的次数。

所以，为了简化代码，我们将类型抽象成一种"参数"，数据和算法针对这种抽象的类型来实现，而不是具体的类型，当需要使用时再具体化、实例化。

7.6.2　在函数中使用泛型

泛型可以在函数中使用，将泛型放在函数的签名中，在其中指定参数的数据类型和返回值。当函数包含类型为T的单个参数时，语法如下：

```
fn function_name<T>(x:T)
// body of the function.
```

上面的语法包含两部分：

- <T>：给定的函数是一种类型的泛型。
- (x：T)：x是类型T。

当函数包含多个相同类型的参数时，代码如下：

```
fn function_name<T>(x:T, y:T)
// body of the function.
```

当函数包含多个类型的参数时，代码如下：

```
fn function_name<T,U>(x:T, y:U)
// Body of the function.
```

下面举一个泛型的例子：

```
//不使用泛型
//针对整型数据
fn findmax_int(list : &[i32]) -> i32 {
    let mut max_int = list[0];
    for &i in list.iter() {
        if i > max_int {
            max_int = i;
        }
    }
    max_int
}

//针对char数据
fn findmax_char(list : &[char]) -> char {
    let mut max_char = list[0];
    for &i in list.iter() {
        if i > max_char {
            max_char = i;
```

```
        }
    }
    max_char
}
fn main() {
    let v_int = vec![2, 4, 1, 5, 7, 3];
    println!("max_int: {}", findmax_int(&v_int));
    let v_char = vec!['A', 'C', 'G', 'B', 'F'];
    println!("max_char: {}", findmax_char(&v_char));
}
```

运行结果如下：

```
max_int: 7
max_char: G
```

可以看到两个函数基本上是一样的。下面采用泛型的方式来简化代码：

```
fn find_max<T : PartialOrd + Copy> (list : &[T]) -> T {
    let mut max = list[0];
    for &i in list.iter() {
        if i > max {
            max = i;
        }
    }
    max
}

fn main() {
    let v_int = vec![2, 4, 1, 5, 7, 3];
    println!("max_int: {}", find_max(&v_int));
    let v_char = vec!['A', 'C', 'G', 'B', 'F'];
    println!("max_char: {}", find_max(&v_char));
}
```

成功运行，运行结果如下：

```
max_int: 7
max_char: G
```

其实泛型是一个比较复杂的概念，可能大家还没体会到泛型的好处，我们再来看一个实际开发中经常会碰到的场景。

话说项目经理总是善变的，有一天项目经理告诉我，替客户计算一个圆形的面积。客户要求很简单，半径只会是u8类型。我写了代码如下：

```
fn area_u8(r: u8) -> u8 {
    r * r
}

fn main() {
    println!("{}", area_u8(3));
}
```

第二天项目经理又来了，说客户说的不对，半径在某种情况下还会是u16类型。于是我又添加了一个函数：

```
fn area_u8(r: u8) -> u8 {
    r * r
}

fn area_u16(r: u16) -> u16 {
    r * r
}

fn main() {
    println!("{}", area_u8(3));
    println!("{}", area_u16(10));
}
```

但第三天、第四天，项目经理又跑来说半径还会是u32、u64类型，甚至还可能是浮点数。我到底要写多少个函数才行！我意识到是时候叫出"超级飞侠"了。不对，是泛型了。泛型，顾名思义，就是广泛的类型，在Rust中，通常使用<T>表示，当然，不一定是T，也可以是A、B、C……

使用泛型并不容易，在这个例子中，我感受到了Rust编译器的强大。我的第一版程序如下：

```
fn area<T>(r: T) -> T {
    r * r
}

fn main() {
    println!("{}", area(3));
    println!("{}", area(3.2));
}
```

然后编译器告诉我：

```
error[E0369]: cannot multiply `T` by `T`
 --> main.rs:2:7
  |
2 |     r * r
  |     - ^ - T
  |     |
  |     T
  |
help: consider restricting type parameter `T`
  |
1 | fn area<T: std::ops::Mul<Output = T>>(r: T) -> T {
  |          ++++++++++++++++++++++++++

error: aborting due to previous error
```

不能对两个T类型的数做乘法！那我该怎么办？幸亏有泛型的特性与特性绑定。我这样修改：

```
fn area<T: std::ops::Mul<Output = T> + Copy>(r: T) -> T {
    r * r
```

```
}

fn main() {
    println!("{}", area(3));
    println!("{}", area(3.2));
}
```

终于可以得到正确结果了，运行结果如下：

```
9
10.240000000000002
```

回过头来解释一下刚才的过程。泛型指定的是任意类型，但并不是所有类型都能进行乘法运算。因此，我们需要对泛型加以限制。这被称为特性绑定，或泛型约束，意思是只有满足条件（实现了某个特性）的泛型才被允许传到函数中来。

上面的写法无疑使得第一行很长，可读性不好，为此Rust设计了where子句，用来实现泛型约束：

```
fn area<T>(r: T) -> T
where T: std::ops::Mul<Output = T> + Copy
{
    r * r
}

fn main() {
    println!("{}", area(3));
    println!("{}", area(3.2));
}
```

运行结果如下：

```
9
10.240000000000002
```

7.6.3　在结构体中使用泛型

这下足足过了1个月，我都没见到项目经理的身影，直到有一天，项目经理笑意满满地来到我的工位，说上次的程序写得太棒了，客户发现不管什么时候，我的程序都能正常工作。客户对我们公司非常肯定，决定再给我们一个新的项目：计算长方形的面积，此类项目前景非常好，为了便于扩展，最好能抽象成结构体。于是我一气呵成：

```
use std::ops::Mul;              // 这么写可以简化代码

struct Rect<T>                  // 为结构体添加泛型
{
    width: T,                   // 宽和高都是泛型
    height: T
}
```

```
impl<T> Rect<T> {                          // 为泛型实现方法，impl后也要添加<T>
    fn area(&self) -> T
    where T: Mul<Output = T> + Copy {       // 泛型约束
        self.height * self.width
    }
}

fn main() {
    // 整型
    let rect1 = Rect{width:3, height:4};
    println!("{}", rect1.area());

    // 浮点型
    let rect2 = Rect{width:3.5, height:4.3};
    println!("{}", rect2.area());
}
```

运行结果如下：

```
12
15.049999999999999
```

第 **8** 章
复合数据类型

8.1 数　　组

8.1.1　什么是数组

虽然我们看到的绝大多数变量都是基本数据类型，这些基本数据类型能够满足大部分工作，但它们不是万能的。基本数据类型的变量也有它们的局限性：

（1）基本数据类型的变量本质上是标量。这意味着每个基本数据类型的变量一次只能存储一个值。因此，当我们需要存储多个值的时候，不得不重复定义多个变量，比如a1、a2、a3等。如果要存储的值非常多，成百上千，这种重复定义变量的方法是行不通的。

（2）基本数据类型的变量的值在内存中的位置是随机的。多个按照顺序定义的变量在内存中的存储位置不一定是连续的。因此，我们可以按照变量的声明顺序来获取它们的值。

为此，人们设计了数组这个重要的复合数据类型。复合类型可以将多个值组成一个类型，Rust有两个原生（也叫内置，就是不依赖外部库，属于语言本身自有的功能）的复合类型：数组（Array）和元组（Tuple），本小节先讲数组。

数组是可以存储一个固定大小的相同类型元素的顺序集合，在一线开发中用得非常多。数组并不是声明一个个单独的变量，比如number0，number1，…，number99，而是声明一个数组变量，比如numbers[100]，然后使用numbers[0]，numbers[1]，…，numbers[99]来代表一个个单独的变量。数组中的每个元素都可以通过对应的索引进行访问。数组可以理解为相同数据类型的值的集合。

数组是存储一个或多个相同类型元素的一个内置复合类型。Rust中的数组拥有固定的长度，一旦声明就不能随意更改大小，在内存中依次线性排列，这与C语言中的数组类似。

8.1.2 数组的定义和初始化

Rust定义数组的形式如下：

```
let 数组变量名：[类型; N];
```

类型就是每个元素的标量数据类型，N表示数组元素个数，也称为数组长度。数组变量名依旧要符合变量命名规则。标量数据类型的意思就是数组中的每个元素都是这个数据类型。比如定义一个有3个元素的整型数组：

```
let a:[i32;5];                //定义整型数组，该数组有5个元素
```

我们定义了一个i32类型的数组，a是数组的名称，也可以定义为其他名称，但要符合变量命名规则。该数组有5个元素，在内存中，系统就开辟了10个连续的存储单元，如图8-1所示。

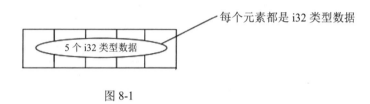

图 8-1

当我们定义一个数组a时，编译器根据指定的元素个数和元素的类型分配确定大小（元素类型大小*元素个数）的一块内存，并把这块内存命名为a。名字a一旦与这块内存匹配就不能被改变。用a[0]、a[1]等表示a的元素，但并非元素的名字。数组的每个元素都是没有名字的。

此时每个元素还没有具体的值，我们需要对数组进行初始化，即让每一个元素有个初始值，而且Rust中的数组必须初始化，访问未初始化的数组是非法的。初始化的形式如下：

```
数组变量名 = [v1,v2,v3,…,vn];
```

将逗号分隔的元素值（v1,v2,v3,…,vn等）放置在一对方括号内赋值给数组变量名。数组定义时有多少个元素就必须初始化多少个，初始化时必须严格和数组元素的个数相匹配。对于非mut的数组，不能多次初始化。比如定义一个数组arr，然后对其初始化：

```
let arr:[i32;3];              //定义数组
arr = [1,2,3];                //初始化数组
```

为了简便，也可以将定义和初始化放在一行代码中，比如：

```
let arr:[i32;3]= [1,2,3];     //定义和初始化放一起
```

也可以省略类型和元素个数，比如：

```
let arr= [1,2,3];
```

此时编译器根据元素值推断出这是一个整型数组，且有3个元素。

8.1.3 输出数组元素

在很多编程语言中，如果打印输出所有数组元素，需要一个一个打印。而Rust中则不必如此。在 Rust 中打印数组时，我们在println!中使用?操作符。?操作符将打印给定的表达式。比如：

```
fn main() {
    let a:[i32;3];  //定义数组
    a = [1,2,3];   //初始化数组
    println!("a={:?}", a);
}
```

结果输出：a=[1, 2, 3]。

如果要竖着输出数组元素，可以在?前加一个#，比如：

```
println!("a={:#?}", a);
```

结果就变为：

```
a=[
    1,
    2,
    3,
]
```

8.1.4 得到数组长度

数组的长度就是数组中所有元素的个数。Rust为数组提供了len()方法用于返回数组的长度。len()方法的返回值是整型的。例如下面的代码，使用len()求数组的长度。

```
fn main() {
    let arr:[i32;3] = [1,2,3];
    println!("array size is :{}",arr.len());
}
```

结果输出：array size is :3。

8.1.5 默认值初始化

在数组初始化时，如果不想为数组中的每个元素指定值，可以为数组设置一个默认值，也就是使用"默认值初始化"语法。当使用"默认值初始化"语法初始化数组时，数组中的每个元素都被设置为默认值。例如下面的代码，我们将数组中所有的元素的值初始化为-1。

```
fn main() {
    let arr:[i32;4] = [-1;4];
    println!("array is {:?}",arr);
    println!("array size is :{}",arr.len());
}
```

编译运行以上Rust代码，输出结果如下：

```
array is [-1, -1, -1, -1]
array size is :4
```

又比如：

```
fn main(){
    let demo:[&str;7]=["Adil";7];
    println!("Array {:?}",demo);
}
```

结果输出：Array ["Adil", "Adil", "Adil", "Adil", "Adil", "Adil", "Adil"]。

8.1.6　访问数组元素

对于一个数组，可以通过索引访问其中的元素，比如arr[2]为数组arr中下标为2的元素，下标为2的元素就是数组中的第三个元素，因为第一个元素的下标为0，即arr[0]，也就是说在Rust中，数组的元素下标从0开始。比如一个拥有5个元素的数组arr，它的元素在内存中的分布如图8-2所示。

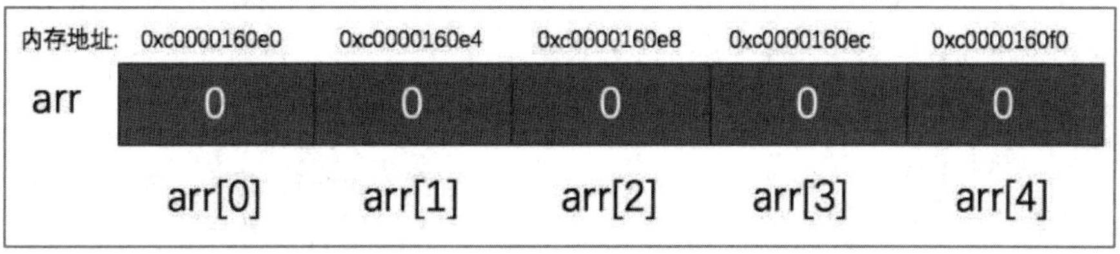

图 8-2

我们要引用某个元素，只需要用arr[i]即可，i的取值范围是0~9。例如下面的程序，分别得到下标为0的元素的值，然后修改下标为0的元素的值。

```
let mut array = [1, 2, 3];
let num = array[0];        // 获取下标为0的元素值，也就是第一个数组元素
array[0] = 4;              // 修改下标为0的元素值
```

这样执行后，数组就变为{4,2,3}。

8.1.7　数组切片

什么是切片？官方文档中此类型叫作Slice，翻译成中文意思是片、薄片，动词的意思是裁、切、切片。大多数书都翻译为切片。通过意思，大致可以猜出是从某数据上切割下来一部分数据。切片是对向量或者数组中部分元素序列的引用，其定义形式为&[T]和&mut [T]，分别叫作T类型的共享切片和T类型的可修改切片。通俗来说，Slice表示数组或者向量的一个范围。Slice从严格意义上讲，应该叫作对切片的引用。由于提到切片大都是指对它的引用，因此习惯上把"切片引用"省略为"切片"。

数组切片是引用数组中连续的一部分。数组切片是对数组中一个连续区间的引用，可以用于

表示数组中的一部分。既然可以引用数组中的一部分，那么就要确定一个范围，在切片中可以使用范围来切割数组或者向量，签名为：&数组或向量名称[范围]。切片中的范围分为以下6种：

（1）前闭后开，形如[a..b]，表示从a～b的范围，包含a且不包含b。

（2）前闭后闭，形如[a..=b]，表示从a～b的范围，包含a且包含b。

（3）0到指定位置，形如[..b]，表示从0～b的位置，不包含b。

（4）0到指定位置，形如[..=b]，表示从0～b的位置，包含b。

（5）指定位置到结束，形如[a..]，表示从a到结束，包含a。

（6）全部，形如[..]，表示从0到结束的全部，等同于直接引用。

下面看个例子，代码如下：

```rust
fn main(){
    let vec = vec![1, 3, 5, 7, 9];
    let array = [0, 2, 4, 6, 8];

    let vec1 = &vec[1..3];
    let vec2 = &vec[..2];
    let vec3 = &vec[3..];
    let vec4 = &vec[..];

    println!("vec1 => vec中下标1到下标3的元素 {:?}", vec1);
    println!("vec2 => vec中下标0到下标2的元素 {:?}", vec2);
    println!("vec3 => vec中下标3到结束的元素 {:?}", vec3);
    println!("vec4 => vec中下标0到结束的元素 {:?}", vec4);
    // 相同
    assert_eq!(&vec[..], &vec);

    let array1 = &array[1..3];
    let array2 = &array[..2];
    let array3 = &array[3..];
    let array4 = &array[..];

    println!("array1 => array中下标1到下标3的元素 {:?}", array1);
    println!("array2 => array中下标0到下标2的元素 {:?}", array2);
    println!("array3 => array中下标3到结束的元素 {:?}", array3);
    println!("array4 => array中下标3到结束的元素 {:?}", array4);
    // 相同
    assert_eq!(&array[..], &array);
}
```

其中，assert_eq!是一个宏，这是一个断言，断言参数里面的两个值相等。如果不相等，则会抛出错误。最终结果输出：

```
vec1 => vec中下标1到下标3的元素[3, 5]
vec2 => vec中下标0到下标2的元素[1, 3]
vec3 => vec中下标3到结束的元素[7, 9]
vec4 => vec中下标0到结束的元素[1, 3, 5, 7, 9]
array1 => array中下标1到下标3的元素[2, 4]
array2 => array中下标0到下标2的元素[0, 2]
array3 => array中下标3到结束的元素[6, 8]
array4 => array中下标3到结束的元素[0, 2, 4, 6, 8]
```

再看一个例子，体会"[..b]"和"[..=b]"区别。例如：

```
fn main(){
    let mut array = ['a', 'b', 'c', 'd', 'e'];
    let slice1 = &array[..3];        //取['a', 'b', 'c']
    let slice2 = &array[..=3];       //取['a','b', 'c', 'd']
    println!("slice1={:?}",slice1);
    println!("slice2={:?}",slice2);
}
```

结果输出：

```
slice1=['a', 'b', 'c']
slice2=['a', 'b', 'c', 'd']
```

8.1.8　多维数组

Rust支持多维数组，可以视作数组中的数组。比如创建一个二维数组，代码如下：

```
let matrix = [[1, 2], [3, 4]];
```

可以通过下标方式获取元素：

```
let num = matrix[0][1];
```

8.2　元　　组

8.2.1　元组的定义

元组是Rust的内置复合数据类型。Rust支持元组，而且元组是一个复合类型。我们知道，标量类型只能存储一种类型的数据。例如一个i32类型的变量只能存储一个数字。复合类型可以存储多个不同类型的数据。复合类型就像我们的菜篮子，里面可以放各种类型的菜。

元组可以将其他不同类型的多个值组合到一个复合类型中。元组还拥有一个固定的长度：无法在声明结束后增加或减少其中的元素数量。通常使用逗号分隔后放置到一对圆括号中创建一个元组。元组每个位置的值都有一个类型，这些类型不需要相同。元组是一个可以包含各种类型值的组合，是把几个类型组合到一起的最简单的方式。元组使用一对圆括号"（）"来构造。如果元组中只包含一个元素，应该在后面添加一个逗号，以区分表达式和元组。

值得注意的是，元组有着固定的长度。而且一旦定义，就不能再增长或缩小。元组的下标从0开始。Rust中元组的定义很简单，就是使用一对圆括号把所有元素放在一起，元素之间使用逗号分隔。定义元组数据类型的时候也是一样的。在Rust语言中，元组的定义语法格式如下：

```
let tuple_name:(data_type1,data_type2,data_type3,…, data_typeN) =
(value1,value2,value3,…,valueN);
```

定义元组时也可以忽略数据类型，比如：

```
let tuple_name = (value1,value2,value3,…,valueN);
```

但需要注意的是，如果显式指定了元组的数据类型，那么数据类型的个数必须和元组的个数相同，否则会报错。比如我们定义一个元组：

```
let tuple:(i32,f64,u8) = (-325,4.9,22);
```

8.2.2 元组的输出

如果要输出元组中的所有元素，必须使用{:?}格式化符。

```
fn main() {
    let tuple:(i32,f64,u8) = (-325,4.9,22);
    println!("{:?}",tuple);
}
```

编译运行以上Rust代码，输出结果如下：

```
(-325, 4.9, 22)
```

仅仅使用下面的输出语句是不能输出元组中的元素的。

```
println!("{ }",tuple)
```

这是因为元组是一个复合类型，要输出复合类型的数据，必须使用println!("{:?}", tuple_name)。

8.2.3 访问元组中的单个元素

我们可以使用元组名.索引数字来访问元组中相应索引位置的元素，索引从0开始。例如下面这个拥有3个元素的元组：

```
let tuple:(i32,f64,u8) = (-325,4.9,22);
```

可以通过下面的方式访问各个元素：

```
tuple.0  // -325
tuple.1  // 4.9
tuple.2  // 22
```

下面的范例演示如何通过元组名.索引数的方式输出元组中的各个元素，代码如下：

```
fn main() {
    let tuple:(i32,f64,u8) = (-325,4.9,22);
    println!("integer is :{:?}",tuple.0);
    println!("float is :{:?}",tuple.1);
    println!("unsigned integer is :{:?}",tuple.2);
}
```

编译运行以上Rust代码，输出结果如下：

```
integer is :-325
float is :4.9
unsigned integer is :2
```

再来看一个范例：

```
fn main() {
    //包含各种不同类型的元组
    let long_tuple = (
        1u8, 2u16, 3u32, 4u64, -1i8, -2i16, -3i32, -4i64, 0.1f32, 0.2f64, 'a', true,
    );

    //通过元组的下标来访问具体的值
    println!("long tuple first value: {}", long_tuple.0);
    println!("long tuple second value: {}", long_tuple.1);
    println!("long_tuple: {:?}", long_tuple);

    //元组也可以充当元组的元素
    let tuple_of_tuples = ((1u8, 2u16, 2u32), (4u64, -1i8), -2i16);

    //元组可以打印
    println!("tuple of tuples: {:?}", tuple_of_tuples);

    //但很长的元组无法打印
    //let too_long_tuple = (1, 2, 3, 4, 5, 6, 7, 8, 9, 10, 11, 12, 13);
    //println!("too long tuple: {:?}", too_long_tuple);

    //创建单元素元组需要一个额外的逗号，这是为了和被括号包含的字面量进行区分
    println!("one element tuple: {:?}", (5u32,));
    println!("just an integer: {:?}", (5u32));
}
```

结果输出：

```
long tuple first value: 1
long tuple second value: 2
long_tuple: (1, 2, 3, 4, -1, -2, -3, -4, 0.1, 0.2, 'a', true)
tuple of tuples: ((1, 2, 2), (4, -1), -2)
one element tuple: (5,)
just an integer: 5
```

8.3 结构体类型

在Rust中，结构体（Struct）是一种自定义数据类型，它允许我们将多个相关的值组合在一起，形成一个更复杂的数据结构。结构体在Rust中被广泛应用于组织和管理数据，具有灵活性和强大的表达能力。本节将详细介绍Rust中结构体的概念、定义语法、方法以及相关特性，并提供代码示例来帮助读者更好地理解结构体的使用方法。

8.3.1　结构体的定义

Rust 中的结构体与元组都可以将若干类型不一定相同的数据捆绑在一起形成整体，但结构体的每个成员和其本身都有一个名字，这样访问它的成员的时候就不用记住下标了。元组常用于非定义的多值传递，而结构体用于规范常用的数据结构。结构体的每个成员叫作"字段"。

在Rust中，我们可以使用struct关键字定义一个结构体。结构体允许我们定义多个字段（Fields），每个字段都有自己的类型和名称。通过将字段组合在一起，可以创建自己的数据类型，以便更好地表示和操作数据。以下是一个简单的结构体定义的示例：

```
struct Point {
    x: i32,
    y: i32,
}
```

在上述示例中，我们定义了一个名为Point的结构体，它具有两个字段x和y，分别是i32类型的整数。再来看一个结构体定义：

```
struct Site {
    domain: String,
    name: String,
    nation: String,
    found: u32
}
```

注意：如果你常用C/C++，请记住在Rust中struct语句仅用来定义，不能声明实例，结尾不需要";"符号，而且每个字段定义之后用","分隔。

8.3.2　结构体实例化

一旦定义了结构体，可以通过实例化结构体来创建具体的对象。可以通过以下两种方式实例化结构体：

1）声明式实例化

```
let p = Point { x: 10, y: 20 };
```

在上述示例中，我们使用Point结构体的定义创建了一个名为p的实例，同时指定了字段x和y的值。

2）可变实例化

如果需要修改结构体的字段值，可以在定义结构体变量时加上mut，代码如下：

```
let mut p = Point { x: 10, y: 20 };
p.x = 30;
p.y = 40;
```

在上述示例中，我们创建了一个可变实例p，并修改了字段x和y的值。

Rust很多地方受JavaScript的影响，在实例化结构体的时候用JSON对象的key: value语法来实现，比如：

```
let mysite = Site {
    domain: String::from("www.qq.com"),
    name: String::from("qq"),
    nation: String::from("China"),
    found: 2024
};
```

如果你不了解 JSON 对象，可以不用管它，记住格式就可以了：

```
结构体类名 {
    字段名 : 字段值,
    ...
}
```

这样的好处是不仅使程序更加直观，还不需要按照定义的顺序来输入成员的值。如果正在实例化的结构体有字段名称和现存变量名称一样，可以简化书写：

```
let domain = String::from("www.qq.com");
let name = String::from("qq");
let runoob = Site {
    domain,  // 等同于 domain : domain,
    name,    // 等同于 name : name,
    nation: String::from("China"),
    traffic: 2024
};
```

有这样一种情况：想要新建一个结构体的实例，其中大部分属性需要被设置成与现存的一个结构体属性一样，仅需更改其中一两个字段的值，可以使用结构体更新语法：

```
let site = Site {
    domain: String::from("www.qq.com"),
    name: String::from("qq"),
    ..qq
};
```

注意：..qq后面不可以有逗号。这种语法不允许一成不变地复制另一个结构体实例，意思就是至少重新设定一个字段的值，才能引用其他实例的值。

8.3.3 结构体的方法

在Rust中，结构体可以拥有自己的方法。方法是与结构体关联的函数，可以通过结构体实例调用。以下是一个结构体方法的示例：

```
struct Rectangle {
    width: u32,
```

```
        height: u32,
    }

    impl Rectangle {                        //使用关键字impl来定义结构体的一个或多个方法
        fn area(&self) -> u32 {             //用关键字fn定义具体的函数
            self.width * self.height
        }
    }

    fn main() {
        let rect = Rectangle { width: 10, height: 20 };
        let area = rect.area();
        println!("Area: {}", area);
    }
```

在上述示例中，我们定义一个名为Rectangle的结构体，并为其实现一个area方法，用于计算矩形的面积。在main函数中，我们创建一个Rectangle实例rect，然后通过调用area方法计算矩形的面积并打印出来。

8.3.4　结构体的关联函数

除实例方法外，结构体还可以定义关联函数（Associated Functions）。关联函数是直接与结构体关联的函数，不需要通过结构体实例来调用。以下是一个关联函数的示例：

```
    struct Circle {
        radius: f64,
    }

    impl Circle {
        fn new(radius: f64) -> Circle {
            Circle { radius }
        }

        fn area(&self) -> f64 {
            std::f64::consts::PI * self.radius * self.radius
        }
    }

    fn main() {
        let circle = Circle::new(5.0);
        let area = circle.area();
        println!("Area: {}", area);
    }
```

在上述示例中，我们定义一个名为Circle的结构体，并为其实现一个关联函数new，用于创建一个新的Circle实例。在main函数中，我们通过调用Circle::new关联函数创建一个Circle实例circle，然后通过调用area方法计算圆的面积并打印出来。

8.3.5 结构体的特性

Rust的结构体具有两个特性：元组结构体（Tuple Struct）和类单元结构体（Unit-Like Struct）。

元组结构体是一种特殊类型的结构体，它没有命名的字段，只有字段的类型。元组结构体使用圆括号而不是花括号来定义。比如：

```
struct Color(i32, i32, i32);
```

在上述示例中，我们定义了一个名为Color的元组结构体，它包含3个i32类型的字段。

类单元结构体是一种没有字段的结构体，类似于空元组。比如：

```
struct Empty;
```

在上述示例中，我们定义了一个名为Empty的类单元结构体。

8.3.6 结构体的注意事项

在使用结构体时需要注意3点：字段的可见性、结构体的大小和模式匹配。

1. 字段的可见性

结构体的字段默认是私有的（private），只能在结构体内部访问。如果需要从外部访问字段，可以使用pub关键字将字段设置为公有的（public）。比如：

```
pub struct Point {
    pub x: i32,
    pub y: i32,
}
```

在上述示例中，我们使用pub关键字将x和y字段设置为公有的。

2. 结构体的大小

结构体的大小取决于其字段的类型和顺序。Rust在编译时会进行静态大小检查，确保结构体的大小是已知的。

3. 模式匹配

结构体可以使用模式匹配（Pattern Matching）来解构和访问其字段。比如：

```
struct Point {
    x: i32,
    y: i32,
}

fn main() {
    let p = Point { x: 10, y: 20 };
    match p {
        Point { x, y } => {
```

```
            println!("x:{}, y: {}", x, y);
        }
    }
}
```

在上述示例中，我们使用模式匹配将结构体p的字段解构为变量x和y，然后打印出它们的值。

总之，结构体是Rust中一种重要且强大的数据类型，它允许我们将多个相关的值组合在一起，形成更复杂的数据结构。通过合理地使用结构体，可以提高代码的可读性和可维护性，并充分发挥Rust的静态类型检查和所有权系统的优势。

8.4 枚 举 类 型

枚举是C/C++语言中常用的数据类型，后来渐渐地被其他语言（如Python）遗忘。在Rust语言中，枚举类型又回来了，不但回来了，而且得到了前所未有的发展壮大。

枚举类型不算新鲜，在C语言中就已经有枚举类型了。枚举类型特别适合表达"可数的有限集合"，例如人的性别、年龄，全世界的国家等数据。它不适合表达拥有很多（成千上万这种）元素的集合，更不能支持无限的集合，例如人的身高、体重，[0,1)的所有实数等数据。

枚举类型的一个基本要求就是必须可以穷举，一旦确认数据未来还有扩充的可能，那么大概率是不适合用枚举类型的。

8.4.1 定义枚举类型

在Rust中，使用关键字enum定义枚举类型。定义枚举的语法格式如下：

```
enum enum_name {
    variant1,
    variant2,
    variant3,
    ...
}
```

enum_name是枚举类型的名称，花括号里面的项用逗号隔开，通常称为变体（Variant），即枚举类型的成员称为变体。比如，通过 enum 定义一个名为 IpAddrKind 的枚举，其包含所有可能的 IP 地址种类：V4 和 V6。代码如下：

```
enum IpAddrKind {
    V4,
    V6,
}
```

又比如：

```
enum ContinentEnum {
    Europe,
    Asia,
```

```
    Africa,
    America,
    Oceania,
}
```

其中，关键字enum的意思是准备定义一个枚举类型；ContinentEnum表示枚举类型的名称，也就是有限集合的名称；Europe、Asia等代表可穷举的枚举类型的值。又比如我们定义一个星期的枚举类型，只有7天，周一到周日：

```
enum Week {
    Mon,
    Tue,
    Wed,
    Thu,
    Fri,
    Sat,
    Sun
}
```

基本上，只要有这些信息，编译器完全可以认出一个枚举类型。那么，编译器又是如何保证枚举值不重复的呢？在编译器内部，一般会这样定义枚举值：

```
enum ContinentEnum {
    Europe = 0,
    Asia = 1,
    Africa = 2,
    America = 3,
    Oceania = 4,
}
```

这种傻乎乎数数的事情是编译器最擅长的了。以上3个例子是Rust中最简单的枚举类型。在内存中，枚举的值存储为整数，默认从0开始，后面的值依次加1。如果想更改某个枚举的值，需要告诉它用什么整数。示例代码如下：

```
#[derive(Debug)]enum Week {
    Mon,
    Tue,
    Wed,
    Thu = 300,
    Fri,
    Sat,
    Sun}

fn main() {
    println!("{:?}",Week::Mon);  //打印枚举类型中的一个变体
    // 打印枚举的值
    println!("{}", Week::Mon as i32);
    println!("{}", Week::Tue as i32);
    println!("{}", Week::Wed as i32);
    // 由于Thu 赋值维为300，因此后面的值依次加1
    println!("{}", Week::Fri as i32);
}
```

输出结果如下：

```
Mon
0
1
2
301
```

想必大家看到了enum Fruits前面的#[derive(Debug)]。这个#[derive(Debug)]语句的作用是什么呢？这里先不解释，先把#[derive(Debug)]去掉看看。去掉后编译会报错：

```
error[E0277]: `Week` doesn't implement `Debug`
```

这个错误的意思是我们的enum Fruits枚举并没有实现std::fmt::Debug trait。关于trait，我们会在后面介绍，这里只要把trait当作接口看待就好。为了让编译能通过，我们需要将枚举派生自或衍生自std::fmt::Debug trait。因此，#[derive(Debug)] 注解的作用是让Fruits派生自Debug。但其实即使添加了#[derive(Debug)]注解，仍然会有警告：warning: variants `Thu`, `Sat`, and `Sun` are never constructed。大概的意思是，那些我们没用到的枚举都还没有被构造呢。有兴趣的朋友可以把所有变体都打印出来。

学过C语言的朋友要注意，枚举名称IpAddrKind、ContinentEnum是不能省略的，而在C语言中这个限定是可以省略的。同时，枚举类型的变量不能直接赋值给int类型，而在C语言中这是允许的。实际上，和C语言语法兼容的C++语言的新标准也开始推荐这两项改进，推出了被称为enum类的强枚举类型的语法。是的，技术总在进步。

8.4.2　枚举类型的使用

枚举类型定义好之后，我们就要开始用它了。枚举的使用方式很简单，用在哪里？当然是用来定义已改枚举类型的变量啦。如何用？简单，格式为枚举名::枚举值。语法格式如下：

```
let firstWorkday = Week::Mon;
```

如果需要明确指定类型，可以这样：

```
let firstWorkday:Week = Week::Mon;
```

然后可以直接输出：

```
#[derive(Debug)]enum Week {
    Mon, Tue, Wed, Thu = 300, Fri, Sat, Sun}
fn main() {
    let firstWorkday = Week::Mon;
    println!("{:?}", firstWorkday);
}
```

结果输出：Mon。

8.4.3 包含数据的枚举

枚举类在进行定义时，可以为其变体关联上对应的数据，相当于属性的概念，即Rust允许我们直接将其关联的数据嵌入枚举变体中，也就是说，可以在定义枚举类型的时候为变体预先准备好数据类型，以后定义枚举变量的时候直接传入相应的数据即可。比如：

```
#[derive(Debug)]
enum IpAddr {
    V4(u8, u8, u8, u8),
    V6(String),
}

fn main() {
    let localhost = IpAddr::V4(127, 0, 0, 1);
    let loopback = IpAddr::V6(String::from("::1"));

    println!("{:?} {:?}", localhost, loopback); // 输出 V4(127, 0, 0, 1) V6("::1")
}
```

结果输出：V4(127, 0, 0, 1) V6("::1")。
又比如枚举类型定义如下：

```
// 角色稀有度
enum RoleRarity {
    SS{
        name: String,
        live2D: bool,
        bgm: String,
        level: u32
    },
    S(String, String, u32),
    A(String, u32),
    B(String, u32),
    C(u32),
}
```

然后定义该类型的两个变量：

```
let ss_level = RoleRarity::SS{
    name: String::from("flying monster"),
    live2D: true,
    bgm: String::from(""),
    level: 1
};
let a_level = RoleRarity::A(String::from("giant soilder"), 10);
```

再看一个有关颜色的枚举类型，代码如下：

```
#[derive(Debug)]
enum Color {
```

```
    // 定义色值，参数分别表示十六进制的颜色代码，R、G、B
    White(String, u8, u8, u8),
    Red,
    Black { code: String, r: u8, g: u8, b: u8 },
}

fn main() {
    let white = Color::White(String::from("#FFFFFF"), 255, 255, 255);
    let red = Color::Red;
    let black = Color::Black {
                code: String::from("#000000"),
                r: 0,
                g: 0,
                b: 0
            };
    println!("{:?}", white);
    println!("{:?}", red);
    println!("{:?}", black);
}
```

结果输出：

```
White("#FFFFFF", 255, 255, 255)
Red
Black { code: "#000000", r: 0, g: 0, b: 0 }
```

8.4.4　some 类型

在Rust中，Some是枚举类型。Some是枚举类型Option的一个枚举值，另一个枚举值是None，所以Some的类型是Option。枚举体中的所有变量名都会被赋值，其值从0开始，向正数方向增加，且定义后值不可改变。Rust 语言枚举体不仅可以包含枚举项，每个枚举项还可以包含值。

枚举体是C/C++语言中的一种复合结构体，其定义使用关键字:enum。枚举在生活中极为常见。

因此，对于Option来说：

（1）必须先判断是Some Value还是None，如果是None，那么很简单，直接处理即可。

（2）如果判断出来的是Some Value，那么还需要把具体的Value取出来再用。

这样的打包方式核心还是利用编译器来帮助解决忘记处理没有返回值或者无效返回值的问题。本质上还是为了实践Rust强调的"安全性"。

实际上，在Rust中，Option和Result是枚举（Enum）类型，枚举的特点是同一时间只能存在一个枚举值，对应非黑即白的独一性枚举，可以把不相干的任意类型组合，对应"可能性打包"在使用match/if let等判断语法的时候，必须穷尽一切可能性（或者隐性穷尽，比如只需要处理Some的情况），对应必须判断这个值是Some还是None。

8.5　trait

特质（trait）是Rust中的概念，类似于其他语言中的接口（Interface）。trait定义了一个可以被共享的行为，只要实现了trait，就能使用该行为。

如果不同的类型具有相同的行为，就可以定义一个trait，然后为这些类型实现该trait。定义trait是把一些方法组合在一起，目的是定义一个实现某些目标所必需的行为的集合。例如，现在有圆形和长方形两个结构体，它们都可以拥有周长和面积。因此，我们可以定义被共享的行为，只要实现了trait就可以使用。

```
pub trait Figure {          // 为几何图形定义名为Figure的trait
    fn girth(&self) -> u64;  // 计算周长
    fn area(&self) -> u64;   // 计算面积
}
```

这里使用trait关键字来声明一个trait，Figure是trait名。在花括号中定义了该trait的所有方法，在这个例子中有两个方法，分别是fn girth(&self) -> u64;和fn area(&self) -> u64;，trait只定义行为看起来是什么样的，而不定义行为具体是什么样的。因此，我们只定义trait方法的签名，而不进行实现，此时方法签名结尾是";"，而不是一个 {}。

接下来，每一个实现这个trait的类型都需要具体实现该trait的相应方法，编译器也会确保任何实现Figure trait的类型都拥有与fn girth(&self) -> u64;和fn area(&self) -> u64;签名的定义完全一致的方法。

Rust语言中的trait是非常重要的概念。在Rust中，trait这个概念承担了多种职责，熟悉C++的同学看到这里，会觉得trait和C++的纯虚函数非常类似，而熟悉Go语言的同学看到这里会觉得和Go语言的接口非常类似。但trait的职责远比接口多。trait中可以包含函数、常量、类型等。

8.5.1　成员方法

我们在trait中定义了一个成员方法，代码如下：

```
trait Shape {
    fn area(&self) -> f64;
}
```

所有的trait中都有一个隐藏的类型Self（大写S），代表当前实现了此trait的具体类型。trait中定义的函数也可以称作关联函数（Associated Function）。函数的第一个参数如果是Self相关的类型，且命名为self（小写s），这个参数就可以被称为receiver（接收者）。具有receiver参数的函数称为"方法"（Method），可以通过变量实例使用小数点来调用。没有receiver参数的函数称为"静态函数"（Static Function），可以通过类型加双冒号"::"的方式来调用。在Rust中，函数和方法没有本质区别。

Rust中的Self（大写S）和self（小写s）都是关键字，Self的是类型名，self是变量名。请大家一定注意区分。self参数同样也可以指定类型，当然这个类型是有限制的，必须是包装在Self类型之上的类型。对于第一个self参数，常见的类型有self:Self、self:&Self、self:&mut Self等。对于以上这些类型，Rust提供了一种简化的写法，我们可以将参数简写为self、&self、&mut self。self参数只能用在第一个参数的位置。请注意，"变量self"和"类型Self"的大小写不同。比如：

```rust
trait T {
    fn method1(self: Self);
    fn method2(self: &Self);
    fn method3(self: &mut Self);
}
```

这段代码和下面的写法是完全一样的：

```rust
trait T {
    fn method1(self);
    fn method2(&self);
    fn method3(&mut self);
}
```

我们可以为某些具体类型实现（impl）这个Shape trait。假如有一个结构体类型Circle，它实现了这个trait，代码如下：

```rust
struct Circle {
    radius: f64,
}
impl Shape for Circle {
    // Self的类型是Circle
    // self的类型是&Self，即&Circle
    fn area(&self) -> f64 {
    // 访问成员变量，需要用self.radius
        std::f64::consts::PI * self.radius * self.radius
    }
}
fn main() {
    let c = Circle { radius : 2f64};
    // 第一个参数名字是self，可以使用小数点语法调用
    println!("The area is {}", c.area());
}
```

另外，针对一个类型，可以直接通过关键字impl给该类型定义成员方法，且无须trait名字。比如：

```rust
impl Circle {
    fn get_radius(&self) -> f64 { self.radius }
}
```

我们可以把这段代码看作为Circle类型定义了一个匿名的trait。用这种方式定义的方法叫作这个类型的"内在方法"（Inherent Methods）。

trait中可以包含方法的默认实现。如果这个方法在trait中已经有了方法体，那么在针对具体类型实现的时候，就可以选择不用重写。当然，如果需要针对特殊类型进行特殊处理，也可以选择重新实现。比如，在标准库中，迭代器（Iterator）这个trait中就包含10多个方法，但是，其中只有fn next(&mut self)- >OptionSelf::Item是没有默认实现的。其他的方法均有其默认实现，在实现迭代器的时候只需挑选需要重写的方法来实现即可。

self参数甚至可以是Box指针类型self:Box。另外，目前Rust设计组也在考虑让self变量的类型放得更宽，允许更多的自定义类型作为receiver，比如MyType。例如下面的代码：

```
trait Shape {
    fn area(self: Box<Self>) -> f64;
}
struct Circle {
    radius: f64,
}
impl Shape for Circle {
    // Self的类型就是Circle
    // self的类型是Box<Self>，即Box<Circle>
    fn area(self : Box<Self>) -> f64 {
    // 访问成员变量，需要用self.radius
        std::f64::consts::PI * self.radius * self.radius
    }
}
fn main() {
    let c = Circle { radius : 2f64};
    // 编译错误
    // c.area();
    let b = Box::new(Circle {radius : 4f64});
    // 编译正确
    b.area();
}
```

impl的对象甚至可以是trait。示例如下：

```
trait Shape {
    fn area(&self) -> f64;
}
trait Round {
    fn get_radius(&self) -> f64;
}
struct Circle {
    radius: f64,
}
impl Round for Circle {
    fn get_radius(&self) -> f64 { self.radius }
}

impl Trait for Trait impl Shape for Round {//为满足T:Round具体类型增加一个成员方法
    fn area(&self) -> f64 {
        std::f64::consts::PI * self.get_radius() * self.get_radius()
    }
```

```
}

fn main() {
    let c = Circle { radius : 2f64};
    // 编译错误
    // c.area();
    let b = Box::new(Circle {radius : 4f64}) as Box<Round>;
    // 编译正确
    b.area();
}
```

impl Shape for Round和impl<T:Round>Shape for T是不一样的。在前一种写法中，self是&Round类型，它是一个指向trait的指针，即trait Object。而在后一种写法中，self是&T类型，是具体类型。前一种写法是为trait Object增加一个成员方法，而后一种写法是为所有满足T:Round的具体类型增加一个成员方法。所以上面的示例中，我们只能在构造trait Object之后才能调用area()成员方法。

impl Shape for Round这种写法确实很让初学者纠结，Round既是trait又是Type。将来trait Object的语法会被要求加上dyn关键字。

8.5.2　静态方法

没有receiver参数的方法（第一个参数不是self参数的方法）称作静态方法。静态方法可以通过Type::FunctionName()的方式调用。需要注意的是，即便第一个参数是Self相关类型，只要变量名字不是self，就不能使用小数点的语法调用函数。

```
struct T(i32);
impl T {
    // 这是一个静态方法
    fn func(this: &Self) {
        println!{"value {}", this.0};
    }
}
fn main() {
    let x = T(42);
    // x.func(); 小数点方式调用是不合法的
    T::func(&x);
}
```

在标准库中就有一些这样的例子。Box的一系列方法Box:: into_raw(b:Self)Box::leak(b:Self)，以及Rc的一系列方法 Rc::try_unwrap(this:Self)Rc::downgrade(this:&Self)都是这种情况。它们的receiver不是self关键字，这样设计的目的是强制用户用Rc::downgrade(&obj)的形式调用，而禁止用obj.downgrade()的形式调用。这样源码表达出来的意思更清晰，不会因为Rc里面的成员方法和T里面的成员方法重名而造成误解。

trait中也可以定义静态函数。下面以标准库中的std::default:: Default trait为例介绍静态函数的相关用法：

```
pub trait Default {
    fn default() -> Self;
}
```

上面这个trait中包含一个default()函数，它是一个无参数的函数，返回的类型是实现该trait的具体类型。Rust中没有构造函数的概念。Default trait实际上可以看作一个针对无参数构造函数的统一抽象。比如在标准库中，Vec::default()就是一个普通的静态函数。

```
impl<T> Default for Vec<T> {
    fn default() -> Vec<T> {
        Vec::new()
    }
}
```

跟C++相比，在Rust中，定义静态函数没必要使用static关键字，因为它把self参数显式地在参数列表中列出来了。作为对比，C++里面的成员方法默认可以访问this指针，因此它需要用static关键字来标记静态方法。Rust不采取这个设计，主要原因是self参数的类型变化太多，不同写法的语义差别很大，选择显式声明self参数更方便指定它的类型。

8.5.3　扩展方法

我们还可以利用trait给其他的类型添加成员方法，哪怕这个类型不是我们自己写的。比如，可以为内置类型i32添加一个方法：

```
trait Double {
    fn double(&self) -> Self;
}
impl Double for i32 {
    fn double(&self) -> i32 { *self * 2 }
}
fn main() {
    // 可以像成员方法一样调用
    let x : i32 = 10.double();
    println!("{}", x);
}
```

哪怕这个类型不是在当前 的项目中声明的，依然可以为它增加一些成员方法。但也不是随便就可以这么做，Rust对此有一个规定：在声明trait和impltrait l的时候，Rust规定了Coherence Rule（一致性规则）或称为Orphan Rule（孤儿规则）：imp块要么与trait的声明在同一个crate中，要么与类型的声明在同一个crate中。

这是有意设计的。如果我们在使用其他crate的时候，强行把它们"拉郎配"，是会制造出Bug的。比如说，我们写了一个程序，引用了外部库lib1和lib2，lib1中声明了一个trait T，lib2中声明了一个struct S，我们不能在自己的程序中针对S实现T。这也意味着，上游开发者在给别人写库的时候，尤其要注意，一些比较常见的标准库中的trait，如Display Debug ToString Default等，应该尽可能提供好。否则，使用这个库的下游开发者是没办法帮我们实现这些trait的。同理，如果是匿名impl，那么这个impl块必须与类型本身存在于同一个crate中。

Rust是一种用户可以对内存有精确控制能力的强类型语言。我们可以自由指定一个变量是在栈里面还是在堆里面，变量和指针也是不同的类型。类型是有大小（Size）的。有些类型的大小在编译阶段就可以确定，有些类型的大小在编译阶段无法确定。目前版本的Rust规定，在函数参数传递、返回值传递等地方，都要求这个类型在编译阶段有确定的大小。否则，编译器就不知道该如何生成代码了。而trait本身既不是具体类型，也不是指针类型，它只是定义了针对类型的、抽象的"约束"。不同的类型可以实现同一个trait，满足同一个trait的类型可能具有不同的大小。因此，trait在编译阶段没有固定大小，目前我们不能直接使用trait作为实例变量、参数、返回值。比如：

```
let x: Shape = Circle::new();            // Shape不能做局部变量的类型
fn use_shape(arg : Shape) {}             // Shape不能直接做参数的类型
fn ret_shape() -> Shape {}               // Shape不能直接做返回值的类型
```

这样的写法是错误的，请一定要记住。trait的大小在编译阶段是不固定的，需要写成dynShape形式，即编译的时候把不确定大小的内容通过胖指针来代替，而指针在编译期是确定的。胖指针包含一个指向数据的指针和数据的长度信息，在Rust中，数组、切片、trait对象等都是胖指针。

8.5.4 完整函数调用方法

Fully Qualified Syntax提供一种无歧义的函数调用语法，它允许程序员精确地指定想要调用的是哪个函数。以前也叫UFCS(universal function call syntax)，也就是所谓的"通用函数调用语法"。这个语法可以允许使用类似的写法精确调用任何方法，包括成员方法和静态方法。其他一切函数调用语法都是它的某种简略形式。它的具体写法为::item。示例如下：

```
trait Cook {
    fn start(&self);
}
trait Wash {
    fn start(&self);
}
struct Chef;
impl Cook for Chef {
    fn start(&self) { println!("Cook::start");}
}
impl Wash for Chef {
    fn start(&self) { println!("Wash::start");}
}
fn main() {
    let me = Chef;
    me.start();          //error, 出现歧义, 编译器不知道调用哪个方法
}

//有必要使用完整的函数调用语法来进行方法调用
fn main() {
    let me = Chef;
    // 函数名字使用更完整的path来指定, 同时, self参数需要显式传递 <Cook>::start(&me);
    <Chef as Wash>::start(&me);
}
```

由此可以看到，所谓的"成员方法"也没什么特殊之处，它跟普通的静态方法的唯一区别是，第一个参数是self，而这个self只是一个普通的函数参数而已。只不过这种成员方法也可以通过变量加小数点的方式调用。变量加小数点的调用方式在大部分情况下看起来更简单、更美观，完全可以视为一种语法糖。

需要注意的是，通过小数点语法调用方法调用，有一个"隐藏着"的"取引用"步骤。虽然看起来源代码是这个样子的：me.start()，但是大家心里要清楚，真正传递给start()方法的参数是&me而不是me，这一步是编译器自动帮我们做的。\color{red}不论这个方法接受的self参数究竟是Self、&Self还是&mut Self，最终在源码上都是统一的写法：variable.method()。而如果用UFCS语法来调用这个方法，就不能让编译器帮我们自动取引用了，必须手动写清楚。下面用一个示例来演示成员方法和普通函数其实没有本质区别。

```
struct T(usize);
impl T {
    fn get1(&self) -> usize {self.0}
    fn get2(&self) -> usize {self.0}
}
fn get3(t: &T) -> usize { t.0 }
fn check_type( _ : fn(&T)->usize ) {}
fn main() {
    check_type(T::get1);
    check_type(T::get2);
    check_type(get3);
}
```

可以看到，get1、get2和get3都可以自动转成fn(&T)→usize类型。

8.5.5　trait 约束和继承

Rust的trait的另一大用处是作为泛型约束使用。

```
use std::fmt::Debug;
fn my_print<T : Debug>(x: T) {
    println!("The value is {:?}.", x);
}
fn main() {
    my_print("China");
    my_print(41_i32);
    my_print(true);
    my_print(['a', 'b', 'c'])
}
```

冒号后面加trait名字就是这个泛型参数的约束条件。它要求这个T类型实现Debug这个trait。这是因为我们在函数体内用到了println!格式化打印，而且用了{:?}这样的格式控制符，它要求类型满足Debug的约束，否则编译不通过。所以，泛型约束既是对实现部分的约束，也是对调用部分的约束。泛型约束还有另一种写法，即where子句。示例如下：

```
fn my_print<T>(x: T) where T: Debug {
    println!("The value is {:?}.", x);
}
```

对于这种简单的情况，两种写法都可以。但是在某些复杂的情况下，泛型约束只有where子句可以表达，泛型参数后面直接加冒号的写法表达不出来，比如涉及关联类型的时候。

trait允许继承，类似下面这样：

```
trait Base { ... }
trait Derived : Base { ... }
```

这表示派生的trait（Derived trait）继承了基类trait（Base trait）。它表达的意思是，trait可以继承其他trait，从而继承其他trait中定义的所有方法和关联类型。所以，我们在针对一个具体类型impl Derived的时候，编译器也会要求同时impl Base。示例如下：

```
trait Base {}
trait Derived : Base {}
struct T;
impl Derived for T {} //error,T 没有实现Base
fn main() { }
```

再加上一句：

```
impl Base for T {}
```

此时编译器就不报错，这两种写法本质上没有区别。在标准库中，很多trait之间都有继承关系，比如：

```
trait Eq: PartialEq<Self> {}
trait Copy: Clone {}
trait Ord: Eq + PartialOrd<Self> {}
trait FnMut<Args>: FnOnce<Args> {}
trait Fn<Args>: FnMut<Args> {}
```

8.5.6　derive 属性

Rust为类型实现（通过impl）某些trait的时候，逻辑是非常机械化的。为许多类型重复而单调地实现（通过impl）某些trait，是非常枯燥的事情。为此，Rust提供了一个特殊的属性（Attribute），它可以帮我们自动实现某些trait。

```
#[derive(Copy, Clone, Default, Debug, Hash, PartialEq, Eq, PartialOrd, Ord)]
struct Foo {
    data : i32
}
fn main() {
    let v1 = Foo { data : 0 };
    let v2 = v1;
    println!("{:?}", v2);
}
```

如上所示，它的语法是，在你希望impl trait的类型前面写# [derive(...)]，括号里面是你希望impl的trait的名字。这样写了之后，编译器就会帮你自动加上impl块，类似于这样：

```
impl Copy for Foo { ... }
impl Clone for Foo { ... }
impl Default for Foo { ... }
impl Debug for Foo { ... }
impl Hash for Foo { ... }
impl PartialEq for Foo { ... }
...
```

这些trait都是标准库内部的较特殊的trait，它们可能包含成员方法，但是成员方法的逻辑有一个简单而一致的"模板"可以使用，编译器就机械化地重复这个模板，帮助我们实现这个默认逻辑。当然，我们也可以手动实现。目前，Rust支持的可以自动获得的trait有以下这些：

```
Debug  Clone  Copy  Hash  RustcEncodable  RustcDecodable  PartialEq  Eq
ParialOrd  Ord  Default  FromPrimitive  Send  Sync
```

8.5.7 trait 别名

跟type alias类似，trait也可以起别名（trait alias）。假如在某些场景下，有一个比较复杂的trait：

```
pub trait Service {
    type Request;
    type Response;
    type Error;
    type Future: Future<Item=Self::Response, Error=Self::Error>;
    fn call(&self, req: Self::Request) -> Self::Future;
}
```

每次使用这个trait的时候都需要携带一堆关联类型参数。为了避免这样的麻烦，在已经确定了关联类型的场景下，我们可以为它取一个别名，比如：

```
trait HttpService = Service<Request = http::Request,
    Response = http::Response,
    Error = http::Error>;
```

8.5.8 Sized trait

Sized trait是Rust中的一个非常重要的trait，它的定义如下：

```
#[lang = "sized"]
#[rustc_on_unimplemented = "`{Self}` does not have a constant size known at
compile-time"]
#[fundamental] // for Default, for example, which requires that `[T]: !Default` be
evaluatable
pub trait Sized {
    // Empty.
}
```

这个trait定义在std::marker模块中，它没有任何成员方法。它有#[lang="sized"]属性，说明它与普通trait不同，编译器对它有特殊的处理。用户也不能针对自己的类型实现这个trait。一个类型是否满足Sized 约束是完全由编译器推导的，用户无权指定。

我们知道，在C/C++这一类语言中，大部分变量、参数、返回值都应该在编译阶段固定大小。在Rust中，但凡编译阶段能确定大小的类型，都满足Sized约束。那么还有什么类型是不满足Sized约束的呢？比如C语言中的不定长数组（Variable-Length Array）。不定长数组的长度在编译阶段是未知的，是在执行阶段才确定下来的。Rust中对于动态大小类型专门有一个名词Dynamic Sized Type。

8.5.9　默认 trait

Rust中并没有C++中的"构造函数"的概念，主要原因在于，相比普通函数，构造函数本身并没有提供额外的抽象能力。所以Rust中推荐使用普通的静态函数作为类型的"构造器"。比如，常见的标准库中提供的字符串类型String，它包含的可以构造新的String的方法不完全列举都有这么多：

```
fn new() -> String
fn with_capacity(capacity: usize) -> String
fn from_utf8(vec: Vec<u8>) -> Result<String, FromUtf8Error>
fn from_utf8_lossy<'a>(v: &'a [u8]) -> Cow<'a, str>
fn from_utf16(v: &[u16]) -> Result<String, FromUtf16Error>
fn from_utf16_lossy(v: &[u16]) -> String
unsafe fn from_raw_parts(buf: *mut u8, length: usize, capacity: usize) -> String
unsafe fn from_utf8_unchecked(bytes: Vec<u8>) -> String
```

这些方法接受的参数各异，错误处理方式也各异，强行将它们统一到同名字的构造函数重载中不是什么好主意（况且Rust坚决反对ad hoc式的函数重载）。不过，对于那种无参数、无错误处理的简单情况，标准库中提供了默认trait（Default trait）来做这个统一抽象。这个trait的签名如下：

```
trait Default {
    fn default() -> Self;
}
```

它只包含一个静态函数default()返回Self类型。标准库中很多类型都实现了这个trait，它相当于提供了一个类型的默认值。在Rust中，单词new并不是一个关键字。可以看到，很多类型中都使用了new作为函数名，用于命名那种最常用的创建新对象的情况。因为这些new函数差别很大，所以并没有一个trait来对这些new函数做一个统一抽象。

除上述介绍的用法外，还有其他许多用法：

（1）trait本身可以携带泛型参数。

（2）trait可以用在泛型参数的约束中。

（3）trait可以包含关联类型，还可以包含类型构造器，实现高阶类型的某些功能。

（4）trait可以实现泛型代码的静态分派，也可以通过trait object实现动态分派。

（5）trait可以不包含任何方法，用于给类型做标签（Marker），以此来描述类型的一些重要特性。

（6）trait可以包含常量。

第 **9** 章

指　针

现在高级语言很多都没有指针，可能因为指针太灵活、太难，不少流行的编程语言已经放弃了指针。幸运的是，Rust 支持指针。作为系统级别的语言 Rust，抛弃指针是完全不现实的，提供有限的指针功能还是能够做得到的。

但 Rust 语言又是一门现代的安全语言。一门现代语言会尽可能抛弃指针，也就是默认把所有的数据都存储在栈上。如果要把数据存储在堆上，就要在堆上开辟内存，这时就要使用指针。

9.1　指针的概念

指针变量在 Rust 语言程序设计中占有重要地位，已知在程序中定义了一个变量，在对该程序进行编译时，首先要借助编译程序将其转换成目标代码，也就是*. OBJ 文件，然后通过操作系统将目标代码装入特定的可标识的内存区域中。编译系统会根据程序中定义的变量类型为该变量分配内存单元，该内存单元也就是该变量的地址，其内容为该变量的内容。因此，程序员可通过程序所定义的对象的名称来访问对象。假定程序员能够知道某程序对象在内存中的存储位置，即存放该对象的首地址，当然也可以使用该地址访问对象。Rust语言能够满足以上需求，提供解决上述问题必要的技术手段，也就是指针变量。

9.1.1　地址和指针

在Rust语言中，指针实际上就是地址。在计算机中，数据都是存放在存储器中的。通常把存储器中的1字节称为一个内存单元，为了正确地访问这些内存单元，必须为每个内存单元编号，该编号就是地址。根据该编号即可找到该变量的内容，在地址所表示的内存单元中实际存放的数据是该内存单元的内容，需特别注意的是，内存单元的地址与内存单元的内容是两个完全不同的概念。

为了得到变量的内存地址，我们可以将符号"&"放在变量名前，从而可以获得该变量的地址，比如a是一个整型变量，那么&a就是变量a的地址。下面打印a的地址，代码如下：

```
fn main()
{
    let a = 100;
    println!("{:p}", &a);
}
```

结果输出：0x25f53c。这明显是个内存地址。另外，每次运行时，输出的地址是不同的。所以读者运行的结果不大可能是0x25f53c。

内存储器中的所有字节都拥有一个编号，该编号即"地址"，它类似于教学楼中的教室号。数据存放在地址所表示的内存单元中，类似于教室中上课的学生。因为通过地址能找到所需的变量单元，通常说地址指向该变量单元。

将地址形象化地称为"指针"，注意区分存储单元的地址和存储单元的内容。地址是一个直接存取的概念，必须通过地址才能找到存储变量值的存储单元，即"地址"指向变量的存储单元，Rust语言形象地将地址称为"指针"。因此，一个变量的地址称为该变量的"指针"。

按变量地址存取变量的方式称为"直接访问"。比如以下这段代码：

```
fn main()
{
    let (i, j) = (3,6);        //定义2个变量
    let mut k=i+j;             //定义一个可变变量
    print!("{}",k);           //打印输出k
}
```

假设变量i的存储单元地址是0x2000，变量j的存储单元地址是0x2004，在内存中直接访问变量k的示意图如图9-1所示。

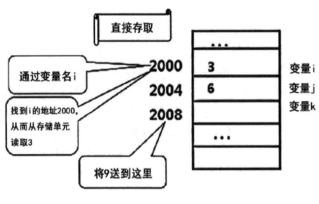

图 9-1

9.1.2　指针变量的定义

指针变量中存储的是地址，而不是实际的数据，它存储的是指向该数据的地址（类似于房间号），这是指针变量和普通变量的主要不同之处。因此，在使用前必须先声明或定义其为指针变

量，并说明指针变量中存储的地址指向的数据类型（间接存储）。指针类型的基本定义形式如下：

```
let 变量名:&类型;
```

其中，变量名是指针变量名，类型说明符标志了其存储的地址值所指向的数据类型。明确了指针变量所指向的变量的类型，编译器就可以根据该类型来读取内存中相应的连续空间。例如：

```
let p:&i32;
```

p就是一个指向整型的指针变量。

与地址的直接存取不同，指针变量是间接存取。比如：

```
let ( i, j) = (3,6);
let pi:&i32=&i;
```

假设i的地址是0x2000，那么先找到指针变量pi的内容2000，再找到该2000地址的存储单元所存储的内容3，因此指针变量是间接存取的，如图9-2所示。

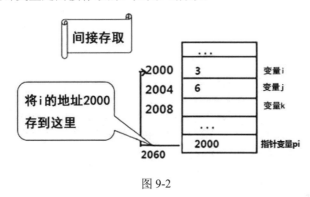

图 9-2

总之，一个变量的地址称为该变量的"指针"。一个专门用来存放另一个变量的地址（即指针）的变量称为指针变量。指针变量用来存放地址，指针变量的值就是地址（即指针）。指针就是一个地址，而指针变量是存放地址的变量。

9.2　指针变量的基本使用方法

9.2.1　指针变量的赋值

给指针赋值就是让指针指向某一存储空间。这里的赋值就是在指针和非指针量定义后就可以让指针指向非指针量所开辟的存储空间。这一步需要注意的是，这里的给指针赋初值（如指针定义为 let p:&i32;）是指"p等于什么"，而不是"*p等于什么"。p是地址，*p在大多数情况下是指值而非地址。

指针变量的赋值通常有以下两种形式。

（1）把变量地址赋值给指针变量，比如：

```
let ( i,  j) = (3,6);
```

```
let mut p:&i32=&i;
p=&j;
```

执行完第二行，p指向变量i，即存放变量i的地址。执行完第三行，p指向变量j，即存放变量j的地址。

（2）指针变量赋值给指针变量，比如：

```
let i=3;
let p=&i;
let q:&i32;
q=p;
```

首先定义了一个整型变量i，然后定义两个指针变量p和q，并把i的地址赋值给p，最后一行我们让p直接赋值给q，由于指针变量p的内容是变量i的地址值，因此q的内容也是变量i的地址值。

如果要多次修改指针变量的值，则需要加上mut，比如：

```
fn main()
{
    let ( i,  j) = (3,6);
    let mut p=&i;
    p=&j;
    let mut q:&i32;            //定义一个可修改的指针变量
    let t:&i32=&i;
    q=p;                      //指针变量q指向p所指的变量，此时q存放的内容是变量j的地址
    q=t;                      //q重新指向t所指的整型变量，即i，此时q存放的内容是变量i的地址
    print!("{}",*q);          //输出: 3
}
```

9.2.2 得到指针变量的大小

我们知道，变量会占用一定大小的内存空间，比如bool类型的变量占据1字节的内存空间，字符类型的变量占据4字节的内存空间。指针变量也是一个变量，它也占据一定大小的内存空间。

在Rust中，指针变量的大小是固定的，它的大小与操作系统和编译器有关。具体来说，指针变量的大小通常为4字节或8字节，取决于操作系统和编译器的位数。在32位操作系统上，指针变量的大小通常为4字节；在64位操作系统上，指针变量的大小通常为8字节。这是因为32位操作系统的地址总线宽度为32位，最多可以寻址232个内存单元，因此一个指针变量需要4字节来存储地址。而64位操作系统的地址总线宽度为64位，最多可以寻址264个内存单元，因此一个指针变量需要8字节来存储地址。

需要注意，指针变量的大小只与地址空间有关，而与指向的对象类型无关。无论指针变量指向哪种类型的对象，它的大小都是固定的。例如：

```
fn main()
{
    let flag:bool=true;                    //定义一个布尔类型变量flag
    let q=&flag;                           //把flag的地址赋值给指针变量q
```

```
    println!("size of p in bytes: {}", std::mem::size_of_val(&q));    //输出指
针变量q占据的内存空间大小
}
```

结果输出: size of p in bytes: 8。也就是指针变量q占据8字节的内存空间, 笔者的操作系统是64位的Windows 7系统, 因此输出8, 符合预期。注意: :size_of_val的参数要传地址, q自身的地址当然是&q了。

如果我们把flag的类型改为字符类型, 结果依旧是输出8, 比如:

```
let flag:char='c';    //定义字符型变量flag
let q=&flag;
println!("size of p in bytes: {}", std::mem::size_of_val(&q));
```

有兴趣的朋友可以试一试。这就说明, 指针变量的大小只与地址空间有关, 而与指向的对象类型无关。

9.2.3　得到指针变量所指变量的值

如果p是一个指针变量, 则通过*p这样的形式可以得到p所指变量的值。比如:

```
fn main()
{
    let i=3;             //定义整型变量i
    let p=&i;            //定义指针变量p, 并把i的地址赋值给p
    print!("{}",*p);     //输出结果是: 3
}
```

p的内容是i的地址, 那么*p就是变量i的值, 即3。

通常, 我们认为符号&是取地址运算符, 比如&i就是变量i的地址。把符号*看作指针运算符(或称间接访问运算符), *p表示指针变量p所指的变量。

还可以通过*p来修改所指变量的值, 比如:

```
fn main()
{
    let mut i=8;          //定义整型变量i, 并且加了mut, 表示这个变量i是可以修改的
    let p=&mut i;         //把i的地址赋值给指针变量p
    *p=9;                 //修改p所指变量的值为9
    print!("{}",i);       //结果输出9
}
```

我们知道, mut修饰的内存可被修改。我们看第二行 "let p=&mut i;", &表示i的内存地址, 其后加了mut, 表示这个地址的内存内容是可以修改的, 即:

```
let p =   mut          &          i;
//        可修改       取地址      i代表的一块内存
```

其中, p代表指向栈空间的一块内存的地址, 而且这个指针所指的内存是可以被修改的(mut 决定的)。但是, 由于Rust的安全性较高, 默认情况下变量是不可修改的(笔者私下认为此举是没事找事), 所以i还需要在定义的时候加上mut才行。

9.2.4 指针变量做函数参数

函数参数不仅可以是整型、浮点型和字符型等数据，也可以是指针类型。它的作用是将一个变量的地址传递到一个函数中。

下面我们看一个实例，通过一个函数交换两个变量的值，这个函数的参数是两个指针变量。

【例9.1】 交换两个整型变量值

步骤 01 打开VS Code，输入代码如下：

```rust
fn main() {
    let mut a = 26;
    let mut b = 100;

    let pa = &mut a;                //让指针pa指向变量a
    let pb =&mut b;                 //让指针pb指向变量b
    swap(pa,pb);                    //调用函数swap，两个参数是a和b的指针（即地址）
    println!("a:{},b:{}", a,b);     //输出a、b的值
}

fn swap(p1: &mut i32,p2: &mut i32)
{
    let tmp:i32 = *p1;             //让整型变量tmp保存*p1的值，也就是a的值
    *p1=*p2;                       //把p2所指的b的值赋给p1所指的a
    *p2=tmp;                       //再把tmp中保存着的以前a的值，赋给p2所指的b
}
```

虽然指针的精确定义应该是地址，pa和pb应该叫作指针变量，但熟悉后，工作中一般直接叫pa和pb为指针，这是一种口语化表示。就像一个人的名字，刚开始可能叫全名，到后来就省略了，叫老王、小张了。在不引起误解的情况下，这样简略的称呼也是可以的，事实上，平时程序员之间交流技术，一般也简单地说指针p，不特意说指针变量p。

swap是一个交换两个变量值的函数，调用函数swap，两个参数是a和b的指针（即地址），也就是把a和b的地址传递给swap的指针类型的参数p1和p2，这样，p1和p2的值其实就是a和b的地址，并且可以通过*p1和*p2来引用a和b，首先保存好a的值，然后把b赋值给a，最后把原先的a值赋给b，算法很简单。*p1和*p2的值互换，也就相当于a和b的值互换。注意：不能企图通过改变指针形参的值而使指针实参的值改变。

步骤 02 编译运行，结果输出：

```
a:100,b:26
```

通过函数交换几个变量值的算法在一线工作中会经常用到。通过此例，我们可以得出一般规律，即如果想通过函数调用得到n个要改变的值，可以这样做：

（1）在主调函数中设n个变量，用n个指针变量指向它们。

（2）设计一个函数，有n个指针形参，在这个函数中改变这n个形参的值。

（3）在主调函数中调用这个函数，在调用时将这n个指针变量作为实参，将它们的地址传给该函数的形参。

（4）在执行该函数的过程中，通过形参指针变量改变它们所指向的n个变量的值。

（5）在主调函数中就可以使用这些改变了值的变量了。

下面再看一个实例，用函数实现对3个整型变量a、b、c进行从大到小的顺序排列。

【例9.2】　对3个整型变量进行从大到小的排列

步骤 01 打开VS Code，输入代码如下：

```rust
fn main() {
    let (mut a,mut b,mut c) = (26,100,56);
    let pa = &mut a;
    let pb =&mut b;
    let pc = &mut c;
    exch(pa,pb,pc);
    println!("a:{}>b:{}>c:{}", a,b,c);
}

fn exch(q1: &mut i32,q2: &mut i32,q3:&mut i32)      //该函数将3个变量的值从大到小排列
{
    if(*q1<*q2) { swap(q1,q2);}                     //如果a<b，则交换a和b的值
    if(*q1<*q3) {swap(q1,q3);}                      //如果a<c，则交换a和c的值
    if(*q2<*q3) {swap(q2,q3);}                      //如果b<c，则交换b和c的值
}
fn swap(p1: &mut i32,p2: &mut i32)                  //该函数交换两个变量的值
{
    let tmp:i32 = *p1;                              //保存好*p1的值
    *p1=*p2;                                        //把*p2的值赋给*p1
    *p2=tmp;                                        //把原先*p1的值赋给*p2
}
```

其中，函数exch进行两两判断，如果发现需要交换两数，就调用交换函数swap，最终使得
*p1>*p2>*p3，也就是a>b>c，因为p1指向a，p2指向b，p3指向c。

步骤 02 编译运行，结果输出：

```
a:100>b:56>c:26
```

9.2.5　指针变量做函数返回值

函数返回值可以是整型变量、字符变量或其他，当然也可以是指针变量，这时实际上函数返回的是一个指针（即地址），并且可以通过*func()的形式来得到该指针所指变量的值。我们来看一个实例。

【例9.3】 指针变量做函数返回值

步骤 **01** 打开VS Code，输入代码如下：

```
fn main() {
    let mut a = 66;
    println!("a's addr:{:p}", &a);                    //打印整型变量a的地址
    let p = &mut a;                                   //a地址赋给指针变量p
    println!("p's value:{:p}", p);                    //打印p的值，内容就是a的地址
    println!("out myfunc p's value:{:p}", myfunc(p));
    println!("out myfunc p's value:{}", *myfunc(p));
}

fn myfunc(q: &mut i32) -> &mut i32
{
    *q = 32;
    println!("in myfunc q's value:{:p}", q); //打印指针变量q中存储的值，也就是a的地址
    q  //返回指针
}
```

这段程序我们追踪了一系列指针变量的值，其实都是a的地址。我们在函数中通过引用指针变量（*q）使得改变a的值，因为q指向的就是a，所以*q就是a，这样a的值就发生了改变。函数中的最后一行返回指针，即a的地址。

步骤 **02** 编译运行，运行结果如下：

```
a's addr:0x26fa1c
p's value:0x26fa1c
in myfunc q's value:0x26fa1c
out myfunc p's value:0x26fa1c
in myfunc q's value:0x26fa1c
out myfunc p's value:32
```

我们可以看到指针变量p和q的值始终是a的地址值，即0x26fa1c。通过此例，可以加强对指针变量的理解，不需要怕它，它就是一个变量而已，只不过存储的内容是其他变量的地址。

9.2.6 数组通过指针来引用

我们知道，一个变量有地址，所以可以把变量地址赋给指针变量。而一个数组包含若干元素，每个数组元素都在内存中占用存储单元，它们（每一个数组元素）都有相应的地址，那么也可以把某一个数组元素的地址赋给指针变量。数组元素的指针也就是数组元素的地址。我们看下面的实例。

【例9.4】 通过指针变量打印数组元素

步骤 **01** 打开VS Code，输入代码如下：

```
fn main() {
    let a = [1, 2, 3, 4, 5];
```

```
let pa=&a[0];                      //pa指向a[0]
let pb=&a[1];                      //pb指向a[1]
let pc=&a[2];                      //pc指向a[2]
println!("{},{},{}",*pa,*pb,*pc);
}
```

在代码中，我们定义了三个指针变量pa、pb和pc，分别指向数组元素a[0]、a[1]和a[2]，然后打印出这3个元素值。

步骤 02 编译运行，运行结果如下：

```
1,2,3
```

9.3　函数指针

Rust是一种现代系统编程语言，它支持函数指针。函数指针是指向函数的指针，可以将函数作为参数传递给其他函数或存储在变量中。Rust中的函数指针可以用于实现回调函数、动态分发和多态等功能。本节将介绍Rust中的函数指针的基本用法和高级用法。

9.3.1　什么是函数指针

如果在程序中定义了一个函数，那么在编译时，编译系统会为函数代码分配一段存储空间，这段存储空间的起始地址（又称入口地址）称为这个函数的指针。可以定义一个指向函数的指针变量，用来存放某一函数的起始地址，这就意味着此指针变量指向该函数。例如：

```
let pfunc: fn(i32)->i32;
```

pfunc就是一个指向函数的指针变量，且这个函数有一个i32类型的参数，并且返回值的类型也是i32。关键字fn表示函数的意思，这里相当于指代某个函数名。

9.3.2　用函数指针变量调用函数

如果想调用一个函数，除可以通过函数名调用外，还可以通过指向函数的指针变量来调用该函数。下面先通过一个简单的例子来回顾一下函数的调用情况，代码如下：

```
fn add_one(x:i32) -> i32                    //定义一个函数
{
    x + 1
}

fn main()
{
    let res = add_one(5);                   //通过函数名来调用函数
    println!("The answer is: {}",res);
}
```

在代码中，add_one(5)就是通过函数名来调用函数的，返回一个整型变量。然后通过函数指针变量来调用函数。运行结果：The answer is: 6。

【例9.5】 通过函数指针变量调用函数

步骤 01 打开VS Code，输入代码如下：

```
fn add_one(x:i32) -> i32
{
    x + 1                                        //返回加1的结果
}

fn main()
{
    //定义一个函数指针变量pfunc，并指向一个函数
    let pfunc: fn(i32)->i32;      //此时只是定义好了函数指针变量，还没具体指向某个函数
    pfunc = add_one;              //把具体的函数赋给函数指针变量pfunc
    println!("The answer is: {}", pfunc(5));      //通过pfunc来调用函数
}
```

在代码中，我们定义了一个函数add_one，它有一个i32类型的参数，并返回一个i32类型的整数。在main中，我们定义了一个函数指针变量pfunc，并指向一个带有i32类型的参数并返回i32类型整数的函数，此时只是定义了函数指针变量，还没具体指向某个函数。然后通过函数名add_one赋值给pfunc后，pfunc就指向函数add_one了，也就是pfunc存储的内容就是函数add_one在内存中的入口地址。最后，通过pfunc(5)来调用函数add_one，效果相当于add_one(5)。

步骤 02 编译运行，运行结果如下：

```
The answer is: 6
```

由此看出，无论是通过函数名调用函数，还是通过函数指针变量调用函数，结果都一样。

另外需要注意以下几点：

（1）定义指向函数的指针变量，并不意味着这个指针变量可以指向任何函数，它只能指向在定义时指定的类型的函数。例如"let pfunc: fn(i32)->i32;"表示指针变量pfunc只能指向函数返回值为整型且有一个整型参数的函数。在程序中把哪一个函数（该函数的返回值是整型的且有一个整型参数）的地址赋给它，它就指向哪一个函数。在一个程序中，一个指针变量可以先后指向同类型的不同函数。

（2）如果要用指针调用函数，必须先使指针变量指向该函数。例如pfunc=add_one，就把add_one函数的入口地址赋了指针变量pfunc。

（3）在给函数指针变量赋值时，只需给出函数名而不必给出参数，例如pfunc=add_one，因为是将函数入口地址赋给p，而不牵涉实参与形参的结合问题。如果写成pfunc=add_one(5);就会出错了。pfunc=add_one(5);是将调用add_one函数所得到的函数返回值赋给pfunc，而不是将函数入口地址赋给pfunc。

（4）用函数指针变量调用函数时，只需使用pfunc代替函数名即可，此时需要在括号中根据需要写上实参。例如d=pfunc(5);表示"调用由pfunc指向的函数，实参为5，得到的函数返回值赋给d"。请注意函数返回值的类型。从指针变量pfunc的定义中可以知道，函数的返回值应是整型。

（5）用函数名调用函数，只能调用所指定的一个函数，而通过指针变量调用函数比较灵活，可以根据不同情况先后调用不同的函数。比如下面的实例，让用户选择1或2，选1时调用max函数，输出二者中的大数，选2时调用min函数，输出二者中的小数。

【例9.6】 根据选择调用不同的函数

打开VS Code，输入代码如下：

```
fn max(a:i32,b:i32) -> i32          //定义函数max，求两个数的较大值
{
    if a > b { return a; }          //如果a大于b，则返回a
    else { return b; }              //否则返回b
}

fn min(a:i32,b:i32) -> i32          //定义函数min，求两个数的较小值
{
    if a < b { return a; }          //如果a小于b，则返回a
    else { return b; }              //否则返回b
}

fn main()
{
    let p: fn(i32,i32)->i32;         //定义函数指针变量p，指向一个有两个整型参数的函数，返回
整型值
    let choose =2;                   //模拟用户选择，选择1就是执行max，否则执行min
    let (a,b) = (5,6);               //定义两个整型变量，以后作为函数的实参
    if choose==1 { p=max;}           //当choose是1时，让p指向max
    else {p=min;}                    //当choose不是1时，则让p指向min

    let res = p(5,6);                //通过函数指针调用函数
    if choose==1 { println!("the max of {} and {} is {}",a,b,res)}     //输出a和
b的较大值
    else {println!("the min of {} and {} is {}",a,b,res)}         //输出a和b的较小值
}
```

这个例子说明怎样使用指向函数的指针变量。定义两个函数max和min，分别用来求大数和小数。在主函数中根据choose是1或2，使指针变量指向max函数或min函数。这就体现了函数指针的灵活性。

这个例子比较简单，只是示意性的，但它很有实用价值。在许多应用程序中，常用菜单提示输入一个数字，然后根据输入的不同值调用不同的函数，以实现不同的功能，就可以使用此方法。当然，也可以不用指针变量，而用if语句或 switch语句进行判断，直接通过函数名调用不同的函数。但是显然用指针变量可以使程序更简洁和专业。事实上，在大型软件中，函数指针的使用非常普遍。

9.3.3 函数指针做函数参数

指向变量的指针做参数我们已经学习过了，而指向函数的函数指针变量也可以用来做函数的参数。我们看下面的实例。

【例9.7】 函数指针做函数参数

步骤 01 打开VS Code，输入代码如下：

```
fn add_one(x:i32) -> i32           //定义一个函数，实现参数x加1的功能，并返回加1后的结果
{
    x + 1
}

fn plus(f: fn(i32)->i32, arg: i32) -> i32          //实现把arg加1的结果再相互加一下
{
    //如果f指向的函数是add_one，则相当于做add_one(arg+add_one(arg)
    //plus返回的结果是(arg+1)+(arg+1)
    f(arg) + f(arg)
}

fn main()
{
    let answer = plus(add_one, 5);    //调用plus函数，参数是函数名add_one传给函数指针f
    println!("The answer is: {}", answer);         //输出结果
}
```

函数plus的第一个参数就是一个函数指针，并且在plus内部，我们通过函数指针f执行了两次函数调用，但调用的是谁呢？在plus内部不知道，只有等到main中的plus调用时，传递了add_one这个函数名给f之后，才知道plus内部将做两次add_one的调用，并且把结果相加后返回给整型变量answer。f指向的函数是add_one，则plus返回的结果是(arg+1)+(arg+1)，又因为arg的值是5，因此最终answer的值是12。

步骤 02 编译运行，运行结果如下：

```
The answer is: 12
```

有人可能会问，既然在plus函数中要调用add_one函数，为什么不直接调用add_one而要用函数指针变量呢？何必绕这样一个圈子呢？比如plus可以这样写：

```
fn add_one(x:i32) -> i32
{
    x + 1
}

fn plus(arg: i32) -> i32
{
    add_one(arg) + add_one(arg)
```

```
}

fn main()
{
    let answer = plus(5);
    println!("The answer is: {}", answer);
}
```

的确，如果只是用到add_one函数，完全可以在plus函数中直接调用add_one，而不必使用函数
指针变量f。但是，如果在每次调用plus函数时，内部要调用的函数不是固定的，这次调用add_one，
而下次要调用add_two，第3次要调用的就是add_three了。这时，使用函数指针变量就比较方便了。
只要在每次调用plus函数时给出不同的函数名作为实参即可，plus函数不必做任何修改。这种方法
是符合结构化程序设计方法原则的，是程序设计中常使用的，目的就是降低耦合性，这样可以把函
数的实现和调用分开，让两个人并行完成，以此提高项目进度。

在下面的实例中，我们让作为参数的函数指针指向不同的函数。

【例9.8】　让作为参数的函数指针指向不同的函数

步骤 **01** 打开VS Code，输入代码如下：

```
fn max(a:i32,b:i32) -> i32                      //定义函数max，求两个数的较大值
{
    if a > b { return a; }                      //如果a大于b，则返回a
    else { return b; }                          //否则返回b
}

fn min(a:i32,b:i32) -> i32                      //定义函数min，求两个数的较小值
{
    if a < b { return a; }                      //如果a小于b，则返回a
    else { return b; }                          //否则返回b
}

fn mf(p: fn(i32,i32)->i32, a: i32,b:i32) -> i32    //实现把arg加1的结果再相互加一下
{
    return p(a,b);          //如果p指向max，则执行max(a,b)，如果p指向min，则执行min(a,b)
}

fn main()
{
    let choose =2;          //模拟用户选择，选择1就执行max，否则执行min
    let (a,b,mut res) = (5,6,0); //定义3个整型变量，a和b作为函数的实参，res存放函数结果
    if choose==1 {res = mf(max,a,b);}           //当choose为1时，传max给参数p
    else {res = mf(min,a,b)}                     //当choose不为1时，传min给参数p

    if choose==1 { println!("the max of {} and {} is {}",a,b,res)} //输出a和b的
较大值
    else {println!("the min of {} and {} is {}",a,b,res)}       //输出a和b的较小值
}
```

通过这个实例，应该能体会函数指针作为参数的灵活性了，可以根据选择（变量choose的值）来决定传哪个函数到mf中，继而在mf中执行max或者min。

步骤 02 编译运行，运行结果如下：

```
the min of 5 and 6 is 5
```

9.4 指 针 数 组

指针数组就是一个数组中的元素的类型都是指针类型。也就是说，指针数组中的每一个元素都存放一个地址，每个元素相当于一个指针变量。比如我们定义一个指针数组：

```
let pa: [&i32; 5];
```

数组pa的每个元素的类型都是指向i32变量的整型指针，pa一共有5个元素。也可以在定义的同时直接为每个元素赋值，比如：

```
let (a,b, res) = (5,6,0);              //定义3个整型变量
let pa = [&a,&b,&res];                 //定义一个指针数组pa，并且为每个元素赋值
println!(" {},{},{}",*pa[0],*pa[1],*pa[2]);        //打印每个元素所指变量的值
```

结果输出：5,6,0。

指针数组中的每个元素还可以是函数指针类型。请看这个实例。

【例9.9】 指针数组的元素是函数指针

步骤 01 打开VS Code，输入代码如下：

```
fn max(a:i32,b:i32) -> i32              //定义函数max，求两个数的较大值
{
    if a > b { return a; }              //如果a大于b，则返回a
    else { return b; }                  //否则返回b
}

fn min(a:i32,b:i32) -> i32              //定义函数min，求两个数的较小值
{
    if a < b { return a; }              //如果a小于b，则返回a
    else { return b; }                  //否则返回b
}

fn main()
{
    let (a,b) = (5,6);                  //定义两个整型变量，以后作为函数的实参
    let pa = [max,min];
    for i in 0..2
    {
        print!("{} ",pa[i](a,b));
    }
}
```

我们定义指针数组pa，并且为第一个元素赋值max函数，为第二个元素赋值min函数，这样pa[0]是一个函数指针，并且指向max函数；pa[1]也是一个函数指针，并且指向min函数。调用时直接使用pa[i](a,b)即可。这里只有两个函数，所以看不出优势，如果要连续调用100个函数，那么优势就大了，一个for循环就可以搞定，代码非常简明。

在本例中，这个for循环相当于println!(" {},{}",pa[0](a,b),pa[1](a,b));，但显然for循环更加简明，尤其在有很多个数组元素的时候。

步骤02　编译运行，运行结果如下：

6 5

第 10 章
模块化编程和标准库

真实项目远比我们之前的 cargo new 的默认目录结构要复杂，好在 Rust 提供了强大的项目管理工具，分别说明如下。

* 包（package）：可以用来构建、测试和分享包。
* 工作空间（workspace）：对于大型项目，可以进一步将多个包联合在一起，组织成工作空间，但工作空间对于初学者来讲，暂时用不着，因为没有那么大的项目，所以这里不讲。
* 箱（crate）：一个由多个模块组成的树形结构，可以作为第三方库进行分发，也可以生成可执行文件进行运行。
* 模块（module）：可以一个文件多个模块，也可以一个文件一个模块，模块可以被认为是真实项目中的代码组织单元。

编写程序时，一个核心的问题是作用域：在代码的某处编译器知道哪些变量名？允许调用哪些函数？这些变量引用的又是什么？Rust 有一系列与作用域相关的功能。这有时被称为模块系统，不过又不仅仅是模块。

模块化编程是指将计算机程序的功能分离成独立的、可相互作用的"模块"的软件设计概念，每个模块都包含着执行一个预期功能的代码，复杂的系统被分割为小块的独立代码块。

Rust 中的代码模块化组织形式从大到小分为 3 类：包、箱和模块。包用于管理一个或多个箱（使用 Cargo new 命令就可以创建一个包）；箱是 Rust 的最小编译单元，即 Rust 编译器是以箱为最小单元进行编译的。箱在一个范围内将相关的功能组合在一起，并最终通过编译生成一个二进制或库文件。

Module 允许我们将一个箱中的代码组织成独立的代码块，以便增强可读性和进行代码复用。同时，Module 还控制着代码的可见性，即将代码分为公开代码和私有代码。

总体来说，这三者的关系是包>箱>模块。

10.1　箱

对于Rust而言，箱（crate）是一个独立的可编译单元，它编译后会生成一个可执行文件或者一个库。笔者一般不喜欢对专有名词进行翻译，如果硬要翻译，可称之为（分隔）箱。一个箱会将相关联的功能打包在一起，使得该功能方便在多个项目中分享。例如，标准库中没有提供但是在第三方库中提供的rand箱，它提供了随机数生成的功能，我们只需要将该包通过use rand;引入当前项目的作用域中，就可以在项目中使用rand的功能：rand::XXX。

同一个箱中不能有同名的类型，但是在不同箱中就可以。例如，虽然rand箱中有一个Rng trait，但是我们依然可以在自己的项目中定义一个Rng，前者通过rand::Rng访问，后者通过Rng访问，对于编译器而言，这两者的边界非常清晰，不会存在引用歧义。

我们通常所说的用rustc来编译一个文件，这种情况下编译器认为这个文件是一个箱，箱可以包含模块，模块可以定义在其他文件中，然后和箱一起编译。

箱是Rust中的一个编译单元，编译为二进制的可执行文件或库文件，可以通过Rust的编译器rustc的选项--crate-type来指定，默认情况下，rustc将从箱产生二进制可执行文件。

可执行的箱必须有一个main函数来定义程序执行入口。库箱则没有main函数，不会被编译为可执行程序，它提供一些外部使用的函数等，大部分情况大家提到箱一般指的是这类，就像其他语言中的library。

在Rust中，箱才是一个完整的编译单元。也就是说，rustc编译器必须把整个箱的内容全部读进去才能执行编译，rustc不是基于单个的.rs文件或者mod来执行编译的。另外要注意，箱之间不能出现循环引用。

10.1.1　创建 crate 库

我们将编写一个名为cat.rs的文件，然后编译为crate库文件。

【例10.1】　创建一个crate库

步骤 01　在某个目录下（这里是E:\ex\pkg\myprj\）新建一个文本文件，然后输入代码如下：

```
pub fn public_function() {
    println!("called rary's `public_function()`");
}

fn private_function() {
    println!("called rary's `private_function()`");
}

pub fn indirect_access() {
    print!("called rary's `indirect_access()`, that\n> ");

    private_function();
}
```

定义了3个函数，第一个函数public_function的可见性是pub，那么外部调用者能直接调用该函数。第二个函数private_function没有明确写可见性，那么默认就是私有的，意味着外部调用者不能直接调用该函数，但它可以放到本库crate的其他可见pub函数中，比如这里的第三个函数indirect_access。

步骤 02 然后保存文件为cat.rs。打开命令行窗口，进行编译，命令如下：

```
rustc --crate-type=lib cat.rs
```

rustc是Rust编程语言的编译器，由项目组开发并提供。通常，大多数Rust程序员都不会直接调用rustc，而是通过Cargo来完成，但我们也可以直接使用rustc来编译源文件，就像Linux中的gcc编译器一样。--crate-type=lib的意思是将源码文件编译成库crate，最后cat.rs就是要编译的源码文件。该命令执行后，将在同目录下生成一个crate库文件libcat.rlib，其中lib是自动加上的前缀，cat是源码文件名，rlib是后缀。

至此，一个crate库就开发完毕了。

10.1.2 创建可执行的 crate

最简单的crate二进制就是把一个rs源码文件编译成二进制文件。如果是稍微复杂的情况，则是在二进制crate程序中调用crate库中的函数。

【例10.2】 创建简单的可执行crate程序

步骤 01 在某个目录下（这里是E:\ex\pkg\myprj\）新建一个文本文件，然后输入代码如下：

```
fn main() {
    println!("Hello, world!");
}
```

代码很简单，就打印一句字符串"Hello, world!"。

步骤 02 打开命令行窗口并编译：

```
rustc main.rs
```

rustc默认情况下将生成可执行的crate。编译成功后，将在同目录下生成可执行文件main.exe，直接运行它将打印"Hello, world!"，结果如下：

```
E:\ex\pkg\myprj>main.exe
Hello, world!
```

10.1.3 可执行 crate 调用 crate 库

将不同的人开发的不同程序最后一起联调，就是模块化编程的基本思想，这样并行开发的方式可以大大加快开发进度。现在我们创建一个main.rs文件，在该文件中调用libcat.rilb中的函数。

【例10.3】 可执行crate调用crate库

步骤 01 在某个目录下（这里是E:\ex\pkg\myprj\）新建一个文本文件，然后输入代码如下：

```
fn main() {
    rary::public_function();

    // Error! `private_function` is private
    //rary::private_function();

    rary::indirect_access();
}
```

步骤 02 然后用下列命令编译：

```
rustc main.rs --extern cat=libcat.rlib --edition=2021
```

其中，--extern表示指定外部库的位置，此标志允许用户传递将链接到要构建的crate的外部crate的名称和位置，可以多次指定此标志。值的格式应为CRATENAME=PATH，这里是cat=libcat.rlib，即cat就是crate库名称（CRATENAME），库路径就是libcat.rlib，这里的路径只列出了文件名，说明就是在当前目录（即myprj目录）下。--edition表示指定要使用的版本，默认值为2015，这里用了较新的版本2021。

编译后将在同目录下生成可执行文件main.exe，然后执行main.exe这个文件：

```
E:\ex\pkg\myprj>main
called rary's `public_function()`
called rary's `indirect_access()`, that
> called rary's `private_function()`
```

可见，打印的是libcat.rlib中的函数，这说明我们调用成功了。

10.2 包

包（package）这个概念用于项目管理级别，而前面的箱用于编译单元的级别。包相当于把提供一系列功能的一个或多个箱组织在一起，并对其有效管理和构建。一个包会包含一个Cargo.toml文件，用于阐述如何构建这些箱。就像Linux中，gcc用于在命令行编译少量源码文件，而Makefile则可以构建多个文件，可以针对复杂的构建场景。

包是Cargo的一个功能，它允许用户构建、测试和分享箱。包是提供一系列功能的一个或者多个箱。一个包会包含有一个Cargo.toml文件，阐述如何构建这些箱。

包中可以包含至多一个库箱（library crate）、任意多个二进制箱（binary crate），但是必须至少包含一个箱（无论是库箱还是二进制箱）。

当然，我们刚开始学，肯定从最简单的开始，源代码不会非常多，在一线开发中，项目文件多的时候肯定会用到包。

既然箱可以创建可执行程序和库文件，那么包也可以创建可执行程序和库文件，可执行程序中包含一个main，而库不包含。

值得注意的是，包其实就是个项目工程，而箱只是一个编译单元，这样基本上就不会混淆这两个概念了：src/main.rs和src/lib.rs都是编译单元，因此它们都是箱。包通过Cargo创建，每一个包都有一个Cargo.toml文件。包包含箱的规则如下：

（1）只能包含0或1个类库箱。

（2）可以包含任意多个二进制箱。

（3）至少有一个箱可以是类库箱，也可以是二进制箱。

10.2.1 创建可执行类型的包

下面创建一个可执行包，打开Windows命令行窗口，定位到某个目录，输入命令：

```
E:\ex\pkg>cargo new myprj
    Created binary (application) `myprj` package
```

此时将自动生成myprj文件夹，里面有个src子文件夹和Cargo.toml文件。查看Cargo.toml的内容，会发现并没有提到src/main.rs，因为Cargo遵循一个约定：src/main.rs就是一个与包同名的二进制箱的箱根。同样，Cargo知道如果包目录中包含src/lib.rs，则包带有与其同名的库箱，且src/lib.rs是箱根。箱根文件将由Cargo传递给rustc来实际构建库或者二进制项目。如果一个包同时含有src/main.rs和src/lib.rs，则它有两个crate：一个二进制的和一个库的，且名字都与包相同。通过将文件放在src/bin目录下，一个包可以拥有多个二进制crate：每个src/bin下的文件都会被编译成一个独立的二进制crate。

子文件夹src中自动生成一个源代码文件main.rs。main.rs是二进制包的根文件，该二进制包的包名跟所属包相同，在这里都是myprj，所有的代码执行都从该文件中的fn main()函数开始。

进入myprj，然后直接使用cargo run编译运行该项目，输出：Hello, world!。

```
E:\ex\pkg>cd myprj

E:\ex\pkg\myprj>cargo run
   Compiling myprj v0.1.0 (E:\ex\pkg\myprj)
    Finished dev [unoptimized + debuginfo] target(s) in 7.51s
     Running `target\debug\myprj.exe`
Hello, world!
```

可以看到，通过cargo命令不必去找main.rs在哪里，直接在项目根文件夹下输入命令cargo run就可以编译main.rs，这就是包组织的结果，可以让我们更加方便地编译源代码文件，即使以后有多个源代码文件，我们也只需要输入cargo run命令即可，是不是很方便？

当编译一个crate时，编译器首先在crate根文件（通常，对于一个库crate而言是src/lib.rs，对于一个二进制crate而言是src/main.rs）中寻找需要被编译的代码。

此时在myprj\target\debug\下会生成一个可执行文件myprj.exe。我们可以手工直接运行它：

```
E:\ex\pkg\myprj\target\debug>myprj.exe
Hello, world!
```

10.2.2 仅编译包

cargo run包括编译和运行两个步骤，如果不想运行，仅想编译，则可以用Cargo构建命令：cargo build，此时仅编译会在debug目录下生成可执行文件。我们可以把myprj.exe删除，打开命令行窗口，进入项目根目录E:\ex\pkg\myprj，然后执行：

```
E:\ex\pkg\myprj>cargo build
    Finished dev [unoptimized + debuginfo] target(s) in 0.08s
```

接着，到E:\ex\pkg\myprj\target\debug下查看，可以发现myprj.exe又生成了。

10.2.3 创建库类型的包

除可执行类型的包外，Cargo还可以创建库类型的包。创建库类型的包的如下命令：

```
cargo new mylib --lib
```

其中，mylib是包的名称。然后在src下生成一个lib.rs文件，这个就是源代码文件，可以根据需要添加代码在里面。该文件通常称为该包的根文件。然后编译：

```
cargo build
```

执行后会在debug目录下生成一个libmylib.rlib文件，这个就是库文件。rlib是默认生成的库的后缀名，除此之外，还可以在mylib目录下的Cargo.toml文件中添加代码，以此来指定生成其他类型的库，比如在Cargo.toml末尾添加代码如下：

```
[lib]
crate-type = ["staticlib"]
name = "foo"
```

字段crate-type用来指定生成库的类型，name用来指定生成库的名称。这个时候，编译后将在debug目录下生成foo.lib，而且它是一个静态库，所以文件尺寸比较大。如果是Linux平台，则生成的是lib.a。

小结一下，Rust能创建的库的种类有下面几种。

- rlib：Rust库，这是cargo new默认的种类，只能被Rust调用。
- dylib：Rust规范的动态链接库，Windows上编译成.dll文件，Linux上编译成.so文件，也只能被Rust调用。
- cdylib：满足C语言规范的动态链接库，Windows上编译成.dll文件，Linux上编译成.so文件，可以被其他语言调用。
- staticlib：静态库，Windows上编译成.lib文件，Linux上编译成.a文件，可以被其他语言调用。

而且Cargo允许同时设置多种类型，同一套代码，同时编译为多种类型，比如：

```
[lib]
crate-type = ["rlib", "dylib", "cdylib", "staticlib"]
```

这样可以生成多种类型的库文件。

下面我们来看一个实例，创建一个库类型的包。

【例10.4】 创建库类型的包并被调用

步骤 **01** 打开命令行窗口，进入E:\ex\pkg，然后创建一个库类型的包，输入如下命令：

```
E:\ex\pkg>cargo new mylib --lib
    Created library `mylib` package
```

此时在E:\ex\pkg下会生成一个文件夹mylib，mylib下会生成一个子文件夹src，src下有一个lib.rs源文件，该文件通常称为该包的根文件。我们在lib.rs中添加一个函数，代码如下：

```
#[no_mangle]
pub extern "C" fn foo(a: i32, b: i32) {
    println!("in lib: a + b = {}", a + b);
}
```

#[no_mangle]表示生成的函数名经过编译后依然为foo，从而和C语言保持一致；extern "C"表示该函数可以提供给其他库或者语言调用，并且采用C语言的调用约定。

此时如果你进入mylib并试图运行mylib，会报错：

```
E:\ex\pkg\mylib>cargo run
error: a bin target must be available for `cargo run`
```

原因是库类型的包只能作为第三方库被其他项目引用，而不能独立运行，要由之前的二进制包来调用它才可以运行。

然后开始编译，在命令行下进入mylib目录，输入命令：

```
libmylib.rlib
```

此时，就可以在E:\ex\pkg\mylib\target\debug下看到编译生成的库文件libmylib.rlib了。下面我们在可执行类型的包中调用这个函数。

步骤 **02** 在命令行窗口中进入E:\ex\pkg，然后创建一个可执行类型的包，输入如下命令：

```
E:\ex\pkg>cargo new myprj
    Created binary (application) `myprj` package
```

然后在src/main.rs中输入代码如下：

```
extern crate mylib;   //声明外部箱，包其实就是对箱的管理，本质还是调用箱
//另外，mylib要和外面的crate名称一致
fn main() {
    mylib::foo(5, 7);  //调用箱中的函数foo，并传入参数5和7
}
```

然后打开myprj目录下的Cargo.toml，并在[dependencies]下添加依赖内容：

```
[dependencies]
mylib = { path = "../mylib/" }
```

步骤 03 在命令行下进入**myprj**进行编译运行：

```
E:\ex\pkg\myprj>cargo run
   Finished dev [unoptimized + debuginfo] target(s) in 0.07s
    Running `target\debug\myprj.exe`
in lib: a + b = 12
```

mylib中的foo函数调用成功，输出结果为12。

现在我们修改mylib中lib.rs代码的内容，看调用者运行结果是否有变化。打开mylib的src/lib.rs文件，把println语句改为：

```
println!("in lib: a * b = {}", a * b);
```

然后在命令行下进入**mylib**进行编译：

```
cargo build
```

此时将重新生成库，然后到**myprj**下进行编译运行：

```
cargo run
```

此时输出结果如下：

```
in lib: a * b = 35
```

由此可见，我们对库的修改会反馈到库的调用者。

10.2.4　包管理工具 Cargo

Cargo是Rust的构建系统和包管理器。大多数Rustacean使用Cargo来管理他们的 Rust 项目，因为Cargo可以处理很多任务，比如构建代码、下载依赖库并编译这些库。Cargo是一个工具，允许Rust项目声明其各种依赖项，并确保用户始终获得可重复的构建。为了实现这一目标，Cargo做了以下4件事：

（1）引入两个包含各种项目信息的元数据文件。

（2）获取并构建项目的依赖项。

（3）正确使用参数，以调用rustc或其他构建工具构建你的项目。

（4）更容易使用Rust项目的约定（规范/风格）。

我们使用这个工具时，通常使用以下命令。

1. 构建项目

构建项目使用如下命令：

```
cargo build
```

2. 使用Cargo来编译、运行项目

使用以下命令：

```
cargo run
```

运行结果与我们手动运行是一样的，run会自动执行编译和运行的步骤，我们上面已经编译过了，因此这里运行时就不需要再次编译了，Cargo很智能。注意，如果只是编译，用cargo build即可。

3. 检查代码

Cargo还提供了一个代码检查工具，该命令快速检查代码确保其可以编译，但并不会产生可执行文件，命令如下：

```
cargo check
```

当我们执行命令后，并没有报错，说明代码没有问题。但懒人不大用这个命令。

4. 发布Cargo项目

发布项目时，使用以下命令来优化编译项目，以让 Rust 代码运行得更快，不过启用这些优化需要消耗更长的编译时间。如下命令：

```
cargo build --release
```

还可以跟--debug，debug是为了方便开发，用户需要经常快速重新构建程序；release是为用户构建最终程序，不会经常重新构建，并且希望程序运行得越快越好。

开发项目所使用的cargo命令总结如下：

（1）使用cargo new创建项目。
（2）使用cargo build构建项目。
（3）使用cargo run一步构建并运行项目。
（4）使用cargo check在不生成二进制文件的情况下构建项目来检查错误。
（5）使用cargo build –release发布项目，Cargo 会将最终结果文件放到 target/release目录。

多说一句，我们还可以使用cargo clean命令来删除目标目录，即target目录。如果要了解更多的cargo命令的选项，可以输入cargo -list来查看。

10.2.5 典型的包结构

前面创建的包中仅包含src/main.rs文件，如果一个包同时拥有src/main.rs和src/lib.rs，那就意味着它包含两个箱：库箱和二进制箱。一个真实项目中典型的包会包含多个二进制箱，这些箱文件被放在src/bin目录下，每一个文件都是独立的二进制箱，同时也会包含一个库箱，该包只能存在一个src/lib.rs。一个典型的包结构如下：

```
├── Cargo.toml
├── Cargo.lock
├── src
```

```
|     ├──── main.rs
|     ├──── lib.rs
|     └──── bin
|          └──── main1.rs
|          └──── main2.rs
├──── tests
|     └──── some_integration_tests.rs
├──── benches
|     └──── simple_bench.rs
└──── examples
      └──── simple_example.rs
```

- 唯一库包：src/lib.rs。
- 默认二进制包：src/main.rs，编译后生成的可执行文件与包同名。
- 其余二进制包：src/bin/main1.rs和src/bin/main2.rs，它们会分别生成一个同名的二进制可执行文件。
- 集成测试文件：在tests目录下。
- 基准性能测试benchmark文件：在benches目录下。
- 项目示例：在examples目录下。

这种目录结构基本上是 Rust项目的标准目录结构，在GitHub的大多数项目上，读者都可以看到它的身影。

前面我们提过，一个包中，允许有一个库箱和多个二进制箱。例如一个复杂点的场景，有两个main函数，分别位于main.rs和main2.rs中：

```
(base) ➜  myprj git:(master) ✗ tree
.
├──── Cargo.lock
├──── Cargo.toml
└──── src
     ├──── lib.rs
     ├──── main.rs
     └──── main2.rs
```

【例10.5】 稍微复杂场景的项目

创建一个可执行包，打开Windows命令行窗口，定位到某个目录，输入命令：

```
E:\ex\pkg>cargo new myprj
    Created binary (application) `myprj` package
```

执行后，src目录下有一个main.rs，然后在src中再加两个文件lib.rs和main2.rs，lib.rs中的内容如下：

```
pub fn foo(){
    println!("foo in lib");
}
```

main2.rs中的内容如下：

```
fn main(){
    myprj::foo();
    println!("hello 2");
}
```

同时在main.rs中也加一行myprj::foo()，让它调用lib.rs中的foo()方法：

```
fn main() {
    myprj::foo();
    println!("Hello, world!");
}
```

看起来，我们有两个main入口函数了，运行一下看看结果如何：

```
E:\ex\pkg\myprj>cargo run
  Compiling myprj v0.1.0 (E:\ex\pkg\myprj)
   Finished dev [unoptimized + debuginfo] target(s) in 1.22s
    Running `target\debug\myprj.exe`
foo in lib
Hello, world!
```

看来运行成功了，从最后两行的输出来看，运行的是main.rs中的方法，即main2.rs中的main函数，并未识别成入口。继续在src下创建目录bin，然后把main.rs和main2.rs都移动到bin目录，然后运行：

```
E:\ex\pkg\myprj>cargo run
error: `cargo run` could not determine which binary to run. Use the `--bin` opti
on to specify a binary, or the `default-run` manifest key.
available binaries: main, main2
```

这次提示不一样了，大意是说有两个入口main和main2，不知道该运行哪一个，需要加参数明确告诉Cargo，加一个参数--bin main2：

```
E:\ex\pkg\myprj>cargo run --bin main2
  Compiling myprj v0.1.0 (E:\ex\pkg\myprj)
   Finished dev [unoptimized + debuginfo] target(s) in 0.90s
    Running `target\debug\main2.exe`
foo in lib
hello 2
```

这样就可以了。

10.2.6　引用外部库

前面我们引用的库都是自己编写的。现在引用外部已经实现好的库，这样可以避免重复造轮子。一门开发语言，拥有强大的第三方外部库是其生命力旺盛的重要特征。

Cargo除可以编译、运行、测试程序项目外，还可以针对程序项目进行程序建构（Build）时的细节调整，将不同程序项目组合成相同的工作空间（Workspace），还能搭配crates.io来使用，利用程序项目的相依关系快速取得crates.io上的套件，或者反过来将我们开发完成的函数库发布到crates.io上。

废话不多说，直接上示例。此示例需要生成一个随机数，由于内部标准库不提供随机数生成逻辑，因此我们需要查看外部库。我们将使用https://crates.io网站上的crates.io。

https://crates.io/crates/rand提供了一个随机的Rust数字生成示例，该网页上显示当前rand程序的版本是0.8.5，如图10-1所示。

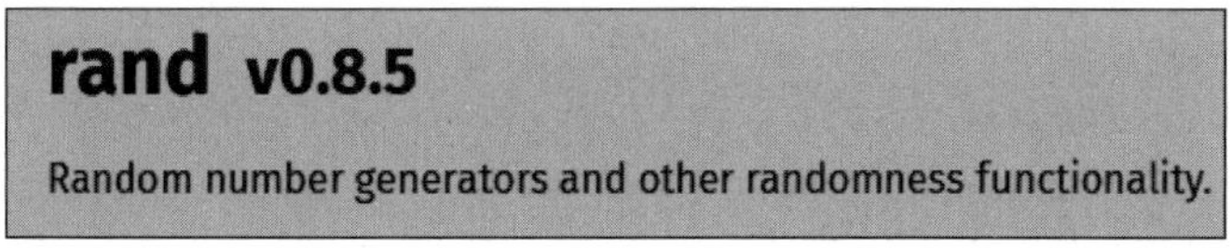

rand v0.8.5

Random number generators and other randomness functionality.

图 10-1

在下面的示例中，我们将引用rand程序。

【例10.6】　使用外部库随机数

步骤 **01**　创建一个可执行包，打开Windows命令行窗口，定位到某个目录，输入命令：

```
E:\ex\pkg>cargo new myprj
    Created binary (application) `myprj` package
```

打开Cargo.toml，在[dependencies]下添加：

```
rand="0.8.5"
```

步骤 **02**　配置Rust国内源。由于国外源比较慢，有可能会导致下载失败，所以我们需要配置国内的软件源，在C:\Users\Administrator\.cargo\下新建一个文件文件，输入如下内容：

```
[source.crates-io]
registry = "https://mirrors.aliyun.com/crates.io"
replace-with = 'ustc'

[source.ustc]
registry = "git://mirrors.ustc.edu.cn/crates.io-index"
```

另存为名为config的文件，不要有后缀。注意，如果是在Linux下，则把config文件放到$HOME/.cargo/下。然后打开命令行窗口，进入E:\ex\pkg\myprj，输入构建命令：

```
E:\ex\pkg\myprj>cargo build
    Updating `ustc` index
  Downloaded cfg-if v1.0.0 (registry `ustc`)
  Downloaded rand_chacha v0.3.1 (registry `ustc`)
  ...
  Compiling rand_chacha v0.3.1
  Compiling rand v0.8.5
  Compiling myprj v0.1.0 (E:\ex\pkg\myprj)
   Finished dev [unoptimized + debuginfo] target(s) in 7m 00s
```

稍等片刻，下载完毕。有时会出现这样的提示：

```
Blocking waiting for file lock on package cache
```

导致卡在这里，让人十分恼火。此时可以打开文件夹 C:\Users\yourname\.cargo，删除.package_cache文件。

步骤 03 编辑源代码文件。打开src\main.rs，输入代码如下：

```rust
use std::io;
extern crate rand;
//导入外部包
use rand::random;
fn get_guess() -> u8 {
    loop {
        println!("Input guess") ;
        let mut guess=String::new();
        io::stdin().read_line(&mut guess)
         .expect("could not read from stdin");
        match guess.trim().parse::<u8>(){
            Ok(v) => return v,
            Err(e) => println!("could not understand input {}",e)
        }
    }
}
fn handle_guess(guess:u8,correct:u8)-> bool {
    if guess < correct {
        println!("Too low");
        false

    } else if guess> correct {
        println!("Too high");
        false
    } else {
        println!("You got it ...");
        true
    }
}
fn main() {
    println!("Welcome to no guessing game");

    let correct:u8=random();
    println!("correct value is {}",correct);
    loop {
        let guess=get_guess();
        if handle_guess(guess,correct){
            break;
        }
    }
}
```

在代码中，我们首先得到一个随机数，然后显示这个随机数，接着让用户输入一个数字，如果输入的数字正好等于随机数，则显示"You got it…"。

步骤 04 编译运行。输入命令cargo run，运行结果如下：

```
Welcome to no guessing game
correct value is 94
Input guess
94
You go it ..
```

程序每次运行，所得的随机数都是不同的。至此，我们把外部库的随机数功能调用起来了。

现在，我们既可以调用自己编写的库，又可以调用第三方外部库。这样就大大增强了我们的编程能力，因为有很多第三方库可以直接拿来使用。其实，除调用库外，我们还可以调用可执行文件。比如下面的示例中，我们会先后调用两个可执行程序，一个是计算器程序，另一个是记事本程序。这是模拟这样的场景，有些程序需要做完一些前置步骤，才能进行下一步。

调用第三方可执行程序，需要用到Rust标准库std::process::Command中的new函数。标准库可以认为是Rust内置的库，而前面的仓库网站https://crates.io上的库通常称为第三方库。

【例10.7】 先后调用计算器和记事本程序

步骤 01 创建一个可执行包，打开Windows命令行窗口，定位到某个目录，输入命令：

```
E:\ex\pkg>cargo new myprj
    Created binary (application) `myprj` package
```

然后在myprj下新建一个build.rs，这个文件中的程序会在构建（cargo build）阶段执行，输入如下内容：

```
use std::process::Command;

fn main() {
    Command::new("c:\\windows\\system32\\calc.exe").status().unwrap();
}
```

Command::new的参数是可执行程序的全路径，然后调用status().unwrap();执行这个程序。为了让build.rs在cargo build阶段执行，我们还需要在Cargo.toml中的[package]节的末尾添加一行代码，如下所示：

```
[package]
name = "myprj"
version = "0.1.0"
edition = "2021"
build = "build.rs"    #这是新添加的
```

保存并关闭这个文件。此时如果再打开命令行窗口，并定位到myprj目录后执行命令cargo build，就会出现一个计算器程序。

步骤 02 下面在main.rs中添加调用记事本程序的代码：

```
use std::process::Command;

fn main() {
    Command::new("c:\\windows\\system32\\notepad.exe").arg(&("D:\\in.txt"))
.status().unwrap();
}
```

这次稍微复杂一些，因为我们为notepad.exe传入了一个参数"D:\\in.txt"，这样运行notepad.exe时，将打开D:\\in.txt文件并显示。因此，我们需要先在D盘下建立一个文本文件in.txt，然后随便输入一些内容，比如abc。

步骤 03 打开命令行窗口，并定位到myprj目录后执行cargo run命令，因为cargo run命令本身会先构建（cargo build），所以先执行的是build.rs，此时将先出现计算器程序，并且阻塞在那里，要等用户关闭计算器程序后，再运行main.rs中的内容，即显示记事本程序。运行结果如图10-2所示。

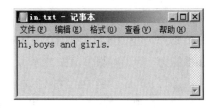

图 10-2

如果计算器程序没出来，可以把myprj目录下的Cargo.lock删除后再运行。

10.3 模　　块

模块可以是一个文件多个模块，也可以是一个文件一个模块，模块可以被认为是真实项目中的代码组织单元。

10.3.1 模块的定义

在Rust中，可以使用mod关键字来定义一个代码模块。模块可以包含其他模块、函数、结构体、枚举和常量等内容。模块可以嵌套，形成层次结构。下面是一个简单的示例，用于演示如何定义一个模块：

```
mod my_module {
    // 模块内部的代码
    // 函数、结构体、枚举、常量等
}
```

在上述示例中，我们使用mod关键字定义了一个名为my_module的模块。模块的定义位于花括号"{}"内部。在模块内部，我们可以定义各种内容，如函数、结构体、枚举和常量等。

另外，如果调用者函数（比如main）和模块实现代码在同一个文件中，通常需要用mod来定义模块代码，这样才能让调用者知道某个函数是模块中的函数，方便调用者调用my_module::func()。如果模块实现代码和调用者不在同一个文件中，那么模块实现代码不必使用mod关键字来定义。这个时候一般用以下两种方式让调用者知道模块的存在。

（1）第一种方式是通过文件夹名来感知模块。这种方式通常是在src目录下新建一个子目录，比如子目录的名称是add，然后在子目录add下新建模块实现文件mod.rs，这个mod.rs必须用这个文件名。在mod.rs中实现功能函数（比如myf），注意函数名前要用pub，表示可以让外部文件访问该函数。然后在调用者文件（比如main.rs）中，使用mod add来声明文件，然后就可以调用了，比如：

```
mod add;               //这里的模块名必须和子文件夹名称add相同
fn main()
{
    add::myf();
}
```

（2）第二种方式更加简单，在src目录下新建模块文件add.rs，然后在add.rs中实现功能函数即可，同样函数名前要添加pub关键字。然后在调用者文件（比如main.rs）中使用mod add来声明文件，就可以调用了，比如：

```
mod add;               //这里的模块名必须和模块实现文件add.rs的前缀add相同
fn main()
{
    add::myf();
}
```

这两种方式的模块实现文件mod.rs和add.rs中都不再需要关键字mod了。说来说去，原理很简单，无论是文件夹名还是文件名，都是让调用者能找到模块代码的老巢。

10.3.2　模块的结构

模块内部的结构可以根据需要灵活组织。例如，可以将相关的函数放在同一个模块内，将不同的功能组织在不同的模块中，以便更好地管理和维护代码。一个模块内部可以包含以下内容。

（1）函数：定义和实现特定功能的函数。
（2）结构体：定义和实现自定义的数据结构。
（3）枚举：定义和实现枚举类型。
（4）常量：定义和实现常量值。

下面是一个示例，用于演示模块内部的结构：

```
mod my_module {
    // 函数定义
    fn greet() {
        println!("Hello, world!");
    }

    // 结构体定义
    struct Person {
        name: String,
        age: u32,
    }

    // 枚举定义
```

```
enum Color {
    Red,
    Green,
    Blue,
}

// 常量定义
const PI: f64 = 3.14159;
}
```

在上述示例中，我们在模块my_module内部定义了函数greet、结构体Person、枚举Color和常量PI。这些内容可以根据需要进行组织和扩展。

10.3.3 模块的访问控制

在Rust中，模块提供了访问控制的机制，可以限制模块内部的内容对外的可见性。通过使用pub关键字可以指定哪些内容对外可见。下面是一个示例，用于演示如何控制模块内部内容的可见性。

```
mod my_module {
    // 公开函数
    pub fn greet() {
        println!("Hello, world!");
    }

    // 私有函数
    fn secret_function() {
        println!("This is a secret function.");
    }
}
```

在上述示例中，我们使用pub关键字将greet函数标记为公开的，可以在模块外部访问。而secret_function函数没有使用pub关键字，因此它是私有的，只能在模块内部访问。通过控制模块内部内容的可见性，可以提高代码的安全性和封装性。

Rust中有两种简单的访问权：公共的和私有的。默认情况下，如果不加修饰符，模块中的成员访问权将是私有的。如果想使用公共权限，需要使用pub关键字。对于私有模块，只有在与其平级的位置或下级的位置才能访问，不能从其外部访问。示例代码如下：

```
mod nation {
    pub mod government {
        pub fn govern() {}
    }

    mod congress {
        pub fn legislate() {}
    }

    mod court {
        fn judicial() {
            super::congress::legislate();
        }
    }
```

```
    }
}
fn main() {
    nation::government::govern();
}
```

这段程序是能通过编译的。请注意观察court模块中super的访问方法。如果模块中定义了结构体，结构体除其本身是私有的外，其字段也默认是私有的。所以如果想使用模块中的结构体及其字段，需要pub声明：

```
mod back_of_house {
    pub struct Breakfast {
        pub toast: String,
        seasonal_fruit: String,
    }

    impl Breakfast {
        pub fn summer(toast: &str) -> Breakfast {
            Breakfast {
                toast: String::from(toast),
                seasonal_fruit: String::from("peaches"),
            }
        }
    }
}
pub fn eat_at_restaurant() {
    let mut meal = back_of_house::Breakfast::summer("Rye");
    meal.toast = String::from("Wheat");
    println!("I'd like {} toast please", meal.toast);
}
fn main() {
    eat_at_restaurant()
}
```

运行结果如下：

```
I'd like Wheat toast please
```

类似的还有枚举体，比如：

```
mod SomeModule {
    pub enum Person {
        King {
            name: String
        },
        Queen
    }
}

fn main() {
    let person = SomeModule::Person::King{
        name: String::from("Blue")
    };
```

```
    match person {
        SomeModule::Person::King {name} => {
            println!("{}", name);
        }
        _ => {}
    }
}
```

运行结果如下：

```
Blue
```

pub的可见性还可以分为以下三类。

（1）pub：成员对模块可见。

（2）pub(self)：成员对模块内的子模块可见。

（3）pub(crate)：成员对整个crate可见。

【例10.8】 pub的三种可见性

步骤01 打开VS Code，输入代码如下：

```
mod test {
    pub const MSG: &str = "Hello World!";
    pub(self) const NUM: u32 = 32;

    pub(crate) enum CrateNum {
        Item = 4
    }

    pub mod inner {
        pub fn say() {
            println!("{}", super::NUM);
        }
    }
}

fn main() {
    println!("{}", test::MSG);
    println!("{}", test::CrateNum::Item as u32);
    test::inner::say();
}
```

我们分别使用pub(self)、pub(crate)和pub。

步骤02 编译运行，运行结果如下：

```
Hello World!
4
32
```

10.3.4 模块的基本使用

在Rust中，可以使用 use 关键字引入模块及其内部的内容，以便在其他地方直接使用。下面是一个示例，用于演示如何使用模块：

```
mod my_module {
    //函数定义
    pub fn greet() {
        println!("Hello, world!");
    }
}

//在其他地方使用模块和函数
use my_module::greet;

fn main() {
    greet();              //调用模块内部的函数
}
```

在上述示例中，我们定义了模块my_module并在其中定义了函数greet。然后，在main函数中，使用use关键字引入了my_module::greet函数，使其可直接在main函数中调用。通过使用use关键字，我们可以简化代码，并提高代码的可读性和可维护性。

至此，我们详细解析了Rust中模块的概念，包括模块的定义、结构、访问控制及其使用。通过模块的使用，我们可以更好地组织和管理代码，以提高代码的可维护性和可重用性。

10.3.5 创建嵌套模块

模块也可以嵌套，也就是在模块中定义模块。

【例10.9】 嵌套模块的使用

步骤 01 创建一个可执行包，打开Windows命令行窗口，定位到某个目录，输入命令：

```
E:\ex\pkg>cargo new myprj
    Created binary (application) `myprj` package
```

执行后，src目录下有一个main.rs，在main.rs中添加代码：

```
mod a {
    pub fn foo_a_1() {
        println!("foo_a_1");
    }

    fn foo_a_2(){
        println!("foo_a_2");
    }

    mod b {          //模块b嵌套在模块a中
        pub fn foo_b() {
            foo_a_2();
```

```
            println!("foo_b");
        }
    }
}

fn main() {
    a::foo_a_1();
    a::foo_a_2();
    a::b::foo_b();
}
```

我们用mod关键字定义了模块a，里面还嵌套了模块b。然后在main方法中尝试调用a模块的方法，及其子模块b中的方法。

通过cargo build命令编译一下，会发现各种报错：

```
E:\ex\pkg\myprj>cargo build
    Compiling myprj v0.1.0 (E:\ex\pkg\myprj)
error[E0425]: cannot find function `foo_a_2` in this scope
...
```

从提示来看，主要是私有的问题：默认情况下，Rust中的函数以及模块都是在private作用域，外界无法访问，所以要改成pub。修改一下：

```
mod a {
    pub fn foo_a_1() {
        println!("foo_a_1");
    }

    //修改1: 加pub
    pub fn foo_a_2(){
        println!("foo_a_2");
    }

    //修改2: 加pub
    pub mod b {
        pub fn foo_b() {
            //修改3: 调用父mod的方法，要加super关键字
            super::foo_a_2();
            println!("foo_b");
        }
    }
}

fn main() {
    a::foo_a_1();
    a::foo_a_2();
    a::b::foo_b();
}
```

再运行：

```
E:\ex\pkg\myprj>cargo run
    Compiling myprj v0.1.0 (E:\ex\pkg\myprj)
     Finished dev [unoptimized + debuginfo] target(s) in 0.91s
```

```
        Running `target\debug\myprj.exe`
foo_a_1
foo_a_2
foo_a_2
foo_b
```

正常了，但是这里可能有读者会有疑问：mod a不也没加pub关键字吗，为什么main能正常调用？可以先记一条规则：如果模块x与main方法在一个.rs文件中，且x处于最外层，则main方法可以调用x中的方法。

再微调一下代码：

```
mod a {
    //修改：去掉pub
    fn foo_a_2(){
        println!("foo_a_2");
    }

    pub mod b {
        pub fn foo_b() {
            super::foo_a_2();
        }
    }
}

fn main() {
    a::b::foo_b();
}
```

再次运行：

```
E:\ex\pkg\myprj>cargo run
   Compiling myprj v0.1.0 (E:\ex\pkg\myprj)
    Finished dev [unoptimized + debuginfo] target(s) in 0.79s
     Running `target\debug\myprj.exe`
foo_a_2
```

奇怪，这里父模块mod a中的foo_a_2没加pub，也就是默认为private，为什么子模块b能正常调用？又是一条规则：子模块可以调用父模块中的private函数，但是反过来是不行的。

步骤 02 简化访问路径。前面介绍过，main.rs就是Cargo的入口，也可以理解为Cargo的根，所以就本小节的示例而言：

```
a::b::foo_b();
```

或

```
self::a::b::foo_b();
```

或

```
crate::a::b::foo_b();
```

是等效的，就好比文件D:\a\b\1.txt，如果当前已经在D:\根目录下，则

```
a\b\1.txt
```

或

```
D:\a\b\1.txt
```

或

```
.\a\b\1.txt
```

都能访问。

用全路径crate::a::b::foo_b()虽然能访问，但是代码看着太啰唆了，可以用use来简化：

```
mod a {
    fn foo_a_2(){
        println!("foo_a_2");
    }

    pub mod b {
        pub fn foo_b() {
            super::foo_a_2();
        }
    }
}

use crate::a::b::foo_b;

fn main() {
    use crate::a::b::foo_b as x;
    foo_b();
    x();
}
```

运行结果如下：

```
foo_a_2
foo_a_2
```

从上面的示例可以看到，use既可以在函数体内，也可以在函数体外，当两个模块的函数有重名时，可以用use…as…来取个别名。

步骤 **03** 将mod拆分到多个文件。把mod a与b拆分到a.rs和b.rs，与main.rs放在同一个目录。其中a.rs代码如下：

```
pub mod a {
    pub fn foo_a_2(){
        println!("foo_a_2");
    }
}
```

b.rs代码如下：

```
pub mod b {
    use crate::a::a::foo_a_2;
    pub fn foo_b() {
```

```
        foo_a_2();
    }
}
```

然后，把main.rs中的代码改为：

```
mod a;
mod b;
fn main() {
    a::a::foo_a_2();
    b::b::foo_b();
}
```

注意main.rs的前两行，与常规mod不同的是，mod x后，并没有{…}代码块，而是;号，Rust会在同级目录下默认去找x.rs。为何这里是a::a::，连写两个a？因为最开始声明的是mod a;，这里面已有一个模块a，而a.rs中的首行又定义了一个pub mod a，所以最终就是a::a::。

运行结果如下：

```
E:\ex\pkg\myprj>cargo run
   Compiling myprj v0.1.0 (E:\ex\pkg\myprj)
    Finished dev [unoptimized + debuginfo] target(s) in 1.97s
     Running `target\debug\myprj.exe`
foo_a_2
foo_a_2
```

如果mod太多，都放在一个目录下，就会显得很乱，可以建个目录，把mod放到该目录下。我们在src目录下新建一个名为abc的目录，然后把a.rs和b.rs放到abc下。这时要在该目录下新增一个mod.rs，用于声明该目录下有哪些模块，在mod.rs中添加代码如下：

```
pub mod a;
pub mod b;
```

然后，在b.rs中引用a模块时，路径也要有所变化，将b.rs中的代码改为：

```
pub mod b {
    use crate::abc::a::a::foo_a_2;
    pub fn foo_b() {
        foo_a_2();
    }
}
```

在main.cs中也要相应调整：

```
mod abc;

fn main() {
    abc::a::a::foo_a_2();
    abc::b::b::foo_b();
}
```

目录abc本身就视为一个mod，所以main.rs中的mod abc;就是声明abc目录为一个mod，然后根据abc/mod.rs进一步找到a和b两个mod。

最终运行结果如下：

```
E:\ex\pkg\myprj>cargo run
   Compiling myprj v0.1.0 (E:\ex\pkg\myprj)
    Finished dev [unoptimized + debuginfo] target(s) in 0.83s
     Running `target\debug\myprj.exe`
foo_a_2
foo_a_2
```

这个实例讲述得有点啰唆，我们再看一个嵌套层次深一点的实例，下面的实例在
movies/english/comedy模块中定义了play函数。

【例10.10】 让嵌套层次深一点

步骤01 打开VS Code，输入代码如下：

```
pub mod movies {
    pub mod english {
        pub mod comedy {
            pub fn play(name:String) {
                println!("Playing comedy movie {}",name);
            }
        }
    }
}
use movies::english::comedy::play;              //导入公共模块

fn main() {
    //短路径语法
    play("Herold and Kumar".to_string());
    play("The Hangover".to_string());

    //full path syntax
    movies::english::comedy::play("Airplane!".to_string());
}
```

comedy模块嵌套在 english 模块中，该模块进一步嵌套在 movies 模块中。

步骤02 编译运行，运行结果如下：

```
Playing comedy movie Herold and Kumar
Playing comedy movie The Hangover
Playing comedy movie Airplane!
```

10.3.6 多模块多文件

前面我们几乎把模块代码及其调用者（比如main函数）都写在一个文件中，这样的耦合性太
强了，而且不利于多人并行开发。因此，我们需要把模块代码和调用者分开，分别放置在不同的文
件中。

通常，每个文件夹下有一个mod.rs文件来控制struct/func/等的导出，用来给外部函数使用。下面我们来看一个实例，该程序中定义两个模块，分别用来实现两数相加和相减功能，这两个模块分别位于add/mod.rs和sub/mod.rs中，然后供外部主函数文件main.rs调用。由于文件名是 mod.rs，因此不再需要在文件中用mod关键字，Rust编译器知道这个文件中的代码是个模块。

【例10.11】　通过mod.rs实现多模块

步骤 **01** 打开VS Code，单击菜单Terminal→New Terminal，执行命令cargo new myrust来新建一个Rust工程，工程名是myrust。然后在VS Code下打开myrust文件夹，选中src，并在src目录下新建两个子文件夹add和sub，然后选中add，在add下新建文件mod.rs，并添加代码如下：

```
// 计算两个数的加法
pub fn myadd(a: i32, b: i32) -> i32 {
    return a + b;
}
```

注意，fn前面要有pub这个关键字，这样可以被外部其他文件访问。然后选中sub，在sub下新建文件mod.rs，并添加代码如下：

```
pub fn mysub(a: i32, b: i32) -> i32 {
    return a - b;
}
```

好了，加法和减法实现完毕后，就可以在main.rs中调用了。打开main.rs，并添加代码如下：

```
mod add;   //声明模块add
mod sub;   //声明模块sub

fn main() {
    let r:i32 = add::myadd(8,9);   //调用模块add中的函数myadd
    println!("sum={}",r);

    let r:i32 = sub::mysub(8,9);   //调用模块sub中的函数mysub
    println!("dif={}",r);
}
```

开头用mod关键字分别声明了两个模块，但要注意，add和sub其实是两个文件夹名称，模块源码在这个文件夹下的mod.rs中。声明模块后，就可以在main函数中调用了，并打印出运算结果。

步骤 **02** 单击右上角的三角运行按钮，运行结果如下：

```
sum=17
dif=-1
```

结果正确。另外，在一线开发中，模块功能的实现代码不放在mod.rs中，而且在mod.rs同目录下另外建立一个源文件来存放实现代码，如图10-3所示。

图 10-3

这是后面章节我们做的贪食蛇项目的文件结果，此时3个mod.rs中的内容分别是：

```
// snake_game/mod.rs
pub mod game;

// snake_snake/mod.rs
pub mod snake;

// snake_window/mod.rs
pub mod draw;
```

做到这里或许有人觉得烦，就为了把实现代码和调用者分开，还要建立不同的文件夹，真是啰唆。的确，如果整个工程规模小，为模块建立文件夹是挺烦人的。但请放心，Rust不会如此老古板，我们完全可以不用为模块建立文件夹，而且文件名也不必是mod.rs。下面的实例准备把模块文件和调用者（main.rs）放在同一个文件夹下。

【例10.12】 同级目录实现多模块

步骤 01 打开VS Code，单击菜单Terminal→New Terminal，执行命令cargo new myrust来新建一个Rust工程，工程名是myrust。然后在VS Code下打开myrust文件夹，然后选中src，并在src目录下新建文件add.rs，并添加代码如下：

```
pub fn myadd(a: i32, b: i32) -> i32 {
    return a + b;
}
```

注意该函数被pub修饰，可以被外部访问。然后在src下新建文件 sub.rs，并添加代码如下：

```
pub fn mysub(a: i32, b: i32) -> i32 {
    return a - b;
}
```

好了，加法和减法实现完毕后，就可以在main.rs中调用了。打开main.rs，并添加代码如下：

```
mod add;  //声明模块add
mod sub;  //声明模块sub

fn main() {
    let r:i32 = add::myadd(8,9);            //调用模块add中的函数myadd
    println!("sum={}",r);

    let r:i32 = sub::mysub(8,9);            //调用模块sub中的函数mysub
    println!("dif={}",r);
}
```

步骤 02 单击右上角的三角运行按钮，运行结果如下：

```
sum=17
dif=-1
```

现在是不是感觉清爽多了，不需要建那么多文件夹了。另外，如果我们不想在main函数中使用add::myadd这样的形式，也可以自定义，此时需要在main.rs开头使用use关键字：

```
use add as msl;
use add::myadd;
use add::myadd as plus;
```

这样，在main函数中可以这样调用：

```
msl::myadd(8,9);
myadd(8,9);
plus(8,9);
```

10.4　工作区的概念

工作区（Workspace）也称工作空间。如果以后要开发多个项目，就可能会用到工作区，工作区就是用来管理多个项目的。现在我们初学或许用不到工作区，但可以了解一下。

如果我们要开发的项目很庞大，可以将其分割成多个子项目，利用工作区组合起来使用。工作区由多个程序项目组成，可以使这些程序项目共享同一个Cargo.lock文件和输出目录。

创建一个工作空间的方式很简单，只要创建一个空目录，并在这个空目录中添加一个Cargo.toml设置档，接着在设置档内添加[workspace]区块，将这个工作空间所包含的其他程序项目名称设置到members项目中即可。

举例来说，若我们的工作区底下有lib1、lib2这两个程序项目，则Cargo.toml设置档的如下内容：

```
[workspace]
    members = [
        "lib1",
        "lib2"
    ]
```

接着将程序项目加入工作空间中，或者直接在工作空间中创建新的程序项目。举例来说，若我们的工作空间底下有lib1、lib2这两个程序项目，则工作空间的文件目录结构如下：

```
├── Cargo.toml
├── lib1
│   ├── Cargo.toml
│   └── src
│       └── lib.rs
├── lib2
│   ├── Cargo.toml
│   └── src
│       └── lib.rs
├── (target)
└── (Cargo.lock)
```

工作空间目录中的target目录和Cargo.lock会在编译整个工作空间时自动产生。

10.5　标准库概述

标准库是模块化编程思想的一个重要体现，它把常见的功能（比如输入输出、数学计算等）放在库中供用户调用，避免了用户重复造轮子，提高了工作效率。

现代高级语言的标准库是开发语言的一个紧密的组成部分，开发语言的很多特性实际上是由标准库实现的。Rust的库也是如此，但比其他语言的标准库更强大，其他语言的编程目标是在操作系统上运行用户态程序，只需要考虑一种模型。Rust的编程目标是加上操作系统内核，需要考虑内核与用户态两种模型。C语言解决这个问题的方法是只提供用户态的标准库，操作系统内核的库由个操作系统自行实现。

Rust的现代语言特性决定了标准库无法象C语言那样把操作系统内核及用户态程序区分成完全独立的两个部分，所以只能更细致地设计，做模块化的处理。Rust标准库体系分为三个模块：语言核心库core、alloc库和用户态std库。当然，我们在一本书中不可能介绍全部标准库的内容，只要掌握常见的即可。

core库是Rust语言的核心库，适用于操作系统内核及用户态，包括Rust的基础类型、基本trait、类型方法函数等内容。core 库是硬件架构和操作系统无关的可移植库。主要内容包括：

（1）编译器内置intrinsics函数，包括内存操作函数、算数函数、位操作函数等，这些函数通常与CPU硬件架构紧密相关，且一般需要汇编来提供最佳性能。intrinsic函数实际上也是对CPU指令的屏蔽层。

（2）基本trait。

（3）运算符（ops）trait，主要是各种用于表达式的Rust符号重载，包括算术运算符号、逻辑运算符号、位操作符号、解引用（*）符号、[index]数组下标符号、../start..end/start../start..=end/..end/..=end Range符号、?号、||{…}闭包符号等，Rust的原则是所有的运算符号都要能重载，所以所有运算操作都定义了重载trait。

（4）编译器内部实现的派生宏trait。

（5）迭代器（Iterator），Rust基础构架之一，也是Rust所有学习资料的重点。此处不再赘述，本书后面章节将关注其代码实现。

（6）类型转换trait，包括AsRef、AsMut、From、Into、TryFrom、TryInto、FloatToInt、FromStr。

（7）字符串trait。

（8）异步编程trait。

（9）内存相关trait。

（10）基本数据类型，包括整数类型、浮点类型、布尔类型、字符类型，单元类型、内容主要是实现运算符trait、类型转换trait、派生宏trait等，字符类型包括对Unicode、ASCII等不同编码的处理。整数类型有大小端变换的处理。

（11）数组、切片及Range。这些类型是对Iterator Trait、运算符trait、类型转换trait、派生宏trait的实现。同时，实现了基于这些数据结构的一些操作函数。这些函数可具体参考std库说明文档，都是熟悉的内容。后续会对Rust实现中的一些特殊点专门说明。

（12）Option/Result/Marker等关键的语言级别Enum类型。

（13）Rust字符串相关库，如字符串str、string、fmt、panic、debug、log等。

（14）Rust时间库，比如Duration等。

alloc库主要实现需要进行动态堆内存申请的智能指针类型、集合类型及其方法等内容，这些仅需要建立在core库模块之上，std会对alloc模块库的内容进行重新封装。alloc库适用于操作系统内核及用户态程序，包括：

（1）基本内存申请，比如Allocator trait等。

（2）基础智能指针。

（3）动态数组内存类型，比如RawVec、Vec等。

（4）字符串类型，比如&str、String等。

（5）并发编程指针类型，比如Arc。

（6）指针内访问类型，比如Cell、RefCell等。

std是在操作系统支撑下运行的、只适用于用户态程序的库，core库实现的内容基本在std库也有对应的实现。其他内容主要是将操作系统调用封装为适合Rust特征的结构和trait，包括：

（1）进程、线程库。

（2）网络库。

（3）文件操作库。

（4）环境变量及参数。

（5）互斥与同步库，读写锁。

（6）定时器。

（7）输入输出的数据结构。

（8）系统事件，对epoll、kevent等的封装。

可以将std库看作基本常用的容器类型及操作系统封装库。

Rust的目标和现代编程语言的特点，决定了它的库需要细致的模块化设计。Rust的alloc库和std库都是基于core库。Rust的库设计得非常巧妙和仔细，使得Rust完美地实现了对各种硬件架构平台的兼容，以及对各种操作系统平台的兼容。

第 **11** 章
标准库中的字符串对象

Rust 语言提供了两种字符串：

（1）字符串字面量&str，它是 Rust 核心内置的数据类型。

（2）标准库中的字符串对象 String，它不是 Rust 核心的一部分，只是 Rust 标准库中的一个公开 pub 结构体。

本章介绍字符串对象。

11.1 概　　述

字符串对象是Rust标准库提供的内建类型。与字符串字面量不同的是，字符串对象并不是Rust核心内置的数据类型，它只是标准库中的一个公开pub的结构体。字符串对象在标准库中的定义语法如下：

```
pub struct String
```

字符串对象是一个长度可变的集合，它是可变的，而且使用 UTF-8 作为底层数据编码格式。字符串对象在堆（Heap）中分配，可以在运行时提供字符串值以及相应的操作方法。

11.2 创建字符串对象

要创建一个字符串对象，有两种方法：一种是创建一个新的空字符串对象，使用 String::new()静态方法，比如：

```
let empty_string = String::new();
```

另一种是根据指定的字符串字面量（也就是字符串常量）来创建字符串对象，使用 String::from() 方法，比如：

```
let content_string = String::from("核污水");
```

下面来看一个实例，我们分别使用String::new()方法和String::from() 方法创建字符串对象，并输出字符串对象的长度。值的注意的是，Rust中的字符用的是Unicode编码，因此每个字符固定占据4字节内存空间。虽然字符串是由字符组成的连续集合，但字符串用的是UTF-8编码，也就是字符串中的字符所占的字节数是变化的（1～4），这样有助于大幅降低字符串所占用的内存空间。

【例11.1】 创建字符串对象并输出长度

步骤 **01** 在命令行下用命令cargo new myrust新建一个Rust项目。

步骤 **02** 打开VS Code，再打开文件夹myrust，然后在VS Code中打开src下的main.rs，然后输入代码如下：

```
fn main(){
    let empty_string = String::new();              //创建一个新的空字符串对象
    println!("长度是 {}",empty_string.len());        //调用len函数输出字节长度

    let content_string = String::from("abc");        //用字符串常量创建一个字符串对象
    println!("lenght: {}",content_string.len());      //调用len函数输出字节长度

    let content_string = String::from("核污水");      //用字符串常量创建一个字符串对象
    println!("lenght: {}",content_string.len());      //调用len函数输出字节长度
}
```

编译运行以上 Rust 代码，输出结果如下：

```
length: 0
lenght: 3
lenght: 9
```

字符串对象用的是UTF-8编码，其中，"abc"的UTF-8编码的十六进制形式是0x616263，一共3字节，因此"abc"的长度是3。核这个汉字的UTF-8编码的十六进制形式是0xe6a0b8，正好3字节；污的UTF-8编码的十六进制形式是0xe6b1a1，也是3字节；水的UTF-8编码的十六进制形式是\xe6\xb0\xb4，也是3字节。因此，"核污水"的长度是9。

顺便介绍一下UTF-8，UTF-8是一种针对Unicode的可变长度字符编码，又称万国码，由Ken Thompson于1992年创建，现在已经标准化为RFC 3629。UTF-8用1～6字节编码Unicode字符，用在网页上可以统一页面显示中文简体、繁体及其他语言（如英文、日文、韩文）。现在有不少在线网站可以对字符进行UTF-8编码，比如https://www.jisuan.mobi/mX3.html。

11.3 字符串对象常用的方法

本节开始介绍Rust字符串的修改、添加、删除等常用的方法，进一步了解Rust字符串。掌握了这些方法，才是真正掌握字符串。

11.3.1 as_bytes 得到字符串内容的字节切片

as_bytes函数可以返回字符串内容的字节切片。该函数声明如下：

```
pub fn as_bytes(&self) -> &[u8]
```

示例代码如下：

```
let s = String::from("hello");
assert_eq!(&[104, 101, 108, 108, 111], s.as_bytes());
println!("{:?}",s.as_bytes()); //结果输出[104, 101, 108, 108, 111]
```

这个结果[104, 101, 108, 108, 111]就是字符串"hello"中每个字符的UTF-8编码的十进制形式，比如字符h的UTF-8编码的十六进制是0x68，转换为十进制形式是104。

与这个函数相反的函数是from_utf8，即从UTF-8编码得到字符串。

11.3.2 as_mut_str 转换字符串的可变性

as_mut_str函数用于将字符串转换为内容可变的字符串。该函数声明如下：

```
pub fn as_mut_str(&mut self) -> &mut str
```

示例代码如下：

```
let mut s = String::from("foobar");          //创建一个内容是"foobar"的字符串对象
let s_mut_str = s.as_mut_str();              //转为内容可变的字符串
s_mut_str.make_ascii_uppercase();            //字符串内容转换为大写形式
assert_eq!("FOOBAR", s_mut_str);             //此时字符串内容是"FOOBAR"
```

11.3.3 as_str 提取整个字符串切片

as_str函数用于提取包含整个字符串的字符串切片。该函数声明如下：

```
pub fn as_str(&self) -> &str
```

该函数返回整个字符串切片。示例代码如下：

```
let s = String::from("foo");
assert_eq!("foo", s.as_str());
```

11.3.4 capacity 获得此字符串的缓冲区容量

capacity函数用于获取此字符串的内部缓冲区容量（以字节为单位），该函数声明如下：

```
pub fn capacity(&self) -> usize
```

该函数返回此字符串的容量（以字节为单位）。示例代码如下：

```
let s = String::with_capacity(10);
assert!(s.capacity() >= 10);
```

11.3.5 clear 删除字符串内容

clear函数用于截断字符串，并删除所有内容。虽然这意味着字符串的长度将为零，但它不会触及其容量。该函数声明如下：

```
pub fn clear(&mut self);
```

示例代码如下：

```
let mut s = String::from("foo");
s.clear();
assert!(s.is_empty());
assert_eq!(0, s.len());
assert_eq!(3, s.capacity());
```

11.3.6 drain 删除部分字符串

drain函数用于批量从字符串中删除指定的范围，并将所有删除的字符作为迭代器返回。该函数声明如下：

```
pub fn drain<R>(&mut self, range: R) -> Drain<'_>
```

返回的迭代器在字符串上保留一个可变借位，以优化其实现。如果返回的迭代器超出范围而没有被丢弃（例如由于core::mem::forget），则字符串可能仍然包含任何耗尽字符的副本，或者可能丢失任意字符，包括范围外的字符。示例代码如下：

```
let mut s = String::from("α is alpha, β is beta");
let beta_offset = s.find('β').unwrap_or(s.len());

// Remove the range up until the β from the string
let t: String = s.drain(..beta_offset).collect();
assert_eq!(t, "α is alpha, ");
assert_eq!(s, "β is beta");

// A full range clears the string, like `clear()` does
s.drain(..);
assert_eq!(s, "");
```

11.3.7　from_raw_parts 创建新的字符串

from_raw_parts函数用于根据长度、容量和指针创建新的字符串。该函数声明如下：

```
pub unsafe fn from_raw_parts(
    buf: *mut u8,
    length: usize,
    capacity: usize
) -> String
```

注意：该函数使用不当有危险，因为有很多不变量没有被检查，比如：

（1）buf处的内存之前需要由标准库使用的相同分配器分配，所需的对齐方式正好为1。
（2）长度需要小于或等于容量。
（3）容量需要是正确的值。
（4）buf处的第一个长度字节必须是有效的UTF-8。

违反这些规则可能会导致诸如损坏分配器的内部数据结构之类的问题。例如，从指向包含UTF-8的C字符数组的指针构建String通常是不安全的，除非用户确定该数组最初是由Rust标准库的分配器分配的。buf的所有权被有效地转移到String，然后String可以随意解除分配、重新分配或更改指针指向的内存内容。请确保在调用此函数后没有其他任何东西使用该指针。

示例代码如下：

```
use std::mem;

unsafe {
    let s = String::from("hello");

    // Prevent automatically dropping the String's data
    let mut s = mem::ManuallyDrop::new(s);

    let ptr = s.as_mut_ptr();
    let len = s.len();
    let capacity = s.capacity();

    let s = String::from_raw_parts(ptr, len, capacity);

    assert_eq!(String::from("hello"), s);
}
```

11.3.8　from_utf16 将 UTF-16 编码的矢量解码为字符串

from_utf16函数用于将UTF-16编码的矢量v解码为字符串，如果v包含任何无效数据，则返回Err。该函数声明如下：

```
pub fn from_utf16(v: &[u16]) -> Result<String, FromUtf16Error>
```

示例代码如下：

```
// music
let v = &[0xD834, 0xDD1E, 0x006d, 0x0075, 0x0073, 0x0069, 0x0063];
assert_eq!(String::from("music"), String::from_utf16(v).unwrap());
// mu<invalid>ic
let v = &[0xD834, 0xDD1E, 0x006d, 0x0075, 0xD800, 0x0069, 0x0063];
assert!(String::from_utf16(v).is_err());
```

11.3.9 from_utf8 将字节向量转换为字符串

from_utf8函数用于将字节向量转换为字符串。字符串由字节（u8）组成，字节向量（Vec<u8>）由字节组成，因此该函数在两者之间进行转换。并非所有字节片都是有效的字符串，但是字符串要求它是有效的UTF-8。from_utf8检查以确保字节是有效的UTF-8，然后进行转换。该函数声明如下：

```
pub fn from_utf8(vec: Vec<u8, Global>) -> Result<String, FromUtf8Error>
```

如果用户确信字节片是有效的UTF-8，并且不想引起有效性检查的开销，那么这个函数有一个不安全的版本from_utf8_unchecked，它具有相同的行为，但跳过了检查。

为了提高效率，这种方法将注意不要复制矢量。如果用户需要&str而不是String，请考虑str::from_utf8。此方法的反面是into_bytes。

示例代码如下：

```
// some bytes, in a vector
let sparkle_heart = vec![240, 159, 146, 150];
// We know these bytes are valid, so we'll use `unwrap()`.
let sparkle_heart = String::from_utf8(sparkle_heart).unwrap();//执行后,
sparkle_heart内容是一个心状

//Incorrect bytes:
// some invalid bytes, in a vector
let sparkle_heart = vec![0, 159, 146, 150];

assert!(String::from_utf8(sparkle_heart).is_err());
```

11.3.10 insert 插入一个字符

insert函数用于在该字符串的某个字节位置插入一个字符。这是一个O(n)操作，因为它需要复制缓冲区中的每个元素。该函数声明如下：

```
pub fn insert(&mut self, idx: usize, ch: char);
```

其中，参数usize表示要插入字符的位置，ch表示要插入的字符。如果idx大于字符串的长度，则会引发程序崩溃。示例代码如下：

```
let mut s = String::with_capacity(3);

s.insert(0, 'f');
```

```
s.insert(1, 'o');
s.insert(2, 'o');
assert_eq!("foo", s);
```

11.3.11　insert_str 插入一个字符串切片

insert_str函数用于在字符串的某个字节位置插入一个字符串切片。这是一个O(n)操作，因为它需要复制缓冲区中的每个元素。该函数声明如下：

```
pub fn insert_str(&mut self, idx: usize, string: &str);
```

其中，参数idx是要插入的位置，str是要插入的字符串。如果idx大于String的长度，或者它不在char边界上，则会引发程序崩溃。示例代码如下：

```
let mut s = String::from("bar");
s.insert_str(0, "foo");
assert_eq!("foobar", s);
```

11.3.12　into_bytes 将字符串转换为字节向量

into_bytes函数用于将字符串转换为字节向量，该函数声明如下：

```
pub fn into_bytes(self) -> Vec<u8, Global>
```

示例代码如下：

```
let s = String::from("hello");
let bytes = s.into_bytes();
assert_eq!(&[104, 101, 108, 108, 111][..], &bytes[..]);
```

11.3.13　is_empty 判断字符串长度是否为零

is_empty函数用于判断字符串长度是否为零，该函数声明如下：

```
pub fn is_empty(&self) -> bool
```

如果此字符串的长度为零，则返回true，否则返回false。示例代码如下：

```
let mut v = String::new();
assert!(v.is_empty());          //此时字符串为空
v.push('a');                    //添加一个字符到字符串
assert!(!v.is_empty());         //此时字符串不为空
```

11.3.14　len 得到字符串长度

len函数用于返回字符串的长度，以字节为单位。该函数声明如下：

```
pub fn len(&self) -> usize
```

示例代码如下：

```
let a = String::from("foo");
assert_eq!(a.len(), 3);                         //此时字符串长度是3

let fancy_f = String::from("foo");              //f是希伯来字符，占据2字节
assert_eq!(fancy_f.len(), 4);                   //此时字符串长度是4
assert_eq!(fancy_f.chars().count(), 3);         //字符串的字符数是3个
```

11.3.15　new 创建一个新的空字符串

new函数用于创建一个新的空字符串。该函数声明如下：

```
pub const fn new() -> String
```

返回的String为空，且不会分配任何初始缓冲区。虽然这意味着这种初始操作效率非常高，但在以后添加数据时会导致分配内存空间操作。如果用户预先知道String将包含多少数据，可以考虑with_capacity函数以防止过度重新分配。示例代码如下：

```
let s = String::new();              //执行后字符串是空的
```

11.3.16　with_capacity 创建指定容量的新空字符串

with_capacity函数用于创建一个至少具有指定容量的新空字符串。空字符串的含义是字符串包括0个字符，但这并不妨碍可以分配一个初始缓冲区。字符串有一个内部缓冲区来保存它们的数据，容量是缓冲区的长度，可以使用容量方法进行查询。此方法创建一个空的String，但它的初始缓冲区至少可以容纳容量字节。当用户可能要将一堆数据附加到String中，从而减少需要执行的重新分配次数时，这一点非常有用。该函数声明如下：

```
pub fn with_capacity(capacity: usize) -> String
```

如果给定容量为0，则不会发生分配。示例代码如下：

```
let mut s = String::with_capacity(10); //创建一个字符串，并设置内部缓冲区大小为10字节
assert_eq!(s.len(), 0);         //此时字符串不包括字符，因此长度为0，但内部缓冲区是10字节
// These are all done without reallocating...
let cap = s.capacity();         //得到字符串内部缓冲区容量大小为10
for _ in 0..10 {                //为字符串s添加10个字符
    s.push('a');
}
assert_eq!(s.capacity(), cap);
s.push('a');        //如果再添加一个字符，则会导致字符串内部缓冲区重新分配，因为原来容量只有10
```

11.3.17　push 追加字符

push函数用于在字符串尾部追加一个字符，该函数声明如下：

```
pub fn push(&mut self, ch: char);
```

如果是对象调用该函数，则第一个参数不需要传入，第二个参数ch是要添加的字符。示例代码如下：

```
let mut s = String::from("abc");
s.push('1');                  //添加字符1
s.push('2');                  //添加字符2
s.push('3');                  //添加字符3
assert_eq!("abc123", s);      //输出结果是"abc123"
```

11.3.18 push_str 追加字符串

push_str函数用于将给定的字符串切片追加到此字符串的末尾。该函数声明如下：

```
pub fn push_str(&mut self, string: &str);
```

其中，参数str是要追加的字符串。示例代码如下：

```
let mut s = String::from("foo");
s.push_str("bar");
assert_eq!("foobar", s);                //此时s的结果是"foobar"
```

11.3.19 truncate 缩短字符串

truncate函数用于将字符串缩短到指定的长度。该函数声明如下：

```
pub fn truncate(&mut self, new_len: usize);
```

其中，参数new_len就是要将字符串缩短到的目标长度，如果new_len大于字符串的当前长度，则此操作无效。请注意，此方法对字符串的分配容量没有影响。

示例代码如下：

```
let mut s = String::from("hello");
s.truncate(2);                //缩短到长度2
assert_eq!("he", s);          //此时s就是"he"
```

11.3.20 pop 删除最后一个字符

pop函数用于从字符串缓冲区中删除最后一个字符并返回。该函数声明如下：

```
pub fn pop(&mut self) -> Option<char>
```

如果字符串为空，则返回None。Rust的Option类型是一种枚举类型（简称"Option枚举"），它可以表示一个值存在或不存在的情况（表示一种可选值）：每个Option均为Some并包含一个值，或者为None，但不包含有意义的值。Option类型在Rust代码中非常常见。

示例代码如下：

```
let mut s = String::from("foo");      //开始创建的字符串内容是"foo"
assert_eq!(s.pop(), Some('o'));       //把当前字符串中最后一个字符o删除，并返回它
assert_eq!(s.pop(), Some('o'));       //把当前字符串中最后一个字符o删除，并返回它
assert_eq!(s.pop(), Some('f'));       //把当前字符串中最后一个字符f删除，并返回它
assert_eq!(s.pop(), None);            //删除3个字符后，此时字符串为空
```

Rust中的Some函数是一种Option类型的值，它表示包含一个值的情况，与None相反。Some()是Option类型的一个变体，它包含一个具体的值。严格来说，只有Option和Result，Some只是Option的一个值包装类型。我们先来描述一个普通的场景，在很多语言中，获取一个数据可能会返回null，也可能会没有数据，以Java为例：

```
User user = model.getUser();
if (user == null) {
    throw new Exception("用户不存在");
}
System.out.println("你好: " + user.getName());
```

我们在拿到一个不确定、可能为空的值时，为了确保不出现 NullPointerException 的问题，需要先判断值是不是null。这个看起来没什么问题，不过仔细思考，实际上会有两个问题：

（1）开发者极容易忘记做null的判断，在实际开发和测试中也许不容易碰到为null的情况，导致线上运行报错。

（2）即使只是为null时简单地抛出异常，代码也显得有点啰唆，这种简单的判断能不能少点代码？

Rust的Option就解决了这个问题。Option代表可能为空，也可能有值的一种类型，本质上是一个枚举，有两种，分别是Some和None。Some代表有值；None则类似于null，代表无值。是不是感觉多此一举，判断null就可以，搞这么麻烦？这里就又涉及Rust的概念，它要在用户编写和编译阶段就阻止可能的错误发生，而不是运行时才知道出错，Option就能很好地做到这一点。那么我们来看看Option怎么解决上面讲的两个问题。比如：

```
let val: Option<u32> = get_some_val();
```

这个时候 val 只是个 Option 类型，里面的值是无符号32位整型的，怎么获取它的值呢？有两种方式，一种是match，另一种是if let：

```
//方法 match
match val {
    Some(num) => println!("val is: {}", num),
    None => println!("val is None")
}

//方法 if let
if let Some(num) = val {
    println!("val is: {}", num);
} else {
    println!("val is None");
}
```

无论是match还是if let，这两种写法在主观上都要取其中有效的值，即使if let不写else也是取到了有效的值才执行if块中的内容，结果根本没法使用None，而且主观上感知很明显，也做不到忘记判断null（只有故意不判断）。另外，Option类型可以让Rust在编译阶段就发现代码的问题，如果写得有问题，连构建都不通过，第一个问题就这样解决了。对于第二个问题，如果就是想无脑拿值，如果值是None让程序直接报错，就跟前面那段Java代码一样，如何做呢？就是这样：

```
let num: u32 = val.unwrap();
```

unwrap()做的事就是有返回值，如果值是None，则程序会直接挂了。我们看一个Option的例子，代码如下：

```
fn divide(numerator: f64, denominator: f64) -> Option<f64> {
    if denominator == 0.0 {
        None
    } else {
        Some(numerator / denominator)
    }
}
fn main() {
    // 函数的返回值是一个选项
    let result = divide(2.0, 3.0);

    // 模式匹配以获取值
    match result {
        // 该划分有效
        Some(x) => println!("Result: {}", x),
        // 划分无效
        None => println!("Cannot divide by 0"),
    }
}
```

结果输出：Result: 0.6666666666666666。

Some()是Option类型的一个变体，它包含一个具体的值。在Rust中，使用if let Some(param) = somefunction() {}的语法方便检查Option类型是否包含一个具体的值，并将该值绑定到变量param中。这种语法类似于C++中的if语句和手动从Option类型中提取值的方式。

作为对比，在C++中，等号用于赋值，因此不能像Rust的模式匹配语法那样使用。但是，C++也有一个类似的功能，称为结构化绑定声明，它允许用户从类似元组的对象中提取多个值。

11.3.21 remove 删除指定字符

remove函数用于从字符串的指定位置删除一个字符并返回。该函数声明如下：

```
pub fn remove(&mut self, idx: usize) -> char
```

参数idx表示指定位置。该函数返回要删除的那个字符。该函数是一个运行效率为O(n)的操作，因为它需要复制缓冲区中的每个元素。示例代码如下：

```
fn main() {
    let mut s = String::from("foo");
    assert_eq!(s.remove(0), 'f');              //删除位置0上的字符f
    println!("{}",s);//输出: oo
    assert_eq!(s.remove(1), 'o');              //删除位置1上的字符o
    println!("{}",s);//输出: o
    assert_eq!(s.remove(0), 'o');              //删除位置0上的字符o
}
```

11.3.22　reserve 保留容量

reserve函数至少为超过当前长度的额外字节保留容量。分配器可以保留更多的空间来推测性地避免频繁的分配。调用reserve后，容量将大于或等于self.len() +additional。如果容量已经足够，则不执行任何操作。该函数声明如下：

```
pub fn reserve(&mut self, additional: usize);
```

示例代码如下：

```
let mut s = String::new();
s.reserve(10);
assert!(s.capacity() >= 10);
let mut s = String::with_capacity(10);     //此时实际上可能不会增加容量
s.push('a');                               //添加字符a
s.push('b');                               //添加字符b

let capacity = s.capacity();               //返回字符串容量，即10
assert_eq!(2, s.len());                    //字符串长度是2
assert!(capacity >= 10);

s.reserve(8);              //由于字符串缓冲区容量是10字节，因此调用这个函数不会增加容量
assert_eq!(capacity, s.capacity());        //容量依旧是10
```

11.3.23　shrink_to 使用下限缩小此字符串的容量

shrink_to函数使用下限缩小此字符串的容量，函数声明如下：

```
pub fn shrink_to(&mut self, min_capacity: usize);
```

容量将至少与长度和提供的值一样大。
如果当前容量小于下限，则为"否"。

```
let mut s = String::from("foo");           //创建字符串，此时容量是3字节
s.reserve(100);                            //保留容量100
assert!(s.capacity() >= 100);              //没问题
s.shrink_to(10);                           //缩减容量至10
assert!(s.capacity() >= 10);               //没问题
s.shrink_to(0);        //不会执行成功，因为字符串s初始容量是3，一开始创建的时候分配了3个字符
assert!(s.capacity() >= 3);                //没问题，容量已经是3
```

11.3.24 shrink_to_fit 缩小此字符串的容量

shrink_to_fit函数用于缩小此字符串的容量以匹配其长度，该函数声明如下：

```
pub fn shrink_to_fit(&mut self);
```

示例代码如下：

```
let mut s = String::from("foo"); //创建字符串，字符串容量是3
s.reserve(100);
assert!(s.capacity() >= 100);

s.shrink_to_fit();              //缩小字符串容量，因为初始容量是3，所以最多缩小至3字节
assert_eq!(3, s.capacity()); //此时字符串s的容量是3
```

11.3.25 split_off 分割字符串

split_off函数用于在给定的字节索引处将字符串一分为二。该函数声明如下：

```
pub fn split_off(&mut self, at: usize) -> String
```

参数at是要分割的位置返回新分配的字符串。self包含字节[0, at），返回的String包含字节[at, len）。示例代码如下：

```
let mut hello = String::from("Hello, World!");
let world = hello.split_off(7);
assert_eq!(hello, "Hello, ");
assert_eq!(world, "World!");
```

11.3.26 truncate 缩短字符串

truncate函数用于将此字符串缩短到指定的长度。该函数声明如下：

```
pub fn truncate(&mut self, new_len: usize);
```

如果new_len大于字符串的当前长度，则此操作无效。请注意，此方法对字符串的分配容量没有影响。示例代码如下：

```
let mut s = String::from("hello");
s.truncate(2);
assert_eq!("he", s);
```

第 **12** 章

多线程编程

CPU 逐渐向多核发展，分布式计算技术也日臻完善。多线程编程技术对于更好地利用算力完成大规模计算任务具有重要作用。

多线程是现代计算机编程中的重要概念，它允许程序同时执行多个任务，充分利用多核处理器的性能优势。在 Rust 中，多线程编程也得到了很好的支持，通过标准库提供的 std::thread 模块可以方便地创建和管理线程。本章将详细介绍 Rust 中多线程的使用方法，包含代码示例和对定义的详细解释。

线程安全是多线程编程的一大难点：同一个对象被多个线程同时操作时，有可能因为读写时序的冲突产生各种衍生问题。所有权机制给 Rust 中的多线程编程带来了强大的安全性保证，但也带来了诸多限制。

12.1 闭　　包

因为Rust多线程编程会用到闭包（Closures），所以我们有必要先来了解一下闭包。

在Rust中，闭包是一种函数对象，它可以捕获其环境中的变量，并在需要时调用。闭包提供了一种方便的方式来封装行为，并在需要时调用。本节将详细介绍Rust中的闭包，包括闭包的定义、语法、捕获变量的方式以及一些常见的使用场景。

12.1.1 闭包的定义和语法

闭包在Rust中使用||符号来定义，类似于匿名函数。闭包可以捕获其环境中的变量，并在需要时进行调用。下面是一个简单的示例，用于演示闭包的定义和语法：

```
fn main() {
    let add = |a, b| a + b;
```

```
let result = add(2, 3);
    println!("The result is: {}", result);
}
```

在上述示例中，我们定义了一个名为add的闭包，它接受两个参数a和b，并返回它们的和。我们通过add(2, 3)调用闭包，并将结果打印出来。闭包使用||符号来定义参数列表，并使用代码块来定义闭包的主体。

12.1.2　捕获变量

闭包可以捕获其环境中的变量，并在闭包的主体中使用。有以下三种方式可以捕获变量。

- Fn闭包：通过引用捕获变量，不可变借用。
- FnMut闭包：通过可变引用捕获变量，可变借用。
- FnOnce闭包：通过值捕获变量，所有权转移。

下面是一个示例，用于演示闭包捕获变量的方式：

```
fn main() {
    let x = 5;
    let y = 10;

    // Fn 闭包: 通过引用捕获变量
    let add = |a| a + x;

    // FnMut 闭包: 通过可变引用捕获变量
    let mut multiply = |a| {
        x * y * a
    };

    // FnOnce 闭包: 通过值捕获变量
    let divide = move |a| {
        a / y
    };

    let result1 = add(3);
    let result2 = multiply(2);
    let result3 = divide(10);

    println!("The results are: {}, {}, {}", result1, result2, result3);
}
```

运行结果如下：

```
The results are: 8, 100, 1
```

在上述示例中，我们定义了三个闭包add、multiply和divide，它们分别通过引用、可变引用和值来捕获变量x和y。通过不同的捕获方式，闭包对变量的访问权限也不同。

12.1.3　闭包作为参数和返回值

闭包可以作为函数的参数和返回值，这使得函数更加灵活和可复用。下面是一个示例，用于演示闭包作为参数和返回值的用法：

```
fn apply<F>(f: F)
where
    F: FnOnce(),
{
    f();
}

fn create_closure() -> impl Fn() {
    let x = 5;
    move || println!("The value of x is: {}", x)
}

fn main() {
    let print_hello = || println!("Hello, world!");

    apply(print_hello);

    let closure = create_closure();
    closure();
}
```

运行结果如下：

```
Hello, world!
The value of x is: 5
```

在上述示例中，我们定义了一个 apply 函数，它接受一个闭包作为参数，并在函数内部调用该闭包。我们还定义了一个 create_closure 函数，它返回一个闭包。通过这种方式，我们可以在不同的上下文中使用闭包，以实现代码的复用和灵活性。

12.1.4　闭包的使用场景

闭包在许多场景中非常有用，特别是在函数式编程和并发编程中。以下是一些常见的使用场景。

（1）迭代器操作：闭包可以与迭代器结合使用，以执行各种操作，例如映射、过滤、折叠等。

（2）事件处理：闭包可以用作事件处理函数，处理用户界面事件、异步任务的完成通知等。

（3）并发编程：闭包可以用于并发编程，作为线程或任务的执行体，执行并发操作。

闭包是Rust强大的功能之一，它提供了一种灵活和方便的方式来封装行为，并在需要时进行调用。

12.2　多线程编程概述

12.2.1　线程的基本概念

线程（Thread）是程序中独立运行的一部分。线程是进程（Process）中执行运算的最小单位，是进程中的一个实体，是被系统独立调度和分派的基本单位，线程自己不拥有系统资源，只拥有一点在运行中必不可少的资源，但它可与同属一个进程的其他线程共享进程所拥有的全部资源。在有操作系统的环境中，进程往往被交替地调度得以执行，线程则在进程内由程序进行调度。由于线程并发很有可能出现并行的情况，因此在并行中可能遇到的死锁、延宕错误常出现于含有并发机制的程序中。

为了解决这些问题，很多语言（如Java、C#）采用特殊的运行时（Runtime）软件来协调资源，但这样无疑极大地降低了程序的执行效率。C/C++语言在操作系统的最底层也支持多线程，且语言本身及其编译器不具备侦察和避免并行错误的能力，这对于开发者来说压力很大，开发者需要花费大量的精力避免发生错误。

Rust不依靠运行时环境，这一点像C/C++一样。但Rust在语言本身就设计了包括所有权机制在内的手段来尽可能地把最常见的错误消灭在编译阶段，这一点其他语言不具备。但这不意味着我们编程的时候可以不小心，迄今为止由于并发造成的问题还没有在公共范围内得到完全解决，仍有可能出现错误，并发编程时要尽量小心！

12.2.2　并发

我们知道，如今CPU的计算能力已经非常强大，其速度比内存要高出许多个数量级。为了充分利用CPU资源，多数编程语言都提供了并发编程的能力，Rust也不例外。

聊到并发，就离不开多进程和多线程这两个概念。其中，进程是资源分配的最小单位，而线程是程序运行的最小单位。线程必须依托于进程，多个线程之间是共享进程的内存空间的。进程间的切换复杂、CPU利用率低等缺点让我们在做并发编程时更加倾向于使用多线程的方式。

当然，多线程也有缺点。其一是程序运行顺序不能确定，因为这是由内核来控制的；其二就是多线程编程对开发者要求比较高，如果不充分了解多线程机制的话，写出的程序就非常容易出Bug。

多线程编程的主要难点在于如何保证线程安全。什么是线程安全呢？因为多个线程之间是共享内存空间的，因此存在同时对相同的内存进行写操作，进而出现写入数据互相覆盖的问题。如果多个线程对内存只有读操作，没有任何写操作，那么也就不会存在安全问题，我们可以称之为线程安全。

常见的并发安全问题有竞态条件和数据竞争两种，竞态条件是指多个线程对相同的内存区域（称之为临界区）进行了"读取–修改–写入"这样的操作。而数据竞争则是指一个线程写一个变量，而另一个线程需要读这个变量，此时两者就是数据竞争的关系。这么说可能不太容易理解，不过不要紧，稍后将举两个具体的例子帮助大家理解。不过在此之前，先介绍一下在Rust中是如何进行并发编程的。

在Rust标准库中提供了两个模块来进行多线程编程：

（1）std::thread定义一些管理线程的函数和一些底层同步原语。

（2）std::sync定义了锁、Channel、条件变量和屏障。

12.2.3　Rust 线程模型

一个正在执行的Rust程序由一组本地操作系统线程组成，每个线程都有自己的堆栈和本地状态。线程可以被命名，并为低级别同步提供一些内置支持。

线程之间的通信可以通过通道、Rust的消息传递类型以及其他形式的线程同步和共享内存数据结构来完成。特别是，保证线程安全的类型可以使用原子引用计数容器Arc在线程之间轻松共享。

Rust中的致命逻辑错误会导致线程死机（也称崩溃），在此期间，线程将展开堆栈，运行析构函数并释放所拥有的资源。Rust中的线程死机可以用catch_unwnd捕获（除非使用panic=abort编译）并从中恢复，或者用resume_unwnd恢复。如果没有捕捉到死机，线程将退出，但可以选择从具有连接的其他线程检测到死机。如果主线程死机而没有捕获到死机，则应用程序将使用非零的退出代码退出。

当Rust程序的主线程终止时，即使其他线程仍在运行，整个程序也会关闭。然而，该模块为自动等待线程的终止（即加入）提供了方便的设施。

Rust 中的多线程通过 std::thread模块来实现，它提供了创建和管理线程的功能。Rust 的多线程模型采用"共享状态，可变状态"（Shared State，Mutable State）的方式，这意味着多个线程可以访问同一个数据，但需要通过锁（Lock）来保证数据的安全性。

注意，要使用Rust标准库中的线程函数，通常要在文件开头包含std::thread，比如：

```
use std::thread;
```

12.3　模块std::thread

12.3.1　spawn 创建线程

在Rust中，我们可以使用std::thread::spawn函数来创建一个新的线程，也称派生线程。该函数声明如下：

```
pub fn spawn<F, T>(f: F) -> JoinHandle<T>
F: FnOnce() -> T + Send + 'static,
T: Send + 'static,
```

参数f是一个闭包（Closure），是线程要执行的代码。spawn函数生成一个新线程，并返回JoinHandle（连接句柄），连接句柄提供了一个join方法，可用于连接派生的线程。如果派生的线程崩溃，join将返回一个错误信息。

如果删除连接句柄（JoinHandle），则派生的线程将隐式分离。在这种情况下，派生的线程可能不再连接。注意：程序员有责任最终连接它创建的线程或分离它们，否则将导致资源泄露。

正如用户在spawn的声明中所看到的，对spawn的闭包及其返回值都有两个约束，让我们来解释它们：

（1）静态约束意味着闭包及其返回值必须具有整个程序执行的生存期。这样做的原因是线程可以比创建它们的生存期更长。事实上，如果线程及其返回值可以比它们的调用程序更持久，我们需要确保它们在之后是有效的，因为我们不知道它们什么时候会返回，所以需要让它们尽可能长时间地有效，也就是说，直到程序结束，因此是"静态生存期"。

（2）Send约束是因为闭包需要按值从派生它的线程传递到新线程。它的返回值需要从新线程传递到连接它的线程。作为提醒，Send标记特性表示从一个线程传递到另一个线程是安全的。Sync表示在线程之间传递引用是安全的。

spawn函数的简单示例如下：

```rust
use std::thread;

fn main() {
    let handle = thread::spawn(|| {
        //子线程执行的代码
    });
}
```

子进程也就是主线程的派生线程。其中的||表示闭包，该闭包中的代码将在子线程中执行。调用thread::spawn方法会返回一个句柄，该句柄拥有对线程的所有权。通过这个句柄我们可以管理线程的生命周期和操作线程。thread::spawn 函数接受一个闭包作为参数，闭包中的代码会在子线程中执行。创建的新线程是"分离的"，这意味着程序无法了解派生线程何时完成或终止。下面是一个简单的实例。

【例12.1】 创建一个线程

步骤 01 打开VS Code，单击菜单Terminal→New Terminal，执行命令cargo new myrust来新建一个Rust工程，工程名是myrust。

步骤 02 在main.rs中，添加代码如下：

```rust
use std::{ thread, time::Duration };          //导入线程模块和时间模块

fn main() {
    thread::spawn(|| {                        //创建一个新线程
        for i in 1..10 {
            println!("hi number {} from the spawned thread!", i);
            thread::sleep(Duration::from_millis(1));
        }
    });

    for i in 1..5 {
        println!("hi number {} from the main thread!", i);
```

```
        thread::sleep(Duration::from_millis(1));
    }
}
```

上面代码调用thread::spawn函数创建了一个新的线程，并在该线程中通过一个for循环准备打印9条信息，并且每输出一条信息就调用sleep函数休眠1毫秒。而主线程中的main函数中将打印4条信息，也是每输出一条信息就调用sleep函数休眠1毫秒。我们调用thread::sleep函数强制线程休眠一段时间，这就允许不同的线程交替执行。但要注意的是，当主线程结束的时候，整个进程就结束了，此时派生线程也会结束，所以派生线程中的打印信息是不会全部输出完毕的。也就是说，虽然某个线程休眠时会自动让出CPU，但并不保证其他线程会执行。这取决于操作系统如何调度线程。这个实例的输出结果是随机的，主线程一旦执行完成，程序就会自动退出，不会继续等待子线程。这就是子线程的输出结果为什么不全的原因。

步骤 03 保存文件并运行，运行结果如下：

```
hi number 1 from the main thread!
hi number 1 from the spawned thread!
hi number 2 from the main thread!
hi number 2 from the spawned thread!
hi number 3 from the main thread!
hi number 4 from the main thread!
```

可以看到，主线程可以全部输出完毕，而派生线程则没有执行完全部for循环，符合预期。从结果中能看出两件事：第一，两个线程是交替执行的，但是并没有严格的顺序；第二，当主线程结束时，它并没有等子线程运行完。

Thread也支持通过std::thread::Builder结构体进行创建，Builder提供了一些线程的配置项，如线程名字、线程优先级、栈大小等，比如：

```
use std::thread;

fn main() {
let handle = Builder::new()
    .name("my_thread".to_string())       //设置新线程的名称是my_thread
    .stack_size(1024 * 4)                //设置新线程的堆栈大小是1024*4
    .spawn({
        // 子线程执行的代码
    });
}
```

12.3.2 等待所有线程完成

在前面的实例中，主线程没等到派生线程执行完毕就结束了，从而整个进程就会结束。那么怎么让派生线程执行完毕呢？答案是通过joinHandle结构体来等待所有线程完成。要了解派生线程何时完成，有必要捕获thread::spawn函数返回的JoinHandle，该结构体声明如下：

```
pub struct JoinHandle<T>(_);
```

该结构体通常由thread::spawn函数返回，或者由thread::Builder::spawn函数返回。JoinHandle在关联线程被丢弃时分离该线程，这意味着该线程不再有任何句柄，也无法对其进行连接。由于平台限制，无法克隆此句柄：加入线程的能力是唯一拥有的权限。

该结构体提供了一个函数join，允许调用方（比如主线程）等待派生线程（比如子线程）完成，该函数声明如下：

```
pub fn join(self) -> Result<T>
```

该函数等待相关线程完成。如果相关线程已经完成，则函数将立即返回。就原子内存排序而言，相关线程的完成与此函数返回同步。换句话说，该线程执行的所有操作都发生在 join 返回之后发生的所有操作之前。join的返回值通常是子线程执行的结果。

join函数的用法如下：

```
use std::thread;

let thread_join_handle = thread::spawn(|| {
    //子线程执行的代码
});
//主线程执行的代码
let res = thread_join_handle.join();        //等待子线程结束
```

thread_join_handle存放joinHandle结构，然后调用join方法，可以等待对应的线程执行完成。调用handle的join方法会阻止当前运行线程的执行，直到handle所表示的这些线程终结join方法返回一个线程结果值，如果线程崩溃，则返回错误码，否则返回Ok。

res将得到子线程执行的结果，我们甚至可以在创建线程时，在子线程执行的代码处直接放一个数值或字符串，从而让res得到这个数值或字符串。

如果希望join调用失败时报错一下，可以这样：

```
thread_join_handle.join().expect("Couldn't join on the associated thread"); //
```
若有问题就会有提示

下面先看一个简单的实例，得到子线程的结果，相当于实现了子线程传递一个值给主线程。

【例12.2】 子线程传递值给主线程

步骤 01 打开VS Code，单击菜单Terminal→New Terminal，执行命令cargo new myrust来新建一个Rust工程，工程名是myrust。在main.rs中，添加代码如下：

```
use std::thread;

fn main() {
    let other_thread = thread::spawn(|| {
        "hello"        //这里就写了一个字符串，相当于子线程的执行结果就是字符串"hello"
    });
    let  res = other_thread.join().unwrap();        //得到子线程执行结果，即"hello"
    println!("{}",res);
}
```

步骤 **02** 保存文件并运行，运行结果如下：

```
hello
```

如果有兴趣，还可以把"hello"改为一个整数，那么res就得到这个整数值。我们甚至可以把一个函数返回值作为子线程结果传递给主线程，下面来看一个实例。

【例12.3】 把函数返回值传递给主线程

步骤 **01** 打开VS Code，单击菜单Terminal→New Terminal，执行命令cargo new myrust来新建一个 Rust工程，工程名是myrust。在main.rs中，添加代码如下：

```
use std::thread;
fn thfunc(n: u32) -> u32 {            //这个函数是线程函数，后面会讲到
    return n+1;
}
fn main() {
    let child = thread::spawn(|| {
        let f = thfunc(30);           //调用线程函数
        f                             //返回子线程结果，这里也就是函数thfunc的返回值
    });

    let res = child.join().expect("Could not join child thread");
    println!("{}",res);
}
```

函数thfunc把参数n加1后再返回，并存于f中，然后把f作为子线程的结果，这样主线程通过join函数就可以得到f的值，也就是函数thfunc的返回值。

步骤 **02** 保存文件并运行，运行结果如下：

```
31
```

下面再看一个稍复杂点的实例，加一些循环打印。

【例12.4】 等待子线程执行完毕

步骤 **01** 打开VS Code，单击菜单Terminal→New Terminal，执行命令cargo new myrust来新建一个 Rust工程，工程名是myrust。

步骤 **02** 在main.rs中，添加代码如下：

```
use std::thread;
use std::time::Duration;

fn main() {
    let handle = thread::spawn(|| {            //返回一个 JoinHandle 类型的值
        for i in 1..10 {
            println!("hi number {} from the spawned thread!", i);
            thread::sleep(Duration::from_millis(1));
```

```
        }
    });
    for i in 1..5 {
        println!("hi number {} from the main thread!", i);
        thread::sleep(Duration::from_millis(1));
    }
    handle.join().unwrap();          //阻止当前线程（主线程）执行，并等待子线程执行完毕
}
```

thread::spawn返回一个JoinHandle类型的值，可以将它存放到变量中。这个类型相当于子线程的句柄，用于连接线程。如果忽略它，就没有办法等待线程。在主线程main函数的结尾，我们调用了join方法来等待线程执行完毕，即调用handle的join方法会阻止当前运行线程的执行，直到handle所表示的这些线程终结。unwrap 是一个方法，它用于从Option或Result类型中提取值。

步骤 **03** 保存文件并运行，运行结果如下：

```
hi number 1 from the main thread!
hi number 2 from the main thread!
hi number 1 from the spawned thread!
hi number 2 from the spawned thread!
hi number 3 from the main thread!
hi number 4 from the main thread!
hi number 3 from the spawned thread!
hi number 4 from the spawned thread!
hi number 5 from the spawned thread!
hi number 6 from the spawned thread!
hi number 7 from the spawned thread!
hi number 8 from the spawned thread!
hi number 9 from the spawned thread!
```

可以看到，子线程中的for循环全部执行完毕了。

12.3.3　在线程中使用其他线程数据

不和主线程交互的子线程是非常少见的。Rust语言和其他语言不一样的地方是，如果线程中直接使用了其他线程定义的数据，则会报错。这里所说的外部变量就是其他线程中定义的变量。比如下面的代码，子线程中直接使用主线程定义的字符串就会报错：

```
use std::thread;

fn main() {
    let data = String::from("hello world");
    let thread = std::thread::spawn(||{
        println!("{}", data);
    });
    thread.join();
}
```

如果编译就会报错：

```
error[E0373]: closure may outlive the current function, but it borrows `data`, which
is owned by the current function
```

线程中使用了其他线程的变量是不合法的，必须使用move表明线程拥有data的所有权，我们可以使用move关键字把data的所有权转到子线程内，代码如下：

```
use std::thread;
fn main() {
    let data = String::from("hello world");
    let thread = std::thread::spawn(move |||{  //使用move 把data的所有权转到线程内
        println!("{}", data);
    });
    thread.join();
}
```

这个时候，就能正确输出结果"hello world"了。

move闭包通常和thread::spawn函数一起使用，它允许用户使用其他线程的数据，这样在创建新线程时，可以把其他线程中的变量的所有权从一个线程转移到另一个线程，然后就可以使用该变量了。下面来看一个实例，一个常见的应用模式是使用多线程访问列表中的元素来执行某些运算。

【例12.5】　多个子线程使用主线程中的数据

步骤 01　打开VS Code，单击菜单Terminal→New Terminal，执行命令cargo new myrust来新建一个Rust工程，工程名是myrust。

步骤 02　在main.rs中，添加代码如下：

```
use std::thread;

fn main() {
    let v = vec![1, 3, 5, 7, 9];
    let mut childs = vec![];
    for n in v {
        let c = thread::spawn(move || {
            println!("{}", n * n);
        });
        childs.push(c);
    };

    for c in childs {                   //等待所有子线程结束
        c.join().unwrap();
    }
}
```

这里的move是必要的，否则没法保证主线程中的v会不会在子线程结束之前被销毁。使用move之后，所有权转移到了子线程内，从而使得不会出现因为生命周期造成的数据无效的情况。子线程的执行周期可能比主线程还长。因此，很可能出现结果还没有完全打印出来，就已经结束的情况。为了防止这个情况，我们存下每个线程句柄，并在最后使用 join 阻塞主线程。

步骤 **03** 保存文件并运行，运行结果如下：

```
1
9
25
49
81
```

12.3.4 线程函数

现在我们知道了，thread::spawn 函数接受一个闭包作为参数，闭包中的代码会在子线程中执行，比如：

```
let handle = thread::spawn(|| {
    //子线程执行的代码
});
```

但如果子线程执行的代码比较长，我们通过会另外写一个函数来封装这些代码，这样在thread::spawn中只需写一个函数调用即可，这个在新线程中执行的函数通常称为线程函数。下面来看一个实例，我们设计了一个线程函数，并且它是一个递归函数，为了模拟长时间运行。

【例12.6】 使用一个递归的线程函数

步骤 **01** 打开VS Code，单击菜单Terminal→New Terminal，执行命令cargo new myrust来新建一个Rust工程，工程名是myrust。

步骤 **02** 在main.rs中，添加代码如下：

```
use std::thread;

fn fibonacci(n: u32) -> u32 {       //这个函数是线程函数，并且是一个递归函数，用于求斐波那契数列
    if n == 0 {
        return 0;
    } else if n == 1 {
        return 1;
    } else {
        return fibonacci(n - 1) + fibonacci(n - 2);
    }
}
fn main() {
    let child = thread::spawn(|| {
        let f = fibonacci(30);                              //调用线程函数
        println!("Hello from a thread!. fibonacci(30) = {}", f);    //打印数列结果
        f                       //返回子线程结果，这里也就是函数fibonacci的返回值
    });

    println!("Hello, world!");       //主线程中执行的代码
    let v = child.join().expect("Could not join child thread"); //等待子线程结束，并得到子线程结果
```

```
    println!("value: {:?}", v);
}
```

我们把子线程中要执行的代码（这里是求斐波那契数列）单独放在一个函数fibonacci中，这样在thread::spawn函数中只需要调用该函数（fibonacci(30);）即可，这样代码简洁多了，而且方便模块化开发，比如可以让算法工程师专门实现斐波那契数列函数，而其他程序员只需要调用即可，这样可以做到并行开发，提高了效率。斐波那契数列函数执行时间较长，主线程末尾一定要等待子线程结束，也就是调用join函数，join返回一个Result，可以使用 expect 方法来获取返回值。这样主线程就会等待子线程完成，而不会先结束程序，这样就可以看到我们想要的结果。

步骤 **03** 保存文件并运行，运行结果如下：

```
Hello, world!
Hello from a thread!. fibonacci(30) = 832040
value: 832040
```

12.3.5　available_parallelism 返回默认并行度

available_parallelism函数返回程序应使用的默认并行度的估计值。该函数声明如下：

```
pub fn available_parallelism() -> Result<NonZeroUsize>
```

并行性是一种资源，一台给定的机器提供了一定的并行能力，即它可以同时执行的计算数量的限制。这个数字通常对应CPU或计算机的数量，但在各种情况下可能会有所不同。诸如VM或容器编排器之类的主机环境可能希望限制其中的程序可用的并行量。这样做通常是为了限制（无意中）resource-intensive程序对同一台机器上运行的其他程序的潜在影响。

提供此函数的目的是提供一种简单且可移植的方式来查询程序应使用的默认并行度。它不公开有关NUMA区域的信息，不考虑（协）处理器能力的差异，并且不会修改程序的全局状态以更准确地查询可用并行度的数量。资源限制可以在程序运行期间更改，因此不会缓存该值，而是在每次调用此函数时重新计算，不应从热代码中调用它。

此函数返回的值应被视为在任何给定时间可用的实际并行量的简化近似值。要更详细或更准确地了解程序可用的并行量，用户可能还希望使用特定平台的API。以下平台限制当前适用于available_parallelism。

（1）在Windows上：它可能低估了具有超过64个逻辑CPU的系统上可用的并行量。但是，程序通常需要特定的支持才能利用超过64个逻辑CPU，并且在没有此类支持的情况下，此函数返回的数字准确地反映了程序默认可以使用的逻辑CPU的数量。它可能会高估受process-wide关联掩码或作业对象限制的系统上可用的并行量。

（2）在Linux上：当受process-wide关联掩码限制或受cgroup限制影响时，它可能会高估可用的并行量。

在具有CPU使用限制的VM（例如过度使用的主机）中运行时，可能会高估可用的并行量。此函数将在以下情况下（但不限于）返回错误：如果目标平台的并行量未知，或者程序没有权限查询可用的并行量。

【例12.7】 得到当前系统的默认并行度

步骤 01 打开VS Code，单击菜单Terminal→New Terminal，执行命令cargo new myrust来新建一个Rust工程，工程名是myrust。

步骤 02 在main.rs中，添加代码如下：

```
use std::{io, thread};

fn main() -> io::Result<()> {
    let count = thread::available_parallelism()?.get();
    assert!(count >= 1_usize);
    println!("{},{}",count,1_usize);
    Ok(())
}
```

1_usize的值就是1。我们把得到的默认并行度存于count中，如果count小于1，那就抛出异常，否则打印结果。

步骤 03 保存文件并运行，运行结果如下：

```
2,1
```

可见，当前系统的默认并行度是2。

12.3.6 获得当前线程的名称和 id

当前线程的属性包括线程id、名称。获取它们的函数被定义在std::thread:: Thread这个结构体中，所以我们首先要获取这个结构体，也就是获取当前线程的Thread结构体，这个函数是current，声明如下：

```
pub fn current() -> Thread
```

Thread其实是std::thread的一个私有结构（Struct），这个结构体对外提供了一些函数，以此来获取线程的id、名称等属性。

有了当前线程的Thread结构，就可以得到名称，该函数声明如下：

```
pub fn name(&self) -> Option<&str>
```

该函数返回字符串。

【例12.8】 获取和设置线程名称

步骤 01 打开VS Code，单击菜单Terminal→New Terminal，执行命令cargo new myrust来新建一个Rust工程，工程名是myrust。在main.rs中，添加代码如下：

```
use std::thread;

fn main() {
    let thr0 = thread::current();          //获取当前线程的Thread结构
```

```
        let thread_name = thr0.name().unwrap_or("unknown");    //获取当前线程的名称
        println!("当前线程的名称: {}", thread_name);              //打印输出名称
    }
```

unwrap_or是用于从Result对象中获取值的宏。当Result对象是Ok时，两者都会返回Ok中的值。但是当Result对象是Err时，unwrap_or将返回一个默认值。这个默认值是宏的参数，在调用unwrap_or时就已经确定了。所以，当你想要在Result对象是Err时使用固定的默认值时，就可以使用unwrap_or。

步骤 02 保存文件并运行，运行结果如下：

当前线程的名称: main

下面再看获得当前线程的id，线程id用于区分不同的线程，id号是唯一的。在Rust中，获得当前线程id的函数声明如下：

```
pub fn id(&self) -> ThreadId
```

该函数的返回值是一个结构体ThreadId，该结构体的大小是8字节。ThreadId是一个不透明的对象，它唯一地标识在进程生存期内创建的每个线程。线程ID保证不会被重用，即使在线程终止时也是如此。ThreadId受Rust的标准库控制，ThreadId和底层平台的线程标识符概念之间可能没有任何关系。因此，这两个概念不能互换使用。ThreadId可以从结构体Thread上的id函数中得到结果。

【例12.9】 得到线程id

步骤 01 打开VS Code，单击菜单Terminal→New Terminal，执行命令cargo new myrust来新建一个Rust工程，工程名是myrust。在main.rs中，添加代码如下：

```
use std::thread;

fn main() {
    let child_thread = thread::spawn(|| {          //创建线程
        thread::current().id()              //在子线程中执行的代码得到的就是当前子线程的id
    });
    let child_thread_id = child_thread.join().unwrap();//得到子线程的id
    assert!(thread::current().id() != child_thread_id);//如果表达式为假，则触发断言
    println!("thread::current().id()={:?},child_thread_id={:?}",
thread::current().id(),child_thread_id);
}
```

在代码中，我们不仅得到了当前线程id，还创建了另一个线程，并且比较了这两个线程id。assert!宏用于检查一个表达式是否为真（true），如果表达式为假（false），则会触发断言，程序会终止运行。

步骤 02 保存文件并运行，运行结果如下：

```
thread::current().id()=ThreadId(1),child_thread_id=ThreadId(2)
```

可见，主线程和子线程的id不一样。

12.4　线程间通信

在多线程编程中，线程间通信是一个重要的问题。在Rust中，我们可以使用std::sync模块提供的同步原语来实现线程间的安全通信。常见的同步原语包括Mutex（互斥锁）和Arc（原子引用计数）等。下面是一个使用Mutex实现线程安全计数的实例。

【例12.10】　使用Mutex实现线程安全计数

步骤01 打开VS Code，单击菜单Terminal→New Terminal，执行命令cargo new myrust来新建一个Rust工程，工程名是myrust。

步骤02 在main.rs中，添加代码如下：

```rust
use std::sync::{Arc, Mutex};
use std::thread;

fn main() {
    let counter = Arc::new(Mutex::new(0));
    let mut handles = vec![];

    for _ in 0..10 {
        let counter = Arc::clone(&counter);
        let handle = thread::spawn(move || {   //创建线程
            let mut num = counter.lock().unwrap();
            *num += 1;
        });
        handles.push(handle);
    }

    for handle in handles {
        handle.join().unwrap();
    }

    println!("Result: {}", *counter.lock().unwrap());
}
```

在代码中，我们创建了一个Mutex来包装计数器变量counter，以实现线程安全的计数。在每个线程中，我们通过counter.lock().unwrap()获取Mutex的锁，然后通过 *num += 1 修改计数器的值。在修改完成后，锁会自动释放。

步骤03 保存程序并运行，运行结果如下：

```
Result: 10
```

第 **13** 章
标准输入输出和命令行参数

本章讲述 Rust 中的重要内容：输入输出和文件编程，也就是 Rust 语言如何从标准输入（例如键盘）中读取数据并将读取的数据显示出来。

本章会简单地介绍 Rust 语言输入输出的三大块内容：从标准输入读取数据、把数据写入标准输出、命令行参数。

我们写程序时，有时想把数据输出到屏幕上，有时想把数据输出到硬盘上，有时想把数据输出到软盘上，有时想把数据输出到光盘上，等等。所以在写程序的时候会经常操控各种各样的硬件，硬件不同，读写方式也不同，所以我们难道要懂得各种各样硬件的读写方式吗？为此，人们在程序和硬件中间高度抽象了一个流的概念，我们只需要把数据丢给流，它就可以帮助我们来完成对应硬件的读写方式，这样就会便利许多。

stdin 是标准输入 std（即 standard（标准）），in 即 input（输入），合起来就是标准输入。stdin 是文件描述符，代表标准输入（默认指键盘，但也可以重定向到其他内容，比如文件）。而标准输出（stdout）默认在屏幕上，当然，你也可以重定向到文件。

13.1 概　　述

Rust标准库的std::io模块包含许多在执行输入和输出时需要的常见操作。该模块中最核心的部分是Read和Write这两个trait，它们提供用于读取和写入输入和输出的通用接口。

trait Read用于读，它包含许多方法用于从输入流读取字节数据。 Write用于写，它包含许多方法用于向输出流中写入数据，包含字节数据和UTF-8数据两种格式。

13.2　从标准输入流中读取数据

13.2.1　trait Read

Rust程序可以在运行时接收用户输入的数据。接收的方式就是从标准输入流（一般是键盘）中读取用户输入的内容。对于所有的输入IO对象类型，必须实现（或称继承）trait Read。在异步IO时，此Read可以用于最底层的支持。trait Read是一个用于从输入流读取字节的组件。输入流包括标准输入、键盘、鼠标、命令行、文件等。trait Read的定义如下：

```
pub trait Read {
    //从输入IO对象类型中读出数据到buf中，若成功则返回读到的长度
    //否则返回IO错误，在IO错误的情况下，buf中一定没有数据
    //此函数可能被阻塞，如果需要阻塞又没办法时，会返回Err
    //返回0一般表示已经读到文件尾部或fd已经关闭，或者buf空间为0
    fn read(&mut self, buf: &mut [u8]) -> Result<usize>;

    //利用向量读的方式读，除此之外，与read相同，IoSliceMut见后续说明
    fn read_vectored(&mut self, bufs: &mut [IoSliceMut<'_>]) -> Result<usize> {
        //默认不支持iovec的方式，使用read来模拟实现
        default_read_vectored(|b| self.read(b), bufs)
    }

    //是否实现向量读的方式，一般应优先选向量读
    fn is_read_vectored(&self) -> bool {
        false
    }

    //此方法会循环调用read直至读到文件尾（EOF）
    //一直读到文件尾部，此方法内部可以自由扩充Vec，Vec中的有效内容代表已经读到的数据
    //遇到错误会立刻返回，读到的数据仍然在Vec中
    fn read_to_end(&mut self, buf: &mut Vec<u8>) -> Result<usize> {
        default_read_to_end(self, buf)
    }

    //类似于read_to_end，但这里确定读到的是字符串，且符合UTF-8编码
    //其他与read_to_end相同
    fn read_to_string(&mut self, buf: &mut String) -> Result<usize> {
        default_read_to_string(self, buf)
    }

    //精确读与buf长度相同的字节，否则返回错误
    //如果长度不够且到达尾部，会返回错误
    fn read_exact(&mut self, buf: &mut [u8]) -> Result<()> {
        default_read_exact(self, buf)
    }

    //在有缓存的情况下，用以下函数将数据读到缓存中
    //一般ReadBuf由缓存类型结构创建
    fn read_buf(&mut self, buf: &mut ReadBuf<'_>) -> Result<()> {
```

```
        default_read_buf(|b| self.read(b), buf)
    }

    //精确地将要求容量字节读到缓存里面
    fn read_buf_exact(&mut self, buf: &mut ReadBuf<'_>) -> Result<()> {
        while buf.remaining() > 0 {
            let prev_filled = buf.filled().len();
            match self.read_buf(buf) {
                Ok(()) => {}
                Err(e) if e.kind() == ErrorKind::Interrupted => continue,
                Err(e) => return Err(e),
            }

            if buf.filled().len() == prev_filled {
                return Err(Error::new(ErrorKind::UnexpectedEof, "failed to fill
buffer"));
            }
        }

        Ok(())
    }

    //借用的一种实现方式，专为Read使用
    fn by_ref(&mut self) -> &mut Self
    where
        Self: Sized,
    {
        self
    }

    //将本身转换为一个字节流的迭代器
    //后续用迭代器的方法完成读
    fn bytes(self) -> Bytes<Self>
    where
        Self: Sized,
    {
        Bytes { inner: self }
    }

    //将读入的两个字节流进行连接
    fn chain<R: Read>(self, next: R) -> Chain<Self, R>
    where
        Self: Sized,
    {
        Chain { first: self, second: next, done_first: false }
    }

    //以self为基础生成一个字节数有限制的输入源
    fn take(self, limit: u64) -> Take<Self>
    where
        Self: Sized,
    {
        Take { inner: self, limit }
    }
}
```

这些了解即可，一般不直接使用，而是通过实现各个子trait提供给用户使用。比如，trait BufRead 继承（实现）了trait Read。直接使用Read实例可能会非常低效。例如，对TcpStream上Read的每次调用都会导致系统调用。

13.2.2 trait BufRead

trait BufReader对底层Read进行了大批量的不频繁读取，并且维护结果的内存缓冲区。BufReader可以提高对同一文件或网络套接字进行小规模重复读取调用的程序的速度。

Rust语言的Stdin实质是`BufReader<StdinRaw>`的线程安全版本。而函数read_line是trait BufRead的一个成员函数，下面来看一下BufRead的定义：

```
pub trait BufRead: Read {
    //从输入源IO对象读入并填充缓存，并将内部的缓存以字节切片引用方式返回
    fn fill_buf(&mut self) -> Result<&[u8]>;

    //有amt的字节被从缓存读出，对self的参数做针对性改变
    fn consume(&mut self, amt: usize);

    //缓存是否还存在未被读出的数据
    fn has_data_left(&mut self) -> Result<bool> {
        self.fill_buf().map(|b| !b.is_empty())
    }

    //将buf读到buf中，直到有数据为输入的参数
    fn read_until(&mut self, byte: u8, buf: &mut Vec<u8>) -> Result<usize> {
        read_until(self, byte, buf)
    }

    //从缓存中读出一行
    fn read_line(&mut self, buf: &mut String) -> Result<usize> {
        //借助read_until简单实现
        unsafe { append_to_string(buf, |b| read_until(self, b'\n', b)) }
    }

    //返回一个迭代器，将buf按输入的参数做分离
    fn split(self, byte: u8) -> Split<Self>
    where
        Self: Sized,
    {
        Split { buf: self, delim: byte }
    }

    //返回一个迭代器，将buf按行进行迭代
    fn lines(self) -> Lines<Self>
    where
        Self: Sized,
    {
        Lines { buf: self }
    }
}
```

在BufRead trait中，提供了read_line函数用于从输入流中读取一行字符串数据。该函数声明如下：

```
fn read_line(&mut self, buf: &mut line) -> Result<usize>
```

line是输出参数，将得到在控制台输入的字符串。返回 Result 枚举，如果成功则返回读取的字节数，注意返回值的数目包含控制台上输入的回车和换行这两个符号（\r\n），比如，我们在控制台上传输入字符串"abc"，然后按Enter键，那么返回的结果是5。此外，这个函数是阻塞的，应该小心使用：攻击者有可能连续发送字节而不发送换行符或EOF，在编写网络安全程序时要注意。

13.2.3　标准输入函数 stdin

函数stdin是模块std::io的一个成员函数，它为当前进程的标准输入创建一个标准输入流实例，即std::io::stdin()函数返回一个std::io::Stdin的实例，这是一个结构体，代表标准输入流。注意：函数stdin()中的s是小写的，而结构体Stdin中的S是大写的。

那么如何得到标准输入流实例呢？可以这样：

```
let mystdin = io::stdin();
```

现在我们得到了标准输入流的一个实例。结构体Stdin虽然实现了Read特性，但还实现了一个read_line方法，我们常用这个方法，而不是Read特性的方法。函数read_line() 是标准入流的句柄上的一个方法，用于从标准输入流读取一行数据。该函数声明如下：

```
pub fn read_line(&self, buf: &mut String) -> Result<usize>
```

read_line方法读取一行字符串（包括换行符）追加到buf，返回值是读取的字节数。因为read_line会读取末尾的换行符，所以一般在读入buf之后，还要调用buf的trim方法将换行符删除。

值得注意的是，如果有多个标准输入流实例，而返回的每个实例都要对共享缓冲区进行引用，那么对于该缓冲区的访问应该通过互斥锁进行同步，比如：

```
let mystdin = io::stdin();
let mut handle = stdin.lock();
use std::io::{self, BufRead};

fn main() -> io::Result<()> {
    let mut buffer = String::new();
    let mystdin = io::stdin();
    let mut handle = stdin.lock();            //通过互斥锁同步

    handle.read_line(&mut buffer);            //读取内容
    Ok(())
}
```

直接使用lock的方式叫作显式同步，我们也可以使用更加简洁的隐式同步，也就是把io::stdin()和read_line写在一起，比如：

```
use std::io;

fn main() -> io::Result<()> {
    let mut buffer = String::new();
    io::stdin().read_line(&mut buffer);          //隐式同步读取内容
    Ok(())
}
```

Rust程序可以在运行时接收用户输入的数据。接收的方式就是从标准输入流（一般是键盘）中读取用户输入的内容。下面的实例从标准输入流/命令行中读取用户的输入，并在控制台显示出来。

【例13.1】 从命令行输入数据

步骤 **01** 打开VS Code，单击菜单Terminal→New Terminal，执行命令cargo new myrust来新建一个Rust工程，工程名是myrust。在main.rs中，添加代码如下：

```rust
fn main(){
    let mut line=String::new();                           //创建字符串
    println!("Enter your name :");
    let b1=std::io::stdin().read_line(&mut line).unwrap();  //在控制台上输入数据
    println!("Hello , {}", line);                         //打印可见字符
    println!("str={:?}",line);                            //打印所有数据
    println!("count of bytes read , {}", b1);             //打印输入的字节数
    println!("{}", line.len());                           //再打印字符串line中的字符个数
}
```

std::io是标准库中关于输入输出的包，标准库提供的std::io::stdin()会返回当前进程的标准输入流stdin的句柄。而read_line()则是标准入流stdin的句柄上的一个方法，用于从标准输入流读取一行数据。read_line()方法的返回值值一个Result枚举，而unwrap()则是用于简化可恢复错误的处理。它会返回Result中存储的实际值。

步骤 **02** 保存文件并运行，由于本例我们需要进行输入，因此在VS Code下运行程序后，需要切换到VS Code的TERMINAL窗口，然后进入D:\ex\myrust\src，执行该目录下的main.exe，这样才能用键盘输入内容，代码如下：

```
PS D:\ex\myrust\src> .\main.exe
Enter your name :
Jack
Hello , Jack

str="Jack\r\n"
count of bytes: 6
6
```

由于笔者输入Jack后又按了Enter键，编译器会把回车操作认为是\r\n两个字符，因此最终统计的输入字节数是6。而且我们看到，字符串line里面是包括\r\n这两个字符的。

注意，目前 Rust 标准库还没有提供直接从命令行读取数字或格式化数据的方法，我们可以读取一行字符串并使用字符串识别函数处理数据。

另外，目前Rust标准库还没有读取数字或格式化数据的方法，我们只能读取字符串，然后自己把字符串转换成数字，通常是使用parse把字符串转成数字。下面来看一个实例。

【例13.2】 把输入的字符串转成数字

步骤 **01** 打开VS Code，单击菜单Terminal→New Terminal，执行命令cargo new myrust来新建一个Rust工程，工程名是myrust。在main.rs中，添加代码如下：

```rust
use std::io;
fn myf()
{
    //一行有多个数
    let mut buf = String::new();
    io::stdin().read_line(&mut buf).unwrap();
    let mut nums = buf.split_whitespace();
    let num1: f64 = nums.next().unwrap().parse().unwrap();
    let num2: f64 = nums.next().unwrap().parse().unwrap();
    let num3: f64 = nums.next().unwrap().parse().unwrap();
    println!("num1={},num2={},num3={}", num1,num2,num3);

    //读入数组
    let mut buff = String::new();
    io::stdin().read_line(&mut buff).unwrap();
    let ns: Vec<i32> = buff.split_whitespace().map(|x|
x.parse().unwrap()).collect();
    for v in ns {
      print!("{} ", v);
    }
}

fn main(){
    //一行只有一个数
    let mut buf = String::new();
    io::stdin().read_line(&mut buf).unwrap();
    let num1: i32 = buf.trim().parse().unwrap();
    println!("num1={} ", num1);

    myf();
}
```

步骤02 保存并运行，然后到VS Code的TERMINAL窗口进入src目录并运行main程序，代码如下：

```
PS D:\ex\myrust\src> .\main.exe
1
num1=1
2 3 4
num1=2,num2=3,num3=4
5 6 7 8 9 10
5 6 7 8 9 10
```

第一次，我们输入1，一行一个数字，然后转为数字并打印了num1=1；第二次输入2 3 4，然后转为数字并打印了num1=2,num2=3,num3=4；第三次输入了5 6 7 8 9 10，则全部转为数字并将其打印。

13.3 标准输出流

std::io::stdout()会返回一个std::io::Stdout的实例，这是个结构体，表示标准输出流。结构体Stdout实现了Write trait。Write trait是一个用于向输出流写入字节的组件。输出流包括标准输出、命令行、文件等。Write trait中的write函数完成实际的输出操作。所有的输出IO对象类型都必须实现Write trait。

函数stdout是模块std::io的一个成员函数，为当前进程的标准输出创建一个新的实例。该函数声明如下：

```
pub fn stdout() -> Stdout
```

返回的是句柄Stdout，注意第一个S是大写的，这个句柄就是当前进程的标准输出流的句柄。该函数返回的每个句柄都是对共享缓冲区的引用，因此对该缓冲区的访问通过互斥锁进行同步。使用互斥锁同步有两种方式，分别是隐式同步和显式同步。隐式同步比较简单，代码如下：

```
use std::io::{self, Write};
fn main() -> io::Result<()> {
    io::stdout().write_all(b"hello world")?;
    Ok(())
}
```

显式同步代码如下：

```
use std::io::{self, Write};

fn main() -> io::Result<()> {
    let stdout = io::stdout();
    let mut handle = stdout.lock();
    handle.write_all(b"hello world")?;
    Ok(())
}
```

我们之前用过无数次的print!()宏和println!()宏都可以向标准输出写入内容。不过这次使用标准库std::io提供的stdout().write()方法来输出内容。下面看一个实例，向标准输出写入内容，这句话中，"标准输出"是个名词。简单地讲，就是输出数据到显示器命令行窗口中，"标准输出"通常就是指终端屏幕，而"标准输入"一般就是指键盘。

【例13.3】 向标准输出写入内容

步骤 01 打开VS Code，单击菜单Terminal→New Terminal，执行命令cargo new myrust来新建一个 Rust工程，工程名是myrust。在main.rs中，添加代码如下：

```
use std::io::Write;
fn main() {
    let b1 = std::io::stdout().write("http".as_bytes()).unwrap();
    let b2 = std::io::stdout().write(String::from("www").as_bytes()).unwrap();
    std::io::stdout().write(format!("\ncount of bytes:
{}\n",(b1+b2)).as_bytes()).unwrap();
}
```

函数write()是标准输出流 stdout 的句柄上的一个方法，用于向标准输出流写入字节流内容。write()方法的返回值是一个Result枚举，而unwrap()则是一个帮助方法，用于简化可恢复错误的处理。它会返回Result中存储的实际值。

步骤 02 保存工程并运行，运行结果如下：

```
httpwww
count of bytes: 7
```

13.4 命令行参数

命令行参数是程序执行前就通过终端或命令行提示符或 Shell 传递给程序的参数。命令行参数有点类似于传递给函数的实参，比如之前见过的 main.exe。之前我们运行它的时候没有传递任何参数：

```
./main.exe
```

但实际上我们是可以传递一些参数的，无论程序使用与否，比如传递2024和"简单教程"作为参数：

```
./main.exe 2024 简单教程
```

如果要传递多个参数，多个参数之间必须使用空格分隔。如果参数中有空格，则参数必须使用双引号（"）引起来，比如：

```
./main.exe 2024 "简单教程 简单编程"
```

Rust语言在标准库中内置了std::env::args()函数返回所有的命令行参数。std::env::args()返回的结果包含程序名。例如上面的命令，std::env::args()中存储的结果为：

```
["./main.exe","2024","简单教程 简单编程"]
```

下面的实例中，我们通过迭代std::env::args()来输出所有传递给命令行的参数。

【例13.4】 输出命令行传递的所有参数

步骤01 打开VS Code，单击菜单Terminal→New Terminal，执行命令cargo new myrust来新建一个Rust工程，工程名是myrust。在main.rs中，添加代码如下：

```
fn main(){
    let cmd_line = std::env::args();
    println!("总共有 {} 个命令行参数",cmd_line.len());      // 传递的参数个数
    for arg in cmd_line {
        println!("[{}]",arg);                              // 迭代输出命令行传递的参数
    }
}
```

步骤02 保存工程，然后在VS Code的TERMINAL窗口下进入src目录，并运行main程序，代码如下：

```
PS D:\ex\myrust\src> .\main.exe 2024 war
```

总共有3个命令行参数

```
[D:\ex\myrust\src\main.exe]
[2024]
[war]
```

可以看到，我们传递给了main程序两个参数：2024和war，然后main程序将它们都解析打印出来了。Rust语言命令行参数和其他语言的命令行参数一样，都使用空格来分隔所有的参数。但要注意，实际上这里的std::env::args()存储着3个参数，第一个参数是当前的程序名（main.exe）。

下面的代码从命令行读取多个以空格分开的参数，并统计这些参数的总和。

【例13.5】 从命令行读取多个参数

步骤01 打开VS Code，单击菜单Terminal→New Terminal，执行命令cargo new myrust来新建一个Rust工程，工程名是myrust。在main.rs中，添加代码如下：

```rust
fn main(){
    let cmd_line = std::env::args();
    println!("总共有 {} 个命令行参数",cmd_line.len());        //传递的参数个数
    let mut sum = 0;
    let mut has_read_first_arg = false;

    //迭代所有参数并计算它们的总和
    for arg in cmd_line {
        if has_read_first_arg {      //跳过第一个参数，因为它的值是程序名
            sum += arg.parse::<i32>().unwrap();
        }
        has_read_first_arg = true;   //设置跳过第一个参数，这样接下来的参数都可以用于计算
    }
    println!("和值为:{}",sum);
}
```

步骤02 保存工程，然后在VS Code的TERMINAL窗口下进入src目录，并运行main程序，代码如下：

```
PS D:\ex\myrust\src> .\main.exe 1 2 3 4
```

总共有5个命令行参数

和值为:10

第 **14** 章

文 件 读 写

Rust 标准库提供了大量的模块和方法用于读写文件。Rust 语言使用结构体 File 来描述和展现一个文件。结构体 File 有相关的成员变量或函数，用于表示程序可以对文件进行的某些操作。所有对结构体 File 的操作方法都会返回一个 Result 枚举。表 14-1 列出了一些常用的文件读写方法。

表 14-1　一些常用的文件读写方法

模　　块	方　　法	说　　明
std::fs::File	pub fn open(path: P) -> Result	静态方法，以只读模式打开文件
std::fs::File	pub fn create(path: P) -> Result	静态方法，以可写模式打开文件。如果文件存在，则清空旧内容；如果文件不存在，则新建文件
std::fs::remove_file	pub fn remove_file(path: P) -> Result<()>	从文件系统中删除某个文件
std::fs::OpenOptions	pub fn append(&mut self, append: bool) -> &mut OpenOptions	设置文件模式为追加
std::io::Writes	fn write_all(&mut self, buf: &[u8]) -> Result<()>	将 buf 中的所有内容写入输出流
std::io::Read	fn read_to_string(&mut self, buf: &mut String) -> Result	读取所有内容转换为字符串后追加到 buf 中

14.1　打　开　文　件

Rust 标准库中的 std::fs::File 模块提供了静态方法 open()，用于打开一个文件并返回文件句柄。open() 函数的原型如下：

```
pub fn open(path: P) -> Result
```

open()函数用于以只读模式打开一个已经存在的文件。如果文件不存在，则会抛出一个错误；如果文件不可读，那么也会抛出一个错误。

下面的示例使用open()打开当前目录下的文件，因为文件已经存在，所以不会抛出任何错误。

【例14.1】 打开当前目录下的文件

步骤01 打开VS Code，单击菜单Terminal→New Terminal，执行命令cargo new myrust来新建一个Rust工程，工程名是myrust。在main.rs中，添加代码如下：

```
fn main() {
    let file = std::fs::File::open("data.txt").unwrap();
    println!("open file ok: {:?}",file);
}
```

我们在当前目录myrust/src下新建一个文本文件data.txt，然后输入abc后保存。

步骤02 保存并运行，运行结果如下：

```
open file ok: File { handle: 0x90, path: "\\\\?\\D:\\ex\\myrust\\src\\data.txt" }
```

可见，文件打开成功了。如果我们把data.txt删除，则提示：

```
thread 'main' panicked at 'called `Result::unwrap()` on an `Err` value: Os { code:
2, kind: NotFound, message: "系统找不到指定的文件。" }', main.rs:2:46
```

14.2 创 建 文 件

Rust标准库中的std::fs::File模块提供了静态方法create()，用于创建一个文件并返回创建的文件句柄。create()函数的原型如下：

```
pub fn create(path: P) -> Result
```

create()函数用于创建一个文件并返回创建的文件句柄。如果文件已经存在，则会内部调用open()打开文件；如果创建失败，比如目录不可写，则会抛出错误。

【例14.2】 创建文件

步骤01 打开VS Code，单击菜单Terminal→New Terminal，执行命令cargo new myrust来新建一个Rust工程，工程名是myrust。在main.rs中，添加代码如下：

```
fn main() {
    let file = std::fs::File::create("data.txt").expect("create failed");
    println!("create file ok:{:?}",file);
}
```

步骤02 保存并运行，运行结果如下：

```
create file ok:File { handle: 0x48, path: "\\\\?\\D:\\ex\\myrust\\src\\data.txt" }
```

14.3 写 文 件

Rust语言标准库std::io::Writes提供了函数 write_all() 用于向输出流写入内容。因为文件流也是输出流的一种，所以该函数也可以用于向文件写入内容。write_all()函数在模块 std::io::Writes中定义，它的函数原型如下：

```
fn write_all(&mut self, buf: &[u8]) -> Result<()>
```

write_all()用于向当前流写入buf中的内容。如果写入成功，则返回写入的字节数，如果写入失败，则抛出错误。注意，write_all()方法并不会在写入结束后自动写入换行符\n。下面的实例使用write_all()方法向文件 data.txt 写入一些内容。

【例14.3】 写数据到文件

步骤01 打开VS Code，单击菜单Terminal→New Terminal，执行命令cargo new myrust来新建一个Rust工程，工程名是myrust。在main.rs中，添加代码如下：

```
use std::io::Write;
fn main() {
    let mut file = std::fs::File::create("data.txt").expect("create failed");
    file.write_all("hello".as_bytes()).expect("write failed");
    file.write_all("\nworld".as_bytes()).expect("write failed");
    println!("data written to file" );
}
```

步骤02 保存并运行，运行结果如下：

```
data written to file
```

此时打开myrust\src\data.txt，会发现里面的内容是：

```
hello
world
```

14.4 读 文 件

Rust读取文件内容的一般步骤为：先使用open()函数打开一个文件，然后使用read_to_string()函数从文件中读取所有内容并转换为字符串。open()函数前面已经介绍过了，这次主要来讲read_to_string()函数。

read_to_string()函数用于从一个文件中读取所有剩余的内容并转换为字符串。read_to_string()函数的原型如下：

```
fn read_to_string(&mut self, buf: &mut String) -> Result
```

read_to_string()函数用于读取文件中的所有内容并追加到 buf 中，如果读取成功，则返回读取的字节数，如果读取失败，则抛出错误。

下面我们写一个实例，使用 read_to_string 函数从文件中读取内容。

【例14.4】 从文件中读取内容

步骤 **01** 打开VS Code，单击菜单Terminal→New Terminal，执行命令cargo new myrust来新建一个Rust工程，工程名是myrust。在main.rs中，添加代码如下：

```
use std::io::Read;

fn main(){
    let mut file = std::fs::File::open("data.txt").unwrap();      //打开文件
    let mut contents = String::new();              //创建字符串，用于存放读到的内容
    file.read_to_string(&mut contents).unwrap();   //读文件内容
    print!("{}", contents);                        //打印读到的内容
}
```

步骤 **02** 我们先在src目录下新建一个文本文件，输入内容hello后保存文件，然后运行程序，运行结果如下：

```
hello
```

可见，正确读到了文件的内容。

14.5 追加内容到文件末尾

Rust 核心和标准库并没有直接提供函数用于追加内容到文件的末尾，但提供了函数 append() 用于将文件的打开模式设置为追加。当文件的模式设置为追加之后，写入文件的内容就不会代替原先的旧内容而是放在旧内容的后面。函数 append() 在模块 std::fs::OpenOptions 中定义，它的函数原型如下：

```
pub fn append(&mut self, append: bool) -> &mut OpenOptions
```

其中参数append是布尔型，用于设置写内容是否为追加，如果是true则表示追加。下面的实例使用append()方法修改文件的打开模式为追加。

【例14.5】 向文件追加数据

步骤 **01** 打开VS Code，单击菜单Terminal→New Terminal，执行命令cargo new myrust来新建一个Rust工程，工程名是myrust。在main.rs中，添加代码如下：

```
use std::fs::OpenOptions;
use std::io::Write;
```

```
fn main() {
    let mut file =
OpenOptions::new().append(true).open("data.txt").expect("cannot open file");
    file.write_all("hi,".as_bytes()).expect("write failed");
    file.write_all("\nhello".as_bytes()).expect("write failed");
    file.write_all("\nworld".as_bytes()).expect("write failed");
    println!("data append ok");
}
```

步骤 02 我们先在src目录下新建一个文本文件，并输入内容hello后保存文件，然后运行程序，运行结果如下：

```
data append ok
```

这个时候，打开data.txt，可以看到如下内容：

```
hellohi,
hello
world
```

可见，内容在文件末尾添加进去了。

14.6　删　除　文　件

Rust标准库std::fs提供了函数remove_file()用于删除文件。remove_file()函数的原型如下：

```
pub fn remove_file<P: AsRef>(path: P) -> Result<()>
```

注意，可能会删除失败，即使返回结果为OK，也有可能不会立即删除。下面的实例使用remove_file()函数删除文件data.txt。

【例14.6】　删除文件

步骤 01 打开VS Code，单击菜单Terminal→New Terminal，执行命令cargo new myrust来新建一个Rust工程，工程名是myrust。在main.rs中，添加代码如下：

```
use std::fs;
fn main() {
    fs::remove_file("data.txt").expect("could not remove file");
    println!("File is removed.");
}
```

步骤 02 先在src目录下新建一个文本文件，并输入内容hello后保存文件，然后运行程序，运行结果如下：

```
File is removed.
```

此时到当前目录src下查看，可以发现data.txt没有了。

14.7 复 制 文 件

Rust标准库没有提供任何函数用于复制一个文件为另一个新文件，但我们可以构造命令来实现文件的复制功能。下面的实例模仿简单版本的copy命令。比如：

```
copy old_file_name new_file_name
```

【例14.7】 复制文件

步骤 01 打开VS Code，单击菜单Terminal→New Terminal，执行命令cargo new myrust来新建一个Rust工程，工程名是myrust。在main.rs中，添加代码如下：

```rust
use std::io::Read;
use std::io::Write;

fn main() {
    let mut command_line: std::env::Args = std::env::args();
    command_line.next().unwrap();

    // 跳过程序名
    // 源文件
    let source = command_line.next().unwrap();

    // 新文件
    let destination = command_line.next().unwrap();
    let mut file_in = std::fs::File::open(source).unwrap();
    let mut file_out = std::fs::File::create(destination).unwrap();
    let mut buffer = [0u8; 4096];
    loop {
        let nbytes = file_in.read(&mut buffer).unwrap();
        file_out.write(&buffer[..nbytes]).unwrap();
        if nbytes < buffer.len() { break; }
    }
}
```

步骤 02 先在src目录下新建一个文本文件data.txt，并输入内容hello后保存文件，然后运行程序，在VS Code窗口中的命令行下进入src目录，最后运行main，运行结果如下：

```
PS D:\ex\myrust\src> ./main.exe data.txt data_new.txt
```

在src目录可以发现data_new.txt了。

第 15 章
网络编程实战

Rust 语言是一种高效、安全且并发性强的编程语言，特别适合用来处理复杂的系统任务，如网络编程。本章将探讨在 Rust 中如何处理 TCP、UDP 等网络编程。和其他开发语言类似，Rust 网络编程的思想也是基于套接字。另外，本章假设读者已经对常用网络协议（比如 TCP、UDP、FTP 等）有过了解。因此，本章不讲网络协议理论知识，而是尽量贴近实战。

Rust 网络编程主要由标准库模块 std::net 提供，该模块提供传输控制和用户数据报协议的联网功能，以及 IP 和套接字地址的类型。因此我们围绕它来展开介绍。

15.1　套接字的基本概念

Socket的中文称呼叫套接字或套接口，是TCP/IP网络编程中的基本操作单元，可以看作不同主机的进程之间相互通信的端点。套接字是应用层与TCP/IP协议族通信的中间软件抽象层，一组接口，它把复杂的TCP/IP协议族隐藏在套接字接口后面。某个主机上的某个进程通过该进程中定义的套接字可以与其他主机上同样定义了套接字的进程建立通信，以传输数据。

Socket起源于UNIX，在UNIX一切皆文件的哲学思想下，Socket是一种"打开—读/写—关闭"模式的实现，服务器和客户端各自维护一个"文件"，在建立连接打开后，可以向自己的文件写入内容供对方读取或者读取对方的内容，通信结束时关闭文件。当然这只是一个大体路线，实际编程还有不少细节需要考虑。

无论是在Windows平台还是在Linux平台，都对套接字实现了自己的一套编程接口。Windows下的Socket实现叫Windows Socket。Linux下的实现有两套：一套是伯克利套接口（Berkeley Sockets），起源于Berkeley UNIX，这套接口简单，得到了广泛应用，已经成为Linux网络编程事实上的标准；另一套实现是传输层接口（Transport Layer Interface，TLI），它是System V 系统上的网络编程API，所以这套编程接口更多的是在UNIX上使用的。

简单地讲一下SystemV和BSD（Berkeley Software Distribution），SystemV的鼻祖正是1969年AT&T开发的UNIX，随着1993年Novell收购AT&T后开放了UNIX的商标，SystemV的风格也逐渐成为UNIX厂商的标准。BSD的鼻祖是加州大学伯克利分校在1975年开发的BSD UNIX，后被开源组织发展为现在众多的*BSD操作系统。这里需要说明的是，Linux不能称为"标准的UNIX"而只被称为"UNIX Like"的原因有一部分就来自它的操作风格介乎两者之间（SystemV和BSD），而且不同的厂商为了照顾不同的用户，各Linux发行版本的操作风格之间也有不小的出入。本书讲述的Linux网络编程都是基于Berkeley Sockets API的。

Socket是在应用层和传输层之间的一个抽象层，它把TCP/IP层复杂的操作抽象为几个简单的接口供应用层调用已实现进程在网络中通信。它在TCP/IP中的地位如图15-1所示。

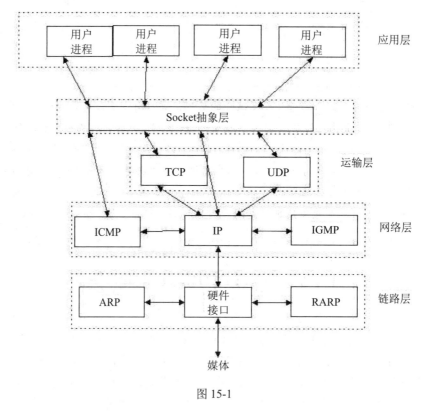

图 15-1

由图15-1可以看出，Socket编程接口其实就是用户进程（应用层）和传输层之间的编程接口。

15.1.1 网络程序的架构

网络程序通常有两种架构，一种是B/S架构（Browser/Server，浏览器/服务器），比如我们使用火狐浏览器浏览Web网站，火狐浏览器就是一个浏览器，网站上运行的Web服务器就是一个服务器。这种架构的优点是用户只需要在自己计算机上安装个网页浏览器就可以了，主要工作逻辑都在服务器上完成，减轻了用户端升级和维护的工作量。另一种架构是C/S架构（Client/Server，客户机/服务器），这种架构要在服务器端和客户机端分部安装不同的软件，并且应用不同，客户机端也要安装不同的客户机软件，有时客户机端的软件安装或升级还比较复杂，因此维护起来成本较大。但这种架构的优点是可以较充分地利用两端的硬件能力，较为合理地分配任务。值得注意的是，客户机和服务器实际上是指两个不同的进程，服务器是提供服务的进程，客户机是请求服务和接受服务的进程，它们通常位于不同的主机上（也可以是同一主机上的两个进程），这些主机有网络连接，服务器端提供服务并对来自客户端进程的请求做出响应。比如我们常用的QQ，我们自己计算机上的QQ程序就是一个客户端，而在腾讯公司内部还有服务端程序来处理客户端的请求。

基于套接字的网络编程中，通常使用C/S架构。一个简单的客户机和服务器之间的通信过程如下：

（1）客户机向服务器提出一个请求。

（2）服务器收到客户机的请求，进行分析处理。

（3）服务器将处理的结果返回给客户机。

通常一个服务器可以向多个客户机提供服务,因此对服务器来说，还需要考虑如何有效地处理多个客户的请求。

15.1.2　套接字的类型

套接字通常分为以下三种类型：

（1）流套接字（SOCK_STREAM），用于提供面向连接、可靠的数据传输服务。该服务将保证数据能够实现无差错、无重复发送，并按顺序接收。流套接字之所以能够实现可靠的数据服务，原因在于其使用了传输控制协议，即TCP协议。

（2）数据报套接字（SOCK_DGRAM），提供了一种无连接的服务。该服务并不能保证数据传输的可靠性，数据有可能在传输过程中丢失或出现数据重复，且无法保证顺序地接收到数据。数据报套接字使用UDP协议进行数据传输。由于数据报套接字不能保证数据传输的可靠性，对于有可能出现数据丢失的情况，需要在程序中做相应的处理。

（3）原始套接字（SOCK_RAW），允许对较低层次的协议直接访问，比如IP、ICMP协议，它常用于检验新的协议实现，或者访问现有服务中配置的新设备，因为RAW SOCKET可以自如地控制Linux下的多种协议，能够对网络底层的传输机制进行控制，所以可以应用原始套接字来操纵网络层和传输层应用。比如，我们可以通过RAW SOCKET来接收发向本机的ICMP、IGMP协议包，或者接收TCP/IP栈不能够处理的IP包，也可以用来发送一些自定包头或自定协议的IP包。网络监听技术经常会用到原始套接字。

原始套接字与标准套接字（标准套接字包括流套接字和数据包套接字）的区别在于，原始套接字可以读写内核没有处理的IP数据包，而流套接字只能读取TCP协议的数据，数据包套接字只能读取UDP协议的数据。

15.2　IP地址枚举IpAddr

IP地址（Internet Protocol Address）是指互联网协议地址，又译为网际协议地址。IP地址是IP协议提供的一种统一的地址格式，它为互联网上的每一个网络和每一台主机分配一个逻辑地址，以此来屏蔽物理地址的差异。IP地址有两个版本，即IPv4和IPv6。

IPv4（Internet Protocol version 4，互联网通信协议第4版）是网际协议开发过程中的第4个修订版本，也是此协议第一个被广泛部署的版本。IPv4是互联网的核心，也是使用最广泛的网际协议版本，其后继版本为IPv6。2019年11月26日，全球所有43亿个IPv4地址已分配完毕，这意味着没有更多的IPv4地址可以分配给ISP和其他大型网络基础设施提供商。

IPv6（Internet Protocol version 6，互联网通信协议第6版）是互联网工程任务组（The Internet Engineering Task Force，IETF）设计的用于替代IPv4的下一代IP协议，其地址数量号称可以为全世界的每一粒沙子编上一个地址。由于IPv4最大的问题在于网络地址资源不足，严重制约了互联网的应用和发展。IPv6的使用不仅解决了网络地址资源数量的问题，而且解决了多种接入设备连入互联网的障碍。

互联网数字分配机构（The Internet Assigned Numbers Authority，IANA）在2016年已向国际互联网工程任务组提出建议，要求新制定的国际互联网标准只支持IPv6，不再兼容IPv4。

在网络编程中，IP地址是一个主机必须拥有的属性，相当于你要去串门的对方门牌号。在Rust中，专门提供了枚举std::net::IpAddr来表示一个IP地址，定义如下：

```
pub enum IpAddr {
    V4(Ipv4Addr),   //表示IPv4的地址
    V6(Ipv6Addr),   //表示IPv6的地址
}
```

该枚举有两个成员变体：Ipv4Addr和Ipv6Addr。Ipv4Addr和Ipv6Addr分别表示IPv4地址和IPv6地址的两个结构体。

【例15.1】　打印IPv4和IPv6地址

步骤 01 打开VS Code，单击菜单Terminal→New Terminal，执行命令cargo new myrust来新建一个Rust工程，工程名是myrust。在main.rs中，添加代码如下：

```
fn main() {
    use std::net::{IpAddr, Ipv4Addr, Ipv6Addr};

    let localhost_v4: IpAddr = IpAddr::V4(Ipv4Addr::new(127, 0, 0, 1));    //赋
值本地IPv4地址
    let localhost_v6 = IpAddr::V6(Ipv6Addr::new(0, 0, 0, 0, 0, 0, 0, 1)); //赋
值本地IPv6地址

    assert_eq!("127.0.0.1".parse(), Ok(localhost_v4));
    assert_eq!("::1".parse(), Ok(localhost_v6));

    assert_eq!(localhost_v4.is_ipv6(), false);
```

```
    assert_eq!(localhost_v4.is_ipv4(), true);

    println!("{:?}",localhost_v4);          //打印IPv4地址
    println!("{:?}",localhost_v6);          //打印IPv6地址
}
```

步骤 02 保存并运行，运行结果如下：

```
127.0.0.1
::1
```

127.0.0.1是IPv4的本地回环地址。而::1用于在IPv6中标识一个回环接口，可以使一个节点给自己发送数据包，相当于IPv4的本地回环地址127.0.0.1。

下面我们来看一下枚举IpAddr的成员函数。别怀疑，在Rust中，枚举的功能已经很强大了，都可以有成员函数了。Rust中的枚举已经不是以前C语言中那个单薄的枚举了。

15.2.1　is_unspecified 函数

is_unspecified函数用于判断地址是否指定，对于特殊的"未指定"地址，返回true，否则返回false。该函数声明如下：

```
pub const fn is_unspecified(&self) -> bool
```

使用示例如下：

```
use std::net::{IpAddr, Ipv4Addr, Ipv6Addr};

assert_eq!(IpAddr::V4(Ipv4Addr::new(0, 0, 0, 0)).is_unspecified(), true);
assert_eq!(IpAddr::V6(Ipv6Addr::new(0, 0, 0, 0, 0, 0, 0, 0)).is_unspecified(),
true);
```

在IPv4中，0.0.0.0地址被用于表示一个无效的、未知的或者不可用的目标，它是一个"未指定"的地址。0.0.0.0.0.0.0.0表示同样的概念，但它用于IPv6中。

15.2.2　is_loopback 函数

is_loopback函数判断地址是不是回环地址，如果是回环地址，则返回true，否则返回false。回环地址是一种特殊的IP地址，它允许计算机的软件组件在本地主机上进行网络通信，也称作本地回环地址。在计算机网络中，回环地址是一个虚拟地址，它不属于任何网络，而是指向自己的计算机。因此，当你使用回环地址发送数据时，数据会在本地计算机上循环，并且不会被发送到其他计算机或网络。回环地址常用于调试和测试网络软件，因为它可以让你在本地计算机上模拟网络通信。此外，它也可用于在本地计算机上运行服务器软件，例如 Web 服务器或数据库服务器。 总的来说，回环地址是一个非常重要的网络概念，它在计算机网络的很多方面都有用处。

该函数声明如下：

```
pub const fn is_loopback(&self) -> bool
```

使用示例如下：

```
use std::net::{IpAddr, Ipv4Addr, Ipv6Addr};

assert_eq!(IpAddr::V4(Ipv4Addr::new(127, 0, 0, 1)).is_loopback(), true);
assert_eq!(IpAddr::V6(Ipv6Addr::new(0, 0, 0, 0, 0, 0, 0, 0x1)).is_loopback(),
true);
```

在IPv4中，本地回环地址是127.0.0.1，在IPv6中，本地回环地址是::1。

15.2.3　is_multicast 函数

is_multicast函数用于判断IP地址是不是广播地址（Broadcast Address），如果是广播地址，则返回true。广播地址是专门用于同时向网络中所有工作站发送的一个地址。在使用TCP/IP协议的网络中，主机标识段host ID为全1的IP地址为广播地址，广播的分组传送给host ID段所涉及的所有计算机。

该函数声明如下：

```
pub const fn is_multicast(&self) -> bool
```

使用示例如下：

```
use std::net::{IpAddr, Ipv4Addr, Ipv6Addr};

assert_eq!(IpAddr::V4(Ipv4Addr::new(224, 254, 0, 0)).is_multicast(), true);
assert_eq!(IpAddr::V6(Ipv6Addr::new(0xff00, 0, 0, 0, 0, 0, 0, 0)).is_multicast(),
true);
```

15.2.4　is_ipv4 函数

is_ipv4函数用于判断IP地址是否为IPv4地址，如果此地址是IPv4地址，则返回true，否则返回false。该函数声明如下：

```
pub const fn is_ipv4(&self) -> bool
```

使用示例如下：

```
use std::net::{IpAddr, Ipv4Addr, Ipv6Addr};
assert_eq!(IpAddr::V4(Ipv4Addr::new(203, 0, 113, 6)).is_ipv4(), true);
assert_eq!(IpAddr::V6(Ipv6Addr::new(0x2001, 0xdb8, 0, 0, 0, 0, 0, 0)).is_ipv4(),
false); //这是个IPv6地址
```

15.2.5　is_ipv6 函数

is_ipv6函数用于判断IP地址是否为IPv6地址，如果此地址是IPv6地址，则返回true，否则返回false。该函数声明如下：

```
pub const fn is_ipv6(&self) -> bool
```

使用示例如下：

```
use std::net::{IpAddr, Ipv4Addr, Ipv6Addr};
assert_eq!(IpAddr::V4(Ipv4Addr::new(203, 0, 113, 6)).is_ipv6(), false);
assert_eq!(IpAddr::V6(Ipv6Addr::new(0x2001, 0xdb8, 0, 0, 0, 0, 0, 0)).is_ipv6(),
true);
```

15.3　IPv4结构Ipv4Addr

为了方便IPv4用户使用，Rust还专门提供了用于IPv4的结构体Ipv4Addr，有一些功能来自IpAddr，比如判断是不是广播地址、回环地址等。

Ipv4Addr提供了4字节空间存储IP地址，且用十进制形式来表示（这被称为"小数点记数法"）。Ipv4Addr结构的基本用法如下：

```
use std::net::Ipv4Addr;

let localhost = Ipv4Addr::new(127, 0, 0, 1);
assert_eq!("127.0.0.1".parse(), Ok(localhost));
assert_eq!(localhost.is_loopback(), true);
assert!("012.004.002.000".parse::<Ipv4Addr>().is_err()); // all octets are in
octal
assert!("0000000.0.0.0".parse::<Ipv4Addr>().is_err()); // first octet is a zero
in octal
assert!("0xcb.0x0.0x71.0x00".parse::<Ipv4Addr>().is_err()); // all octets are in
hex
```

下面我们来看一下Ipv4Addr提供的成员函数。

15.3.1　new 函数

new函数从4个8位字节数据创建一个新的IPv4地址，结果将表示IP地址a.b.c.d。该函数声明如下：

```
pub const fn new(a: u8, b: u8, c: u8, d: u8) -> Ipv4Addr
```

示例代码如下：

```
use std::net::Ipv4Addr;

fn main() {
    let addr = Ipv4Addr::new(127, 0, 0, 1);
    println!("{:?}",addr);
}
```

运行结果如下：

```
127.0.0.1
```

15.3.2 常量 LOCALHOST

LOCALHOST表示:127.0.0.1这个IPv4地址，定义如下：

```
pub const LOCALHOST: Ipv4Addr = Ipv4Addr::new(127, 0, 0, 1)
```

示例代码如下：

```
use std::net::Ipv4Addr;

let addr = Ipv4Addr::LOCALHOST;
assert_eq!(addr, Ipv4Addr::new(127, 0, 0, 1));
```

15.3.3 常量 UNSPECIFIED

UNSPECIFIED表示未指定地址的IPv4地址：0.0.0.0。这与其他语言中的常量INADDR_ANY相对应。UNSPECIFIED定义如下：

```
pub const UNSPECIFIED: Ipv4Addr = Ipv4Addr::new(0, 0, 0, 0)
```

可以看出，UNSPECIFIED其实就是为了简化编程代码而已。示例代码如下：

```
use std::net::Ipv4Addr;

let addr = Ipv4Addr::UNSPECIFIED;
assert_eq!(addr, Ipv4Addr::new(0, 0, 0, 0));
```

15.3.4 常量 BROADCAST

BROADCAST代表广播地址的IPv4地址：255.255.255.255，定义如下：

```
pub const BROADCAST: Ipv4Addr = Ipv4Addr::new(255, 255, 255, 255)
```

示例代码如下：

```
use std::net::Ipv4Addr;
let addr = Ipv4Addr::BROADCAST;
assert_eq!(addr, Ipv4Addr::new(255, 255, 255, 255));
```

15.3.5 octets 函数

octets函数返回组成此地址的4个8位整数。该函数声明如下：

```
pub const fn octets(&self) -> [u8; 4]
```

使用示例如下：

```
use std::net::Ipv4Addr;
```

```
fn main() {
    let addr = Ipv4Addr::new(127, 0, 0, 1);
    assert_eq!(addr.octets(), [127, 0, 0, 1]);
    println!("{:?}",addr.octets());
}
```

输出结果：

```
[127, 0, 0, 1]
```

15.3.6　is_unspecified 函数

is_unspecified函数的功能同IpAddr::is_unspecified，也就是对于特殊的"未指定"地址（0.0.0.0）返回true。该函数声明如下：

```
pub const fn is_unspecified(&self) -> bool
```

使用示例如下：

```
use std::net::Ipv4Addr;
assert_eq!(Ipv4Addr::new(0, 0, 0, 0).is_unspecified(), true);
assert_eq!(Ipv4Addr::new(45, 22, 13, 197).is_unspecified(), false);
```

15.3.7　is_loopback 函数

is_loopback函数的功能同IpAddr::is_loopback，也就是如果是回环地址（127.0.0.0/8），则返回true。该函数声明如下：

```
pub const fn is_loopback(&self) -> bool
```

使用示例如下：

```
use std::net::Ipv4Addr;
assert_eq!(Ipv4Addr::new(127, 0, 0, 1).is_loopback(), true);
assert_eq!(Ipv4Addr::new(45, 22, 13, 197).is_loopback(), false);
```

15.3.8　is_link_local 函数

is_link_local函数用于判断IP地址是不是链路本地地址（Link-Local Address），如果是链路本地地址（169.254.0.0/16），则返回true。链路本地地址是计算机网络中一类特殊的地址，它仅供于在网段或广播域中的主机相互通信使用。这类主机通常不需要外部互联网服务，仅有主机间相互通信的需求。IPv4链路本地地址定义在169.254.0.0/16地址块。IPv6定义在fe80::/10地址块。该函数声明如下：

```
pub const fn is_link_local(&self) -> bool
```

使用示例如下：

```
use std::net::Ipv4Addr;
```

```
assert_eq!(Ipv4Addr::new(169, 254, 0, 0).is_link_local(), true);
assert_eq!(Ipv4Addr::new(169, 254, 10, 65).is_link_local(), true);
assert_eq!(Ipv4Addr::new(16, 89, 10, 65).is_link_local(), false);
```

15.3.9　is_multicast 函数

is_multicast函数用于判断IP地址是不是多播地址。多播是一种允许一个或者多个发送者发送单一数据包到多个接收者的网络技术。不论组成员数量的多少，数据源只发送一次数据包，并且组播只向那些需要数据包的主机和网络发送包（以多播地址寻址）。在IP多播中，组成员的关系是动态的，多播接收主机可以在任何时候加入或退出多播组。此外，多播接收主机可以是任意多个多播组的成员。在共享的链路上，相同的信息只需要一个多播流，从而能够很好地控制流量，减少了主机和网络的负担，提高了网络应用服务的效率和能力。多播技术是TCP/IP传送方式的一种。TCP/IP有三种传输方式：单播、多播和广播。

多播地址是一个48位的标示符，命名了一组应该在这个网络中应用接收到一个分组的站点。多播使用一种虚拟组地址的概念进行工作，数据包的目的地址不是一个而是一组，形成多播组地址，因此为多播通信保留了大量多播地址空间。在IPv4中，多播地址历史上被叫作D类地址，这是一种类型的IP地址，它的范围为224.0.0.0～239.255.255.255，即224.0.0.0/4。在IPv6中，多播地址都有前缀ff00::/8。但是注意，224.0.0.0被保留，不能赋给任何多播组。

该函数声明如下：

```
pub const fn is_multicast(&self) -> bool
```

如果IP地址是多播地址（224.0.0.0/4），则返回true。注意：多播地址的最高有效8位位组在224和239之间。使用示例如下：

```
use std::net::Ipv4Addr;
assert_eq!(Ipv4Addr::new(224, 254, 0, 0).is_multicast(), true);
assert_eq!(Ipv4Addr::new(236, 168, 10, 65).is_multicast(), true);
assert_eq!(Ipv4Addr::new(172, 16, 10, 65).is_multicast(), false);
```

15.3.10　is_broadcast 函数

is_broadcast函数用于判断IP地址是不是广播地址。广播地址是专门用于同时向网络中所有工作站进行发送的一个地址。在使用TCP/IP协议的网络中，主机标识段host ID为全1的IP地址为广播地址，广播分组传送给host ID段所涉及的所有计算机。例如，对于10.1.1.0（255.0.0.0）网段，其直播广播地址为10.255.255.255（255即为二进制的11111111），当发出一个目的地址为10.255.255.255 的分组（封包）时，它将被分发给该网段上的所有计算机。广播地址应用于网络内的所有主机。

该函数声明如下：

```
pub const fn is_broadcast(&self) -> bool
```

如果IP地址是一个广播地址（255.255.255），则返回true，否则返回false。使用示例如下：

```
use std::net::Ipv4Addr;
```

```
assert_eq!(Ipv4Addr::new(255, 255, 255, 255).is_broadcast(), true);
assert_eq!(Ipv4Addr::new(236, 168, 10, 65).is_broadcast(), false);
```

15.3.11　to_ipv6_compatible 函数

to_ipv6_compatible函数将IP地址转换为与IPv4兼容的IPv6地址，也就是a.b.c.d变为::a.b.c.d，请注意，IPv4兼容地址已被正式弃用。如果由于遗留原因，用户不明确需要IPv4兼容地址，请考虑使用to_ipv6_mapped。该函数声明如下：

```
pub const fn to_ipv6_compatible(&self) -> Ipv6Addr
```

使用示例如下：

```
use std::net::{Ipv4Addr, Ipv6Addr};
assert_eq!(
    Ipv4Addr::new(192, 0, 2, 255).to_ipv6_compatible(),
    Ipv6Addr::new(0, 0, 0, 0, 0, 0, 0xc000, 0x2ff)
);
```

15.3.12　to_ipv6_mapped 函数

to_ipv6_mapped函数将IP地址转换为IPv4映射的IPv6地址，即a.b.c.d变为ffff:a.b.c.d，该函数声明如下：

```
pub const fn to_ipv6_mapped(&self) -> Ipv6Addr
```

使用示例如下：

```
use std::net::{Ipv4Addr, Ipv6Addr};
assert_eq!(Ipv4Addr::new(192, 0, 2, 255).to_ipv6_mapped(),
          Ipv6Addr::new(0, 0, 0, 0, 0, 0xffff, 0xc000, 0x2ff));
```

15.4　IPv4套接字地址SocketAddrV4

　　一个套接字代表通信的一端，通信的每端都有一个套接字地址，这个Socket地址包含IP地址和端口信息。有了IP地址就能从网络中识别对方主机，有了端口就能识别对方主机上的进程。

　　IPv4套接字地址由IPv4地址和16位端口号组成，如IETF RFC 793中所述。在Rust中，用结构std::net::SocketAddrV4来表示IPv4套接字地址。SocketAddrV4结构的大小可能因目标操作系统而异，不要假设此类型与底层系统表示具有相同的内存布局。其基本用法如下：

```
use std::net::{Ipv4Addr, SocketAddrV4};

let socket = SocketAddrV4::new(Ipv4Addr::new(127, 0, 0, 1), 8080);
assert_eq!("127.0.0.1:8080".parse(), Ok(socket));
assert_eq!(socket.ip(), &Ipv4Addr::new(127, 0, 0, 1));
assert_eq!(socket.port(), 8080);
```

下面我们来看一下它的成员函数。

15.4.1 new 函数

new函数根据IPv4地址和端口号创建新的套接字地址。该函数声明如下：

```
pub const fn new(ip: Ipv4Addr, port: u16) -> SocketAddrV4
```

使用示例如下：

```
use std::net::{SocketAddrV4, Ipv4Addr};
let socket = SocketAddrV4::new(Ipv4Addr::new(127, 0, 0, 1), 8080);
```

在代码中，用new函数创建了一个IP地址为127.0.0.1、端口号为8080的套接字地址。

15.4.2 ip 函数

ip函数返回与此套接字地址关联的IP地址。该函数声明如下：

```
pub const fn ip(&self) -> &Ipv4Addr
```

使用示例如下：

```
fn main() {
    use std::net::{SocketAddrV4, Ipv4Addr};
    let socket = SocketAddrV4::new(Ipv4Addr::new(127, 0, 0, 1), 8080);
    assert_eq!(socket.ip(), &Ipv4Addr::new(127, 0, 0, 1));

    println!("{:?}",socket.ip());
}
```

运行结果如下：

```
127.0.0.1
```

15.4.3 set_ip 函数

set_ip函数更改与此套接字地址关联的IP地址。该函数声明如下：

```
pub fn set_ip(&mut self, new_ip: Ipv4Addr)
```

使用示例如下：

```
fn main() {
    use std::net::{SocketAddrV4, Ipv4Addr};

    let mut socket = SocketAddrV4::new(Ipv4Addr::new(127, 0, 0, 1), 8080);
    socket.set_ip(Ipv4Addr::new(192, 168, 0, 1));
    assert_eq!(socket.ip(), &Ipv4Addr::new(192, 168, 0, 1));
    println!("{:?}",socket.ip());
}
```

运行结果如下：

```
192.168.0.1
```

15.4.4 port 函数

port函数返回与此套接字地址关联的端口号。该函数声明如下：

```
pub const fn port(&self) -> u16
```

使用示例如下：

```
fn main() {
    use std::net::{SocketAddrV4, Ipv4Addr};

    let socket = SocketAddrV4::new(Ipv4Addr::new(127, 0, 0, 1), 8080);
    assert_eq!(socket.port(), 8080);

    println!("{:?}",socket.port());
}
```

运行结果如下：

```
8080
```

15.4.5 set_port 函数

set_port函数更改与此套接字地址关联的端口号。该函数声明如下：

```
pub fn set_port(&mut self, new_port: u16)
```

使用示例如下：

```
fn main() {
    use std::net::{SocketAddrV4, Ipv4Addr};

    let mut socket = SocketAddrV4::new(Ipv4Addr::new(127, 0, 0, 1), 8080);
    socket.set_port(4242);
    assert_eq!(socket.port(), 4242);
    println!("{:?}",socket.port());
}
```

运行结果如下：

```
4242
```

15.5 TCP套接字编程的基本步骤

　　流式套接字编程针对的是TCP协议通信，即面向连接的通信，它分为服务器端和客户端两部分，分别代表两个通信端点。下面看一下流式套接字编程的基本步骤。

服务器端编程的步骤如下:

步骤 01 创建套接字。

步骤 02 绑定套接字到一个IP地址和一个端口上。

步骤 03 将套接字设置为监听模式等待连接请求,这个套接字就是监听套接字了。

步骤 04 请求到来后,接受连接请求,返回一个新的对应此次连接的套接字。

步骤 05 用返回的新套接字和客户端进行通信,即发送或接收数据,通信结束就关闭这个新创建的套接字。

步骤 06 监听套接字继续处于监听状态,等待其他客户端的连接请求。

步骤 07 如果要退出服务器程序,则先关闭监听套接字,再释放加载的套接字库。

客户端编程的步骤如下:

步骤 01 创建套接字。

步骤 02 向服务器发出连接请求。

步骤 03 和服务器端进行通信,即发送或接收数据。

步骤 04 如果要关闭客户端程序,则先关闭套接字,再释放加载的套接字库。

Rust网络编程主要由标准库模块std::net提供。而TCP编程接口主要由std::net::TcpListener和std::net::TcpStream这两大结构体来提供,一看便知TcpListener用于服务端监听,TcpStream则用于流式网络数据的接收和发送。

15.6　TCP侦听器TcpListener

TcpListener用于TCP套接字服务器,功能是侦听客户端的连接。通过将TcpListener绑定到套接字地址来创建它之后,它将侦听来自客户端的TCP连接。然后可以通过调用accept或通过迭代Incoming返回的Incoming迭代器来接受这些迭代器。删除该值时,套接字将关闭。TcpListener的基本用法如下:

```rust
use std::net::{TcpListener, TcpStream};

fn handle_client(stream: TcpStream) {          //在这个函数中具体处理客户端的请求
    ...
}


fn main() -> std::io::Result<()> {
    let listener = TcpListener::bind("127.0.0.1:80");       //绑定到本地IP和端口80
    // accept connections and process them serially
    for stream in listener.incoming() {
        handle_client(stream?);
    }
    Ok(())
}
```

我们先来看std::net::TcpListener中的成员函数。

15.6.1　bind 函数

TCP 服务端使用 std::net::TcpListener::bind 函数来监听IP地址和端口。该函数声明如下：

```
pub fn bind<A: ToSocketAddrs>(addr: A) -> io::Result<TcpListener>
```

该函数创建一个新的TcpListener，它将绑定到指定的地址。返回的侦听器已准备好接受连接。端口号为0的绑定将请求操作系统为此侦听器分配一个端口，可以通过TcpListener::local_addr方法查询分配的端口。我们可以看到泛型参数 A 为 ToSocketAddrs，这其实是一个 SocketAddr 的数组，我们可以使用字符串方式来调用该方法，也可以使用数组的方式来使用。

地址类型可以是ToSocketAddrs特性的任何实现者。如果addr产生多个地址，将尝试对每个地址进行绑定，直到绑定成功并返回侦听器。如果没有一个地址成功创建侦听器，则返回上次尝试返回的错误（最后一个地址）。

下面来看一个示例，我们创建一个绑定到127.0.0.1:80的TCP侦听器，示例如下：

```
use std::net::TcpListener;
let listener = TcpListener::bind("127.0.0.1:80").unwrap();
```

再来看一个示例，创建一个绑定到127.0.0.1:80的TCP侦听器。如果失败，则创建一个绑定到127.0.0.1:443的TCP侦听器，代码如下：

```
use std::net::{SocketAddr, TcpListener};

let addrs = [                    //定义了两个地址，这样一个地址侦听失败，则再侦听下一个地址
    SocketAddr::from(([127, 0, 0, 1], 80)),
    SocketAddr::from(([127, 0, 0, 1], 443)),
];
let listener = TcpListener::bind(&addrs[..]).unwrap();
```

继续看一个示例，创建一个绑定到IP地址为127.0.0.1，并且端口号由操作系统分配的TCP侦听器，代码如下：

```
use std::net::TcpListener;
let socket = TcpListener::bind("127.0.0.1:0").unwrap();
```

也就是IP后头跟了0，表示具体服务器的端口号由操作系统来分配，这样可以避免检查程序的端口号是否和其他程序产生冲突,因为操作系统给我们的端口号肯定是没被占用的。这个功能不错，为Rust点赞。

15.6.2　local_addr 函数

local_addr函数用于返回此侦听器的本地套接字地址，该函数声明如下：

```
pub fn local_addr(&self) -> Result<SocketAddr>
```

下面来看一个实例，打印绑定后侦听器的套接字地址。

【例15.2】 打印绑定后侦听器的套接字地址

步骤01 打开VS Code，单击菜单Terminal→New Terminal，执行命令cargo new myrust来新建一个Rust工程，工程名是myrust。在main.rs中，添加代码如下：

```
fn main() {
    use std::net::{Ipv4Addr, SocketAddr, SocketAddrV4, TcpListener};

    let listener = TcpListener::bind("127.0.0.1:8080").unwrap();
    assert_eq!(listener.local_addr().unwrap(),
            SocketAddr::V4(SocketAddrV4::new(Ipv4Addr::new(127, 0, 0, 1),
8080)));
    println!("{:?}",listener.local_addr().unwrap());
}
```

上面代码首先绑定到IP为127.0.0.1、端口号为8080的套接字地址，最后将其打印出来。

步骤02 保存并运行，运行结果如下：

```
127.0.0.1:8080
```

15.6.3 try_clone 函数

try_clone函数用于为基础套接字创建一个新的独立拥有的句柄。该函数返回的TcpListener是对此对象引用的同一套接字的引用，两个句柄都可以用于接受传入连接，并且在一个侦听器上设置的选项将影响另一个侦听器。该函数声明如下：

```
pub fn try_clone(&self) -> Result<TcpListener>
```

使用示例如下：

```
use std::net::TcpListener;
let listener = TcpListener::bind("127.0.0.1:8080").unwrap();
let listener_clone = listener.try_clone().unwrap();
```

15.6.4 accept 函数

accept函数用于接受来自此侦听器的新传入连接。此函数将阻止调用线程，即该函数是阻塞函数，直到建立新的TCP连接。当TCP连接建立时，将返回相应的TcpStream和远程对等方的地址。该函数声明如下：

```
pub fn accept(&self) -> Result<(TcpStream, SocketAddr)>
```

使用示例如下：

```
use std::net::TcpListener;
let listener = TcpListener::bind("127.0.0.1:8080").unwrap();
```

```
match listener.accept() {
    Ok((_socket, addr)) => println!("new client: {addr:?}"),
    Err(e) => println!("couldn't get client: {e:?}"),
}
```

15.6.5　incoming 函数

incoming函数在此侦听器收到的连接上返回迭代器。该函数返回的迭代器永远不会返回None，也不会产生对等方的SocketAddr结构，对其进行迭代相当于在循环中调用TcpListener::accept。该函数声明如下：

```
pub fn incoming(&self) -> Incoming<'_>
```

使用示例如下：

```
use std::net::{TcpListener, TcpStream};

fn handle_connection(stream: TcpStream) {
    ...
}

fn main() -> std::io::Result<()> {
    let listener = TcpListener::bind("127.0.0.1:80");

    for stream in listener.incoming() {
        match stream {
            Ok(stream) => {
                handle_connection(stream);
            }
            Err(e) => { /* connection failed */ }
        }
    }
    Ok(())
}
```

15.6.6　set_ttl 函数

set_ttl函数用于设置此套接字上IP_TTL选项的值。此值设置从该套接字发送的每个数据包中使用的生存时间（Time To Live，TTL）字段。该字段指定IP包被路由器丢弃之前允许通过的最大网段数量。TTL是IP协议包中的一个值，它告诉网络，数据包在网络中的时间是否太长、是否应被丢弃。有很多原因使数据包在一定时间内不能被传递到目的地。

TTL的作用是限制IP数据包在计算机网络中存在的时间。TTL的最大值是255，TTL的一个推荐值是64，避免IP包在网络中无限循环和收发，节省了网络资源，并使IP包的发送者能收到告警消息。每经过一个路由器，路由器都会修改这个TTL字段值，具体的做法是把该TTL的值减1，然后将IP包转发出去。如果在IP包到达目的IP之前，TTL减少为0，路由器将会丢弃收到的TTL=0的IP包并向IP包的发送者发送ICMP time exceeded消息。

该函数声明如下：

```
pub fn set_ttl(&self, ttl: u32) -> Result<()>
```

使用示例如下：

```
use std::net::TcpListener;
let listener = TcpListener::bind("127.0.0.1:80").unwrap();
listener.set_ttl(100).expect("could not set TTL");
```

15.6.7　ttl 函数

ttl函数用于获取此套接字的IP_TTL选项的值。如果要设置，则可以调用TcpListener::set_ttl。该函数声明如下：

```
pub fn ttl(&self) -> Result<u32>
```

使用示例如下：

```
use std::net::TcpListener;
let listener = TcpListener::bind("127.0.0.1:80").unwrap();
listener.set_ttl(100).expect("could not set TTL");
assert_eq!(listener.ttl().unwrap_or(0), 100);
```

15.6.8　take_error 函数

take_error函数用于获取此套接字上的SO_ERROR选项的值。这将检索底层套接字中存储的错误，并清除进程中的字段。这对于检查调用之间的错误非常有用。该函数声明如下：

```
pub fn take_error(&self) -> Result<Option<Error>>
```

使用示例如下：

```
use std::net::TcpListener;
let listener = TcpListener::bind("127.0.0.1:80").unwrap();
listener.take_error().expect("No error was expected");
```

15.6.9　set_nonblocking 函数

set_nonblocking函数将此TCP流移入或移出非阻塞模式。这将导致accept操作变成非阻塞操作，即立即从它们的调用返回。如果IO操作成功，则返回Ok，无须执行进一步操作。如果IO操作无法完成，需要重试，则返回类型为IO::ErrorKind::WouldBlock的错误。在UNIX平台上，调用此方法对应调用fcntl FIONBIO。在Windows上，调用此方法对应调用ioctlsocket FIONBIO。该函数声明如下：

```
pub fn set_nonblocking(&self, nonblocking: bool) -> Result<()>
```

下面来看一个示例，将TCP侦听器绑定到地址，侦听连接，并在非阻塞模式下读取字节，代码如下：

```
use std::io;
use std::net::TcpListener;

let listener = TcpListener::bind("127.0.0.1:7878").unwrap();
listener.set_nonblocking(true).expect("Cannot set non-blocking");

for stream in listener.incoming() {
    match stream {
        Ok(s) => {
            // do something with the TcpStream
            handle_connection(s);
        }
        Err(ref e) if e.kind() == io::ErrorKind::WouldBlock => {
            // wait until network socket is ready, typically implemented
            // via platform-specific APIs such as epoll or IOCP
            wait_for_fd();
            continue;
        }
        Err(e) => panic!("encountered IO error: {e}"),
    }
}
```

15.7   TCP流结构TcpStream

结构体TcpStream表示本地套接字和远程套接字之间的TCP流。通过连接到远程主机或接受
TcpListener上的连接创建TcpStream后，可以通过对其进行读写来传输数据。删除该值时，连接将关
闭。连接的读取和写入部分也可以通过关闭方法单独关闭。基于TcpStream的客户端基本用法如下：

```
use std::io::prelude::*;
use std::net::TcpStream;

fn main() -> std::io::Result<()> {
    let mut stream = TcpStream::connect("127.0.0.1:34254");      //连接服务端

    stream.write(&[1]);                                          //写数据,也就是向对端发送数据
    stream.read(&mut [0; 128]);                                  //读数据,也就是接收数据
    Ok(())
} // the stream is closed here
```

这段代码非常典型，首先客户端连接服务端，然后向服务端发送数据，并接收来自服务端的
数据。下面我们来看TcpStream的成员函数。

15.7.1   connect 函数

connect函数用于打开与远程主机的TCP连接，也就是向服务端主机发起连接。该函数声明
如下：

```
pub fn connect<A: ToSocketAddrs>(addr: A) -> Result<TcpStream>
```

addr是远程主机的地址，可以为地址提供任何实现ToSocketAddrs特性的事物。如果addr产生多个地址，将尝试使用每个地址进行连接，直到连接成功。如果没有一个地址导致成功连接，则返回上一次连接尝试返回的错误（最后一个地址）。

下面来看两个示例，首先打开到127.0.0.1:8080的TCP连接，代码如下：

```
use std::net::TcpStream;

if let Ok(stream) = TcpStream::connect("127.0.0.1:8080") {
    println!("Connected to the server!");
} else {
    println!("Couldn't connect to server...");
}
```

然后看另一个示例，发起到127.0.0.1:8080的TCP连接。如果连接失败，则打开到127.0.0.1:8081的TCP连接，代码如下：

```
use std::net::{SocketAddr, TcpStream};

let addrs = [
    SocketAddr::from(([127, 0, 0, 1], 8080)),
    SocketAddr::from(([127, 0, 0, 1], 8081)),
];
if let Ok(stream) = TcpStream::connect(&addrs[..]) {
    println!("Connected to the server!");
} else {
    println!("Couldn't connect to server...");
}
```

15.7.2 connect_timeout 函数

connect_timeout函数用于发起到远程主机的TCP连接并超时。与connect不同，connect_timeout需要一个SocketAddr，因为超时必须应用于各个地址。将0传递给此函数是错误的。与TcpStream上的其他方法不同，这并不对应单个系统调用。相反，它在非阻塞模式下调用connect，然后使用特定于操作系统的机制来等待连接请求的完成。该函数声明如下：

```
pub fn connect_timeout(addr: &SocketAddr,timeout: Duration) -> Result<TcpStream>
```

使用方法和connect类似，只不过多了一个超时参数。

15.7.3 peer_addr 函数

peer_addr函数用于返回此TCP连接的远程对等方的套接字地址。该函数声明如下：

```
pub fn peer_addr(&self) -> Result<SocketAddr>
```

使用示例如下：

```
use std::net::{Ipv4Addr, SocketAddr, SocketAddrV4, TcpStream};
let stream = TcpStream::connect("127.0.0.1:8080")
```

```
                    .expect("Couldn't connect to the server...");
assert_eq!(stream.peer_addr().unwrap(),
        SocketAddr::V4(SocketAddrV4::new(Ipv4Addr::new(127, 0, 0, 1), 8080)));
```

15.7.4　local_addr 函数

local_addr函数用于返回此TCP连接中的本地套接字地址。该函数声明如下：

```
pub fn local_addr(&self) -> Result<SocketAddr>
```

使用示例如下：

```
use std::net::{IpAddr, Ipv4Addr, TcpStream};
let stream = TcpStream::connect("127.0.0.1:8080").expect("Couldn't connect to the
server...");
assert_eq!(stream.local_addr().unwrap().ip(), IpAddr::V4(Ipv4Addr::new(127, 0, 0,
1)));
```

15.7.5　shutdown 函数

shutdown函数用于关闭TCP连接的读和写。此函数将使指定部分的所有未决和未来I/O立即返回适当的值。根据操作系统的不同，多次调用此函数可能会导致不同的行为。在Linux上，第二个调用将返回Ok(())；但在macOS上，它将返回ErrorKind::NotConnected。这种情况将来可能会改变。该函数声明如下：

```
pub fn shutdown(&self, how: Shutdown) -> Result<()>
```

使用示例如下：

```
use std::net::{Shutdown, TcpStream};
let stream = TcpStream::connect("127.0.0.1:8080")
                    .expect("Couldn't connect to the server...");
stream.shutdown(Shutdown::Both).expect("shutdown call failed");
```

15.7.6　try_clone 函数

try_clone函数用于为基础套接字创建一个新的独立拥有的句柄。该函数返回的TcpStream是对此对象引用的同一流的引用。两个句柄将读取和写入相同的数据流，在一个流上设置的选项将传播到另一个流。该函数声明如下：

```
pub fn try_clone(&self) -> Result<TcpStream>
```

使用示例如下：

```
use std::net::TcpStream;
let stream = TcpStream::connect("127.0.0.1:8080")
                    .expect("Couldn't connect to the server...");
let stream_clone = stream.try_clone().expect("clone failed...");
```

15.7.7　set_read_timeout 函数

set_read_timeout函数用于将读取的超时设置为指定的超时。如果指定的值为None，则读取调用将无限期地阻止。如果将零Duration传递给此方法，则返回Err。特定于平台，每当设置此选项导致读取超时时，平台可能会返回不同的错误代码。例如，UNIX通常会返回WouldBlock类型的错误，但Windows可能会返回TimedOut。该函数声明如下：

```
pub fn set_read_timeout(&self, dur: Option<Duration>) -> Result<()>
```

使用示例如下：

```
use std::net::TcpStream;

let stream = TcpStream::connect("127.0.0.1:8080")
                    .expect("Couldn't connect to the server...");
stream.set_read_timeout(None).expect("set_read_timeout call failed");
```

如果将零Duration传递给此方法，则返回Err：

```
use std::io;
use std::net::TcpStream;
use std::time::Duration;

let stream = TcpStream::connect("127.0.0.1:8080").unwrap();
let result = stream.set_read_timeout(Some(Duration::new(0, 0)));
let err = result.unwrap_err();
assert_eq!(err.kind(), io::ErrorKind::InvalidInput)
```

15.7.8　set_write_timeout 函数

set_write_timeout函数用于将写入超时设置为指定的超时。如果指定的超时值为None，那么写调用将无限期地阻塞。如果将零Duration传递给此方法，则返回Err。特定于平台，每当由于设置此选项而导致写入超时时，平台可能会返回不同的错误代码。例如，UNIX通常会返回WouldBlock类型的错误，但Windows可能会返回TimedOut。该函数声明如下：

```
pub fn set_write_timeout(&self, dur: Option<Duration>) -> Result<()>
```

使用示例如下：

```
use std::net::TcpStream;
let stream = TcpStream::connect("127.0.0.1:8080")
                    .expect("Couldn't connect to the server...");
stream.set_write_timeout(None).expect("set_write_timeout call failed");
```

如果将零Duration传递给此方法，则返回Err：

```
use std::io;
use std::net::TcpStream;
```

```
use std::time::Duration;

let stream = TcpStream::connect("127.0.0.1:8080").unwrap();
let result = stream.set_write_timeout(Some(Duration::new(0, 0)));
let err = result.unwrap_err();
assert_eq!(err.kind(), io::ErrorKind::InvalidInput)
```

15.7.9 read_timeout 函数

read_timeout函数用于返回此套接字的读取超时值。如果超时值为None，则读取调用将无限期阻止。特定于平台，某些平台不提供对当前超时的访问权限。该函数声明如下：

```
pub fn read_timeout(&self) -> Result<Option<Duration>>
```

使用示例如下：

```
use std::net::TcpStream;

let stream = TcpStream::connect("127.0.0.1:8080").expect("Couldn't connect to the
server...");
stream.set_read_timeout(None).expect("set_read_timeout call failed");
assert_eq!(stream.read_timeout().unwrap(), None);
```

15.7.10 write_timeout 函数

write_timeout函数用于返回此套接字的写入超时。如果超时值为None，那么写调用将无限期地阻塞。特定于平台，某些平台不提供对当前超时的访问权限。该函数声明如下：

```
pub fn write_timeout(&self) -> Result<Option<Duration>>
```

使用示例如下：

```
use std::net::TcpStream;
let stream = TcpStream::connect("127.0.0.1:8080").expect("Couldn't connect to the
server...");
stream.set_write_timeout(None).expect("set_write_timeout call failed");
assert_eq!(stream.write_timeout().unwrap(), None);
```

15.7.11 peek 函数

peek函数用于从套接字连接的远程地址接收套接字上的数据，而不从队列中删除该数据。成功时，返回窥探的字节数。连续调用返回相同的数据。这是通过将MSG_PEEK作为标志传递给底层recv系统调用来实现的。该函数声明如下：

```
pub fn peek(&self, buf: &mut [u8]) -> Result<usize>
```

使用示例如下：

```
use std::net::TcpStream;
let stream = TcpStream::connect("127.0.0.1:8000").expect("Couldn't connect to the
server...");
let mut buf = [0; 10];
let len = stream.peek(&mut buf).expect("peek failed");
```

15.7.12　set_nodelay 函数

set_nodelay函数用于设置此套接字上TCP_NODELAY选项的值。如果设置，此选项将禁用Nagle算法。这意味着，即使只有少量数据，分段也会尽快发送。当未设置时，数据将被缓冲，直到有足够的量发送出去，从而避免频繁发送小数据包。该函数声明如下：

```
pub fn set_nodelay(&self, nodelay: bool) -> Result<()>
```

使用示例如下：

```
use std::net::TcpStream;
let stream = TcpStream::connect("127.0.0.1:8080").expect("Couldn't connect to the
server...");
stream.set_nodelay(true).expect("set_nodelay call failed");
```

15.7.13　nodelay 函数

nodelay函数用于获取此套接字上TCP_NODELAY选项的值。该函数声明如下：

```
pub fn nodelay(&self) -> Result<bool>
```

使用示例如下：

```
use std::net::TcpStream;
let stream = TcpStream::connect("127.0.0.1:8080").expect("Couldn't connect to the
server...");
stream.set_nodelay(true).expect("set_nodelay call failed");
assert_eq!(stream.nodelay().unwrap_or(false), true);
```

15.7.14　set_ttl 函数

set_ttl函数用于设置此套接字上IP_TTL选项的值。此值设置从该套接字发送的每个数据包中使用的生存时间字段。该函数声明如下：

```
pub fn set_ttl(&self, ttl: u32) -> Result<()>
```

使用示例如下：

```
use std::net::TcpStream;
let stream = TcpStream::connect("127.0.0.1:8080").expect("Couldn't connect to the
server...");
stream.set_ttl(100).expect("set_ttl call failed");
```

15.7.15　ttl 函数

ttl函数用于获取此套接字的**IP_TTL**选项的值。该函数声明如下：

```
pub fn ttl(&self) -> Result<u32>
```

使用示例如下：

```
use std::net::TcpStream;
let stream = TcpStream::connect("127.0.0.1:8080").expect("Couldn't connect to the
server...");
stream.set_ttl(100).expect("set_ttl call failed");
assert_eq!(stream.ttl().unwrap_or(0), 100);
```

15.7.16　take_error 函数

take_error函数用于获取此套接字上的**SO_ERROR**选项的值。这将检索底层套接字中存储的错误，并清除进程中的字段。这对于检查调用之间的错误非常有用。该函数声明如下：

```
pub fn take_error(&self) -> Result<Option<Error>>
```

使用示例如下：

```
use std::net::TcpStream;
let stream = TcpStream::connect("127.0.0.1:8080").expect("Couldn't connect to the
server...");
stream.take_error().expect("No error was expected...");
```

15.7.17　set_nonblocking 函数

set_nonblocking函数用于将此TCP流移入或移出非阻塞模式。这将导致读取、写入、recv和发送操作变为非阻塞操作，即从它们的调用中立即返回。如果IO操作成功，则返回OK，无须执行进一步操作。如果IO操作无法完成，需要重试，则返回类型为IO::ErrorKind::WouldBlock的错误。

在UNIX平台上，调用此方法对应调用fcntl FIONBIO。在Windows上，调用此方法对应调用ioctlsocket FIONBIO。该函数声明如下：

```
pub fn set_nonblocking(&self, nonblocking: bool) -> Result<()>
```

下面的示例在非阻塞模式下从TCP流读取字节：

```
use std::io::{self, Read};
use std::net::TcpStream;

let mut stream = TcpStream::connect("127.0.0.1:7878")
    .expect("Couldn't connect to the server...");
stream.set_nonblocking(true).expect("set_nonblocking call failed");

let mut buf = vec![];
loop {
```

```
    match stream.read_to_end(&mut buf) {
        Ok(_) => break,
        Err(ref e) if e.kind() == io::ErrorKind::WouldBlock => {
            // wait until network socket is ready, typically implemented
            // via platform-specific APIs such as epoll or IOCP
            wait_for_fd();
        }
        Err(e) => panic!("encountered IO error: {e}"),
    };
};
println!("bytes: {buf:?}");
```

15.8　实战TCP服务器客户端编程

前面虽然在解释每个函数的时候都附带了关键代码的演示，但没有实际运行。现在，我们从一个简单的服务器端和客户端程序入手来实际运行一下。为了照顾初学者，我们把功能设计得尽可能简单，只是实现一个基于TCP的echo的服务器端和客户端的程序。也是为了照顾广大学生朋友，我们的程序虽然分为服务端和客户端两个程序，但并不需要准备两台计算机或者虚拟机，只需要一台普通配置的计算机就可以了。

【例15.3】　实现TCP服务器端和客户端

步骤 01　首先实现服务器端。打开VS Code，单击菜单Terminal→New Terminal，执行命令cargo new tcpserver来新建一个Rust工程，这个工程作为服务器端。在main.rs中，添加代码如下：

```
use std::{net::TcpListener, io::{Read, Write}};
fn main() {
    let listener = TcpListener::bind("127.0.0.1:3000").unwrap();
    println!("Listening on port 3000");
    for stream in listener.incoming() {
        let mut stm = stream.unwrap();
        println!("connection established.");
        let mut buffer = [0;1024];              //创建1KB的缓存区
        stm.read(&mut buffer).unwrap();         //读取client发过来的内容
        stm.write(&mut buffer).unwrap();        //原样送回去(相当于netty的
EchoServer)
    }
}
```

在代码中，首先绑定本地IP（127.0.0.1）和端口3000，之后监听这个端口的信息，并使用incoming方法，它返回一个迭代器，对其进行迭代相当于在循环中调用TcpListener::accept。连接建立后，创建一个1KB的缓存区，然后调用read函数读取客户端（Client）发来的数据内容，最后调用write函数将收到的数据原样发送回去。其中，unwrap的作用是如果发生一个错误，那么程序会陷入panic并让当前程序线程退出。至此，服务端编程就完成了。需要注意的是，在许多Rust示例代码中使用unwrap来跳过错误处理，但是这样做主要是为了方便，不应该在实际开发中使用。

步骤 **02** 下面实现客户端。客户端需要在 127.0.0.1:3000 这个端口建立连接，我们使用
TcpStream::connect 这个函数来连接服务器，一旦连接成功，就可以发送消息。

重新打开另一个VS Code，单击菜单Terminal→New Terminal，执行命令cargo new tcpclient来
新建一个Rust工程，这个工程作为客户端。在main.rs中，添加代码如下：

```rust
use std::{io::{Read, Write},net::TcpStream, str};
fn main() {
    let mut _stream = TcpStream::connect("127.0.0.1:3000").unwrap();
    _stream.write("hello".as_bytes()).unwrap();          //发送数据
    let mut buf = [0; 5];                                 //创建存放接收数据的缓冲区
    _stream.read(&mut buf).unwrap();                      //接收数据
    println!("{}", str::from_utf8(&buf).unwrap());        //输出收到的数据
}
```

在客户端也是同样的操作，我们先写入一个'hello'字符串，注意，传输的时候要传递原始的字
节，所以要使用as_bytes进行转换，之后接收服务器返回的消息，根据刚才的代码，我们会收到hello
的信息，并将它输出。

步骤 **03** 现在重新启动这两个程序，注意是先启动服务器端，此时它将打印正在端口3000上等待的
语句：

```
Listening on port 3000
```

再运行客户端，可以看到在客户端打印出了服务端回送过来的hello：

```
hello
```

而服务器端也输出了来自客户端的hello：

```
connection established.
receive:hello
```

至此，我们的服务器端和客户端程序就完成了。

15.9　UDP套接字结构UdpSocket

UDP是一种无序、不可靠的协议。在Rust中提供了UdpSocket来封装UDP编程的函数接口。

在通过将UdpSocket绑定到套接字地址来创建它之后，可以向任何其他套接字地址发送数据，
也可以从任何其他套接字接收数据。

尽管UDP是一个无连接协议，但此实现提供了一个接口来设置数据发送和接收地址。使用
connect设置远程地址后，可以使用send和recv将数据发送到该地址并从该地址接收数据。UDP编程
也分服务端和客户端，服务端编程的基本框架如下：

```rust
use std::net::UdpSocket;

fn main() -> std::io::Result<()> {
```

```
{
    let socket = UdpSocket::bind("127.0.0.1:34254");           //绑定IP和端口

    // Receives a single datagram message on the socket. If `buf` is too small
to hold
    // the message, it will be cut off.
    let mut buf = [0; 10];
    let (amt, src) = socket.recv_from(&mut buf);               //接收数据

    // Redeclare `buf` as slice of the received data and send reverse data back
to origin.
    let buf = &mut buf[..amt];
    buf.reverse();
    socket.send_to(buf, &src);                                 //发送数据
} // the socket is closed here
Ok(())
}
```

这段代码非常典型，可以看到，相比TCP服务端而言，UDP服务端少了监听的过程，其他步骤
基本类似。下面我们来看TcpStream的成员函数。

15.9.1 bing 函数

bing函数用于从给定地址创建UDP套接字。该函数声明如下：

```
pub fn bind<A: ToSocketAddrs>(addr: A) -> Result<UdpSocket>
```

地址类型可以是ToSocketAddrs特性的任何实现者。如果addr产生多个地址，将尝试对每个地
址进行绑定，直到绑定成功并返回套接字。如果没有一个地址成功创建套接字，则返回上一次尝试
返回的错误（最后一个地址）。

使用示例如下。

步骤 01 创建绑定到127.0.0.1:3400的UDP套接字，代码如下：

```
use std::net::UdpSocket;
let socket = UdpSocket::bind("127.0.0.1:3400").expect("couldn't bind to
address");
```

步骤 02 创建绑定到127.0.0.1:3400的UDP套接字。如果套接字无法绑定到该地址，则创建一个绑定
到127.0.0.1:3401的UDP套接字，代码如下：

```
use std::net::{SocketAddr, UdpSocket};

let addrs = [
    SocketAddr::from(([127, 0, 0, 1], 3400)),
    SocketAddr::from(([127, 0, 0, 1], 3401)),
];
let socket = UdpSocket::bind(&addrs[..]).expect("couldn't bind to address");
```

步骤 03 创建绑定到127.0.0.1并使用操作系统分配的端口的UDP套接字，代码如下：

```
use std::net::UdpSocket;
let socket = UdpSocket::bind("127.0.0.1:0").unwrap();  //端口号让操作系统分配
```

15.9.2　recv_from 函数

recv_from函数用于在套接字上接收单个数据报消息。成功时，返回读取的字节数和原点。调用函数时必须使用大小足以容纳消息字节的有效字节数组buf。如果消息太长，无法放入提供的缓冲区，则可能会丢弃多余的字节。该函数声明如下：

```
pub fn recv_from(&self, buf: &mut [u8]) -> Result<(usize, SocketAddr)>
```

使用示例如下：

```
use std::net::UdpSocket;

let socket = UdpSocket::bind("127.0.0.1:34254").expect("couldn't bind to
address");
let mut buf = [0; 10];
let (number_of_bytes, src_addr) = socket.recv_from(&mut buf).expect("Didn't
receive data");
let filled_buf = &mut buf[..number_of_bytes];
```

15.9.3　peek_from 函数

peek_from函数用于在套接字上接收单个数据报消息，而不将其从队列中删除。成功时，返回读取的字节数和原点。调用函数时必须使用大小足以容纳消息字节的有效字节数组buf。如果消息太长，无法放入提供的缓冲区，则可能会丢弃多余的字节。连续调用将返回相同的数据。这是通过将MSG_PEEK作为标志传递给底层recvfrom系统调用来实现的。

另外，不要使用此函数来实现忙等待，而是使用libc::poll来同步一个或多个套接字上的IO事件。使用示例如下：

```
pub fn peek_from(&self, buf: &mut [u8]) -> Result<(usize, SocketAddr)>
```

15.9.4　send_to 函数

send_to函数用于将套接字上的数据发送到给定地址。成功时，返回写入的字节数。该函数声明如下：

```
pub fn send_to<A: ToSocketAddrs>(&self, buf: &[u8], addr: A) -> Result<usize>
```

地址类型可以是ToSocketAddrs特性的任何实现者。addr可以产生多个地址，但send_to只会将数据发送到addr产生的第一个地址。当本地套接字的IP版本与ToSocketAddrs返回的版本不匹配时，这将返回一个错误。

使用示例如下：

```
use std::net::UdpSocket;
```

```
let socket = UdpSocket::bind("127.0.0.1:34254").expect("couldn't bind to
address");
    socket.send_to(&[0; 10], "127.0.0.1:4242").expect("couldn't send data");
```

15.9.5　peer_addr 函数

peer_addr函数用于返回此套接字连接到的远程对等方的套接字地址。该函数声明如下：

```
pub fn peer_addr(&self) -> Result<SocketAddr>
```

使用示例如下：

```
use std::net::{Ipv4Addr, SocketAddr, SocketAddrV4, UdpSocket};

let socket = UdpSocket::bind("127.0.0.1:34254").expect("couldn't bind to
address");
socket.connect("192.168.0.1:41203").expect("couldn't connect to address");
assert_eq!(socket.peer_addr().unwrap(),
        SocketAddr::V4(SocketAddrV4::new(Ipv4Addr::new(192, 168, 0, 1),
41203)));
```

如果套接字未连接，它将返回一个NotConnected错误。比如：

```
use std::net::UdpSocket;
let socket = UdpSocket::bind("127.0.0.1:34254").expect("couldn't bind to
address");
assert_eq!(socket.peer_addr().unwrap_err().kind(),
        std::io::ErrorKind::NotConnected);
```

15.9.6　local_addr 函数

local_addr函数用于返回创建此套接字的套接字地址。该函数声明如下：

```
pub fn local_addr(&self) -> Result<SocketAddr>
```

使用示例如下：

```
use std::net::{Ipv4Addr, SocketAddr, SocketAddrV4, UdpSocket};
let socket = UdpSocket::bind("127.0.0.1:34254").expect("couldn't bind to
address");
assert_eq!(socket.local_addr().unwrap(),
        SocketAddr::V4(SocketAddrV4::new(Ipv4Addr::new(127, 0, 0, 1), 34254)));
```

15.9.7　local_addr 函数

local_addr函数用于为基础套接字创建一个新的独立拥有的句柄。该函数声明如下：

```
pub fn try_clone(&self) -> Result<UdpSocket>
```

返回的UdpSocket是对此对象引用的同一套接字的引用。两个句柄将读取和写入同一个端口，在一个套接字上设置的选项将传播到另一个套接字。使用示例如下：

```
use std::net::UdpSocket;

let socket = UdpSocket::bind("127.0.0.1:34254").expect("couldn't bind to
address");
let socket_clone = socket.try_clone().expect("couldn't clone the socket");
```

15.9.8　set_read_timeout 函数

set_read_timeout函数用于将读取的超时设置为指定的超时。该函数声明如下：

```
pub fn set_read_timeout(&self, dur: Option<Duration>) -> Result<()>
```

如果指定的超时值为None，则读取调用将无限期地阻止。如果将零持续时间传递给此方法，则返回Err。特定于平台，每当设置此选项导致读取超时时，平台可能会返回不同的错误代码。例如，UNIX通常会返回WouldBlock类型的错误，但Windows可能会返回TimedOut。

使用示例如下：

```
use std::net::UdpSocket;
let socket = UdpSocket::bind("127.0.0.1:34254").expect("couldn't bind to
address");
socket.set_read_timeout(None).expect("set_read_timeout call failed");
```

如果将零持续时间（也就是持续时间设为0）传递给此方法，则返回Err：

```
use std::io;
use std::net::UdpSocket;
use std::time::Duration;

let socket = UdpSocket::bind("127.0.0.1:34254").unwrap();
let result = socket.set_read_timeout(Some(Duration::new(0, 0)));
let err = result.unwrap_err();
assert_eq!(err.kind(), io::ErrorKind::InvalidInput);
```

15.9.9　set_write_timeout 函数

set_write_timeout函数用于将写入超时设置为指定的超时值。该函数声明如下：

```
pub fn set_write_timeout(&self, dur: Option<Duration>) -> Result<()>
```

如果指定的超时值为None，那么写调用将无限期地阻塞。如果将零持续时间传递给此方法，则返回Err。特定于平台，每当由于设置此选项而导致写入超时时，平台可能会返回不同的错误代码。例如，UNIX通常会返回WouldBlock类型的错误，但Windows可能会返回TimedOut。使用示例如下：

```
use std::net::UdpSocket;
let socket = UdpSocket::bind("127.0.0.1:34254").expect("couldn't bind to
address");
socket.set_write_timeout(None).expect("set_write_timeout call failed");
```

如果将零持续时间传递给此方法，则返回Err：

```
use std::io;
use std::net::UdpSocket;
use std::time::Duration;

let socket = UdpSocket::bind("127.0.0.1:34254").unwrap();
let result = socket.set_write_timeout(Some(Duration::new(0, 0)));
let err = result.unwrap_err();
assert_eq!(err.kind(), io::ErrorKind::InvalidInput);
```

15.9.10 read_timeout 函数

read_timeout函数用于返回此套接字的读取超时值。该函数声明如下：

```
pub fn read_timeout(&self) -> Result<Option<Duration>>
```

如果超时值为None，则读取调用将无限期阻止。

```
use std::net::UdpSocket;

let socket = UdpSocket::bind("127.0.0.1:34254").expect("couldn't bind to
address");
socket.set_read_timeout(None).expect("set_read_timeout call failed");
assert_eq!(socket.read_timeout().unwrap(), None);
```

15.9.11 write_timeout 函数

write_timeout函数用于返回此套接字的写入超时。该函数声明如下：

```
pub fn write_timeout(&self) -> Result<Option<Duration>>
```

如果超时为None，那么写调用将无限期地阻塞。使用示例如下：

```
let socket = UdpSocket::bind("127.0.0.1:34254").expect("couldn't bind to
address");
socket.set_write_timeout(None).expect("set_write_timeout call failed");
assert_eq!(socket.write_timeout().unwrap(), None);
```

15.9.12 set_broadcast 函数

set_broadcast函数用于设置此套接字的SO_BROADCAST选项的值。启用时，允许此套接字将
数据包发送到广播地址。该函数声明如下：

```
pub fn set_broadcast(&self, broadcast: bool) -> Result<()>
```

使用示例如下：

```
use std::net::UdpSocket;
let socket = UdpSocket::bind("127.0.0.1:34254").expect("couldn't bind to
address");
socket.set_broadcast(false).expect("set_broadcast call failed");
```

15.9.13　broadcast 函数

broadcast函数用于获取此套接字的SO_BROADCAST选项的值。该函数声明如下：

```
pub fn broadcast(&self) -> Result<bool>
```

使用示例如下：

```
use std::net::UdpSocket;
let socket = UdpSocket::bind("127.0.0.1:34254").expect("couldn't bind to
address");
    socket.set_broadcast(false).expect("set_broadcast call failed");
    assert_eq!(socket.broadcast().unwrap(), false);
```

15.9.14　set_multicast_loop_v4 函数

set_multicast_loop_v4函数用于设置此套接字的IP_MULTICAST_LOOP选项的值。如果启用，多播数据包将循环回本地套接字。请注意，这个函数可能不会对IPv6套接字产生任何影响。该函数声明如下：

```
pub fn set_multicast_loop_v4(&self, multicast_loop_v4: bool) -> Result<()>
```

使用示例如下：

```
use std::net::UdpSocket;
let socket = UdpSocket::bind("127.0.0.1:34254").expect("couldn't bind to
address");
    socket.set_multicast_loop_v4(false).expect("set_multicast_loop_v4 call failed");
```

15.9.15　multicast_loop_v4 函数

multicast_loop_v4函数用于获取此套接字的IP_MULTICAST_LOOP选项的值。该函数声明如下：

```
pub fn multicast_loop_v4(&self) -> Result<bool>
```

使用示例如下：

```
use std::net::UdpSocket;
let socket = UdpSocket::bind("127.0.0.1:34254").expect("couldn't bind to
address");
    socket.set_multicast_loop_v4(false).expect("set_multicast_loop_v4 call failed");
    assert_eq!(socket.multicast_loop_v4().unwrap(), false);
```

15.9.16　set_multicast_ttl_v4 函数

set_multicast_ttl_v4函数用于设置此套接字的IP_MULTICAST_TTL选项的值。该函数声明如下：

```
pub fn set_multicast_ttl_v4(&self, multicast_ttl_v4: u32) -> Result<()>
```

该函数指示此套接字传出多播数据包的生存时间值。默认值为1，这意味着除非明确请求，否则多播数据包不会离开本地网络。请注意，这可能不会对IPv6套接字产生任何影响。

使用示例如下：

```
use std::net::UdpSocket;
let socket = UdpSocket::bind("127.0.0.1:34254").expect("couldn't bind to
address");
socket.set_multicast_ttl_v4(42).expect("set_multicast_ttl_v4 call failed");
```

15.9.17 multicast_ttl_v4 函数

multicast_ttl_v4函数用于获取此套接字的IP_MULTICAST_TTL选项的值。该函数声明如下：

```
pub fn multicast_ttl_v4(&self) -> Result<u32>
```

使用示例如下：

```
use std::net::UdpSocket;
let socket = UdpSocket::bind("127.0.0.1:34254").expect("couldn't bind to
address");
socket.set_multicast_ttl_v4(42).expect("set_multicast_ttl_v4 call failed");
assert_eq!(socket.multicast_ttl_v4().unwrap(), 42);
```

15.9.18 set_multicast_loop_v6 函数

set_multicast_loop_v6函数用于设置此套接字的IPV6_MULTICAST_LOOP选项的值。该函数声明如下：

```
pub fn set_multicast_loop_v6(&self, multicast_loop_v6: bool) -> Result<()>
```

通过此函数可以控制此套接字是否能看到它自己发送的多播数据包。请注意，这个函数可能不会对IPv4套接字产生任何影响。使用示例如下：

```
use std::net::UdpSocket;
let socket = UdpSocket::bind("127.0.0.1:34254").expect("couldn't bind to
address");
socket.set_multicast_loop_v6(false).expect("set_multicast_loop_v6 call failed");
```

15.9.19 multicast_loop_v6 函数

multicast_loop_v6函数用于获取此套接字的IPV6_MULTICAST_LOOP选项的值。该函数声明如下：

```
pub fn multicast_loop_v6(&self) -> Result<bool>
```

使用示例如下：

```
use std::net::UdpSocket;
```

```
let socket = UdpSocket::bind("127.0.0.1:34254").expect("couldn't bind to
address");
    socket.set_multicast_loop_v6(false).expect("set_multicast_loop_v6 call failed");
    assert_eq!(socket.multicast_loop_v6().unwrap(), false);
```

15.9.20　set_ttl 函数

set_ttl函数用于设置此套接字上IP_TTL选项的值。此值设置从该套接字发送的每个数据包中使用的生存时间字段。该函数声明如下：

```
pub fn set_ttl(&self, ttl: u32) -> Result<()>
```

使用示例如下：

```
use std::net::UdpSocket;
let socket = UdpSocket::bind("127.0.0.1:34254").expect("couldn't bind to
address");
    socket.set_ttl(42).expect("set_ttl call failed");
```

15.9.21　ttl 函数

ttl函数用于获取此套接字的IP_TTL选项的值。该函数声明如下：

```
pub fn ttl(&self) -> Result<u32>
```

使用示例如下：

```
use std::net::UdpSocket;
let socket = UdpSocket::bind("127.0.0.1:34254").expect("couldn't bind to
address");
    socket.set_ttl(42).expect("set_ttl call failed");
    assert_eq!(socket.ttl().unwrap(), 42);
```

15.9.22　take_error 函数

take_error函数用于获取此套接字上的SO_ERROR选项的值。这将检索底层套接字中存储的错误，并清除进程中的字段。这对于检查调用之间的错误非常有用。该函数声明如下：

```
pub fn take_error(&self) -> Result<Option<Error>>
```

使用示例如下：

```
use std::net::UdpSocket;
let socket = UdpSocket::bind("127.0.0.1:34254").expect("couldn't bind to
address");
match socket.take_error() {
    Ok(Some(error)) => println!("UdpSocket error: {error:?}"),
    Ok(None) => println!("No error"),
    Err(error) => println!("UdpSocket.take_error failed: {error:?}"),
}
```

15.9.23　connect 函数

connect函数用于将此UDP套接字连接到远程地址，允许使用send和recv系统调用发送数据，并应用筛选器仅接收来自指定地址的数据。该函数声明如下：

```
pub fn connect<A: ToSocketAddrs>(&self, addr: A) -> Result<()>
```

如果addr产生多个地址，将尝试使用每个地址进行连接，直到底层操作系统函数没有返回错误为止。请注意，通常，成功的连接调用不会指定端口上有远程服务器在侦听，而是只有在第一次发送后才会检测到这样的错误。如果操作系统为每个指定地址返回一个错误，则会返回上一次连接尝试返回的错误（最后一个地址）。比如创建绑定到127.0.0.1:3400的UDP套接字，并将套接字连接到127.0.0.1:8080，代码如下：

```
use std::net::UdpSocket;
let socket = UdpSocket::bind("127.0.0.1:3400").expect("couldn't bind to
address");
socket.connect("127.0.0.1:8080").expect("connect function failed");
```

与TCP情况不同，将地址数组传递给UDP套接字的连接函数不是一件有用的事情：如果应用程序不发送数据，操作系统将无法确定是否有东西在侦听远程地址。

15.9.24　send 函数

send函数用于将套接字上的数据发送到与其连接的远程地址。UdpSocket::connect将此套接字连接到远程地址。如果套接字未连接，此方法将失败。该函数声明如下：

```
pub fn send(&self, buf: &[u8]) -> Result<usize>
```

使用示例如下：

```
use std::net::UdpSocket;
let socket = UdpSocket::bind("127.0.0.1:34254").expect("couldn't bind to
address");
socket.connect("127.0.0.1:8080").expect("connect function failed");
socket.send(&[0, 1, 2]).expect("couldn't send message");
```

15.9.25　recv 函数

recv函数用于在套接字上从与其连接的远程地址接收单个数据报消息。成功时，返回读取的字节数。该函数声明如下：

```
pub fn recv(&self, buf: &mut [u8]) -> Result<usize>
```

调用函数时必须使用大小足以容纳消息字节的有效字节数组buf。如果消息太长，无法放入提供的缓冲区，则可能会丢弃多余的字节。UdpSocket::connect将此套接字连接到远程地址。如果套接字未连接，此方法将失败。使用示例如下：

```
use std::net::UdpSocket;
let socket = UdpSocket::bind("127.0.0.1:34254").expect("couldn't bind to
address");
socket.connect("127.0.0.1:8080").expect("connect function failed");
let mut buf = [0; 10];
match socket.recv(&mut buf) {
    Ok(received) => println!("received {received} bytes {:?}", &buf[..received]),
    Err(e) => println!("recv function failed: {e:?}"),
}
```

15.9.26 peek 函数

peek函数用于在套接字上从与其连接的远程地址接收单个数据报消息,而不从输入队列中删除消息。成功时,返回窥探的字节数。该函数声明如下:

```
pub fn peek(&self, buf: &mut [u8]) -> Result<usize>
```

调用该函数时必须使用大小足以容纳消息字节的有效字节数组buf。如果消息太长,无法放入提供的缓冲区,则可能会丢弃多余的字节。连续调用将返回相同的数据。这是通过将MSG_PEEK作为标志传递给底层recv系统调用来实现的。不要使用此函数来实现忙等待,而是使用libc::poll来同步一个或多个套接字上的IO事件。UdpSocket::connect将此套接字连接到远程地址。如果套接字未连接,此方法将失败。

如果套接字未连接,此函数将失败。connect方法将把这个套接字连接到一个远程地址。使用示例如下:

```
use std::net::UdpSocket;

let socket = UdpSocket::bind("127.0.0.1:34254").expect("couldn't bind to
address");
socket.connect("127.0.0.1:8080").expect("connect function failed");
let mut buf = [0; 10];
match socket.peek(&mut buf) {
    Ok(received) => println!("received {received} bytes"),
    Err(e) => println!("peek function failed: {e:?}"),
}
```

15.9.27 set_nonblocking 函数

set_nonblocking函数用于将此UDP套接字移入或移出非阻塞模式。这将导致recv、recv_from、send和send_to操作变为非阻塞操作,即从它们的调用中立即返回。该函数声明如下:

```
pub fn set_nonblocking(&self, nonblocking: bool) -> Result<()>
```

如果操作成功,则返回Ok,无须执行进一步操作。如果操作无法完成,需要重试,则返回类型为IO::ErrorKind::WouldBlock的错误。在UNIX平台上,调用此方法对应调用fcntl FIONBIO。在Windows上,调用此方法对应调用ioctlsocket FIONBIO。

比如创建绑定到127.0.0.1:7878的UDP套接字,并在非阻塞模式下读取字节,代码如下:

```
use std::io;
use std::net::UdpSocket;

let socket = UdpSocket::bind("127.0.0.1:7878").unwrap();
socket.set_nonblocking(true).unwrap();

let mut buf = [0; 10];
let (num_bytes_read, _) = loop {
    match socket.recv_from(&mut buf) {
        Ok(n) => break n,
        Err(ref e) if e.kind() == io::ErrorKind::WouldBlock => {
            // wait until network socket is ready, typically implemented
            // via platform-specific APIs such as epoll or IOCP
            wait_for_fd();
        }
        Err(e) => panic!("encountered IO error: {e}"),
    }
};
println!("bytes: {:?}", &buf[..num_bytes_read]);
```

15.9.28 实战 UDP 编程

在Rust中，可以使用标准库中的UDP模块来进行UDP通信。这个模块提供了一些结构体和函数，前面已经详细介绍了常用的UDP编程函数，它们使得实现UDP通信变得非常简单。接下来进入实战。

【例15.4】 实现UDP服务器和客户端

步骤 01 首先实现服务端。打开VS Code，单击菜单Terminal→New Terminal，执行命令cargo new udpserver来新建一个Rust工程，这个工程作为服务端。在main.rs中，添加代码如下：

```
use std::net::UdpSocket;

fn main() {
    let socket = UdpSocket::bind("127.0.0.1:8080").expect("bind failed");

    loop {
        let mut buf = [0u8; 1024];
        let (amt, src) = socket.recv_from(&mut buf).expect("recv_from failed");
        //接收客户端数据
        let buf = &mut buf[..amt];                                    //创建缓冲区
        println!("{}", std::str::from_utf8(buf).unwrap());           //打印输出
        buf.reverse();
        socket.send_to(buf, &src).expect("send_to failed");
    }
}
```

在代码中，在这个例子中，首先使用UdpSocket的bind函数来绑定到本地地址和端口。然后使用一个无限循环来处理每一个收到的UDP数据包。我们使用recv_from函数从Socket中接收数据包，并将其放入buf中并打印输出。接着将buf反转，然后使用send_to函数将其发送回客户端。

步骤 02 下面实现客户端。在客户端中，可以使用相似的代码来发送UDP数据包。重新打开另一个

VS Code，单击菜单Terminal→New Terminal，执行命令cargo new client来新建一个Rust工程，这个工程作为客户端。在main.rs中，添加代码如下：

```
use std::net::UdpSocket;
fn main() {
    let socket = UdpSocket::bind("127.0.0.1:0").expect("bind failed");
    socket.send_to(b"hello", "127.0.0.1:8080").expect("send_to failed");
    let mut buf = [0u8; 1024];
    let amt = socket.recv(&mut buf).expect("recv failed");
    let buf = &mut buf[..amt];
    println!("{}", std::str::from_utf8(buf).unwrap());
}
```

在代码中，首先使用UdpSocket的bind函数绑定到一个随机的本地端口。然后使用send_to函数将一个简单的"hello"字符串发送到服务器。接着使用recv函数从Socket中接收UDP数据包，并将其放入buf中。最后将buf转换为字符串，并将其打印到屏幕上。

步骤 03 现在重新启动这两个程序，注意是先启动服务器端，再启动客户端，这样服务端就能收到客户端发来的hello，然后服务端将其反转再发回给客户端，服务端输出如下内容：

```
hello
```

客户端输出如下内容：

```
olleh
```

总的来说，使用Rust的UDP模块来进行UDP通信非常简单。只需要使用UdpSocket结构体和一些简单的函数就可以完成这个任务。

15.10　网络实战案例

现在我们准备做一个稍微综合点的项目来实现一个Web服务器。当然，遵从循序渐进的原则，尽量把学习曲线设计得平缓一些。首先实现一个单线程的Web服务器，再向多线程扩展。Web服务器是基于网络应用层协议HTTP的，因此通常把Web服务器称为HTTP服务器，我们先来了解一下HTTP协议。

HTTP（Hyper Text Transfer Protocol，超文本传输协议）是用于从万维网（World Wide Web，WWW）服务器（简称Web服务器）传输超文本到本地浏览器的传送协议。HTTP是基于TCP/IP通信协议来传递数据的（HTML文件、图片文件、查询结果等）。

常见的主流Web服务器有Apache服务器、IIS（Internet Information Services）服务器和Nginx等。

15.10.1　HTTP 的工作原理

HTTP协议工作于客户端－服务端架构上。浏览器作为HTTP客户端通过URL向HTTP服务端即Web服务器发送所有请求。Web服务器根据接收到的请求后向客户端发送响应信息。

HTTP默认端口号为80，但是也可以改为8080或者其他端口。

HTTP有以下三点注意事项。

（1）HTTP是无连接的：无连接的含义是限制每次连接只处理一个请求。服务器处理完客户的请求，并收到客户的应答后，即断开连接。采用这种方式可以节省传输时间。

（2）HTTP是媒体独立的：这意味着，只要客户端和服务器知道如何处理数据内容，任何类型的数据都可以通过HTTP发送。客户端和服务器指定使用适合MIME-Type的内容类型。

（3）HTTP是无状态的：HTTP协议是无状态协议。无状态是指协议对于事务处理没有记忆能力。缺少状态意味着如果后续处理需要前面的信息，则它必须重传，这样可能导致每次连接传送的数据量增大。另外，在服务器不需要先前信息时它的应答就较快。图15-2展示了HTTP协议的通信流程。

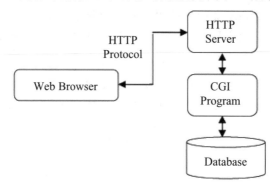

图 15-2

15.10.2　HTTP 的特点

HTTP协议的主要特点可概括如下：

（1）支持客户/服务器模式。

（2）简单快速：客户向服务器请求服务时，只需传送请求方法和路径。常用的请求方法有GET、HEAD、POST。每种方法规定了客户与服务器联系的类型不同。由于HTTP协议简单，使得HTTP服务器的程序规模小，因而通信速度很快。

（3）灵活：HTTP允许传输任意类型的数据对象。正在传输的类型由Content-Type加以标记。

（4）无连接：无连接的含义是限制每次连接只处理一个请求。服务器处理完客户的请求，并收到客户的应答后，即断开连接。采用这种方式可以节省传输时间。

（5）无状态：HTTP协议是无状态协议。无状态是指协议对于事务处理没有记忆能力。缺少状态意味着如果后续处理需要前面的信息，则它必须重传，这样可能导致每次连接传送的数据量增大。另外，在服务器不需要先前信息时它的应答就较快。

15.10.3　HTTP 消息结构

HTTP是基于客户/服务器的架构模型，通过一个可靠的连接来交换信息，是一个无状态的请求/响应协议。

一个HTTP客户端是一个应用程序（Web浏览器或其他任何客户端），通过连接到服务器达到向服务器发送一个或多个HTTP请求的目的。

一个HTTP服务器同样也是一个应用程序（通常是一个Web服务，如Apache Web服务器或IIS服务器等），用于接收客户端的请求并向客户端发送HTTP响应数据。

HTTP使用统一资源标识符（Uniform Resource Identifiers，URI）来传输数据和建立连接。

一旦建立连接后，数据消息就通过类似于Internet邮件所使用的格式[RFC5322]和多用途Internet邮件扩展（MIME）[RFC2045]来传送。

15.10.4　客户端请求消息

客户端发送一个HTTP请求到服务器的请求消息由请求行（Request Line）、请求头部（也称请求头）、空行和请求数据4个部分组成，图15-3给出了请求报文的一般格式。

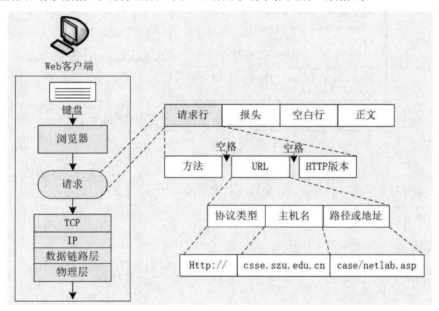

图 15-3

HTTP协议定义了8种请求方法，这8种方法（或者动作）用于表明对Request-URI指定的资源的不同操作方式，具体如下。

（1）OPTIONS：返回服务器针对特定资源所支持的HTTP请求方法，也可以利用向Web服务器发送'*'的请求来测试服务器的功能性。

（2）HEAD：向服务器索要与GET请求相一致的响应，只不过响应体将不会被返回。这一方法可以在不必传输整个响应内容的情况下，就可以获取包含在响应消息头中的元信息。

（3）GET：向特定的资源发出请求。

（4）POST：向指定资源提交数据进行处理请求（例如提交表单或者上传文件）。数据被包含在请求体中。POST请求可能会导致新资源的创建和/或已有资源的修改。

（5）PUT：向指定资源位置上传其最新内容。

（6）DELETE：请求服务器删除 Request-URI所标识的资源。

（7）TRACE：回显服务器收到的请求，主要用于测试或诊断。

（8）CONNECT：HTTP/1.1协议中预留给能够将连接改为管道方式的代理服务器。

虽然HTTP的请求方式有8种，但是我们在实际应用中常用的也就是get和post，其他请求方式都可以通过这两种方式间接来实现。

15.10.5　服务器响应消息

HTTP响应也由4个部分组成，分别是状态行、消息报头（也称响应头）、空行和响应报文主体，如图15-4所示。

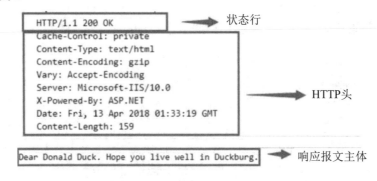

图 15-4

下面的实例是一个典型的使用GET来传递数据的实例。

客户端请求：

```
GET /hello.txt HTTP/1.1
User-Agent: curl/7.16.3 libcurl/7.16.3 OpenSSL/0.9.7l zlib/1.2.3
Host: www.example.com
Accept-Language: en, mi
```

服务端响应：

```
HTTP/1.1 200 OK
Date: Mon, 27 Jul 2009 12:28:53 GMT
Server: Apache
Last-Modified: Wed, 22 Jul 2009 19:15:56 GMT
ETag: "34aa387-d-1568eb00"
Accept-Ranges: bytes
Content-Length: 51
Vary: Accept-Encoding
Content-Type: text/plain
```

输出结果：

```
Hello World! My payload includes a trailing CRLF.
```

图15-5演示了请求和响应HTTP报文。

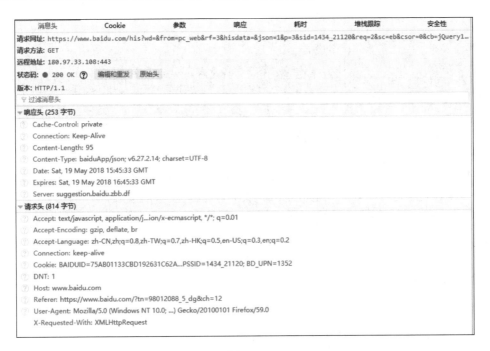

图 15-5

15.10.6　HTTP 状态码

当浏览者访问一个网页时，浏览者的浏览器会向网页所在服务器发出请求。在浏览器接收并显示网页前，此网页所在的服务器会返回一个包含HTTP状态码的信息头（Server Header）用以响应浏览器的请求。

HTTP状态码的英文为HTTP Status Code。下面是常见的HTTP状态码。

- 200：请求成功。
- 301：资源（网页等）被永久转移到其他URL。
- 404：请求的资源（网页等）不存在。
- 500：内部服务器错误。

15.10.7　HTTP 状态码分类

HTTP状态码由3个十进制数字组成，第一个十进制数字定义了状态码的类型，后两个十进制数字没有分类的作用。HTTP状态码共分为5种类型，如表15-1所示。

表 15-1　HTTP 状态码的 5 种类型

分　　类	分类描述
1**	信息，服务器收到请求，需要请求者继续执行操作
2**	成功，操作被成功接收并处理
3**	重定向，需要进一步操作以完成请求

（续表）

分　　类	分类描述
4**	客户端错误，请求包含语法错误或无法完成请求
5**	服务器错误，服务器在处理请求的过程中发生了错误

15.10.8　实现 HTTP 服务器

前面对HTTP协议进行了简单介绍。下面利用前面的网络技术来实现一个HTTP服务器。因为Web服务器其实就是把网页文件（比如HTML文件）传送给客户端浏览器，然后在客户端浏览器中显示出来，因此有必要先准备两个HTML文件。首先准备正常情况下在首页打开的HTML文件，打开记事本，输入如下内容：

```
<!DOCTYPE html>
<html lang="en">
    <head>
        <meta charset="utf-8">
        <title>Hello</title>
    </head>


    <body>
        <h1>Hello</h1>
        <p>Hi from Rust</p>
    </body>
</html>
```

内容很简单，就是打印两行字符串而已，并且另存为hello.html。再准备一个出错状态下显示的HTML文件，打开记事本，输入如下内容：

```
<!DOCTYPE html>
<html lang="en">
    <head>
        <meta charset="utf-8">
        <title>Hello!</title>
    </head>
    <body>
        <h1>Oops!</h1>
        <p>Sorry, I don't know what you're asking for.</p>
    </body>
</html>
```

另存为404.html。接下来就可以编写代码了。这两个文件稍后放在工程目录下。

【例15.5】　实现短小精悍的Web服务器

步骤 01　首先实现服务端。打开VS Code，单击菜单Terminal→New Terminal，执行命令cargo new sweb来新建一个Rust工程，并把前面新建的两个HTML文件放在sweb目录下。接着，在main.rs中添加代码如下：

```
use std::fs;
use std::thread;
use std::io::prelude::*;
use std::net::TcpListener;
use std::net::TcpStream;
use std::time::Duration;

fn main() {
    let listener = TcpListener::bind("127.0.0.1:7878").unwrap();    //用本地IP和
7878这个端口
    for stream in listener.incoming() {
        let stream = stream.unwrap();

        handle_connection(stream);
    }
}


fn handle_connection(mut stream: TcpStream) {
    let mut buffer = [0; 512];

    stream.read(&mut buffer).unwrap();

    let get = b"GET / HTTP/1.1\r\n";
    let sleep = b"GET /sleep HTTP/1.1\r\n";

    let (status_line, filename) = if buffer.starts_with(get) {
        ("HTTP/1.1 200 OK\r\n\r\n", "hello.html")
    } else if buffer.starts_with(sleep) {
        thread::sleep(Duration::from_secs(5));                 //延时
        ("HTTP/1.1 200 OK\r\n\r\n", "hello.html")
    } else {
        ("HTTP/1.1 404 NOT FOUND\r\n\r\n", "404.html")
    };

    let contents = fs::read_to_string(filename).unwrap();   //读取客户端请求的html
文件

    let response = format!("{}{}", status_line, contents);
    stream.write(response.as_bytes()).unwrap();               //向客户端发送html文件内容
    stream.flush().unwrap();
}
```

步骤 02 开始运行Web服务器。在VS Code的TERMINAL窗口中运行命令cargo run，运行结果如下：

```
PS D:\ex\sweb> cargo run
  Compiling sweb v0.1.0 (D:\ex\sweb)
   Finished dev [unoptimized + debuginfo] target(s) in 1.25s
    Running `target\debug\sweb.exe`
```

打开浏览器输入网址：http://localhost:7878/，这个时候浏览器就可以显示HTML内容了，如图15-6所示。

图 15-6

因为我们在程序中设定默认打开网页文件hello.html，因此在浏览器中不需要指定hello.html就可以打开该文件。如果我们指定了某个不存在的网页文件，则Web服务器会把404.html发送给客户端浏览器，如图15-7所示。

图 15-7

在图15-7中，浏览器需要my.html，而这个文件在Web服务器上没找到，因此返回404.html的内容。当然，如果做一个my.html，然后把它放在hello.html同一个目录，就可以指定my.html访问了。

第 **16** 章

图像和游戏开发实战

图像领域几乎被 C/C++ 垄断，Rust 作为下一代有可能取代 C/C++ 编程语言的新贵，当然不会缺席对图像领域的支持。问题是，图像领域不是随便一门语言就能胜任的，必须是一门高性能语言，而 Rust 无疑就是这种语言，它不但能在网络领域大放异彩，在图像编程乃至游戏开发中也在强劲发展。本章将介绍基本的 Rust 图形编程等，然后在此基础上实现游戏功能的案例。

当前主流的 Rust 图形用户界面通常有两种，一种是基于 Piston，另一种是基于 Qt。两者的功能各有千秋。前者更纯粹，更贴近 Rust；后者其实本质是通过 Qt 内部功能来实现图形的绘制，Rust 充当桥梁作用。限于篇幅，本章介绍基于 Piston 的图形界面技术，而且本章以实战为主，不会大范围罗列函数、结构体等"纯理论"知识，以免不易阅读。

16.1 图像编程基础

在编写图形界面前，我们需要先了解几个图形界面编程的基本概念，这也是图像编程和游戏编程的基础。图形界面本质也是图像编程的一种。

第一个概念是像素，可以把我们的屏幕想象成是由很多个大小一样的方格组成的，如图16-1所示。

每个方格就称为一个像素，用px表示。在图像编程中，经常使用像素作为长度单位，比如我们看到照片的分辨率为1920×1080像素，就是这幅图片的宽为1920像素，高为1080像素。

第二个概念是坐标系，用于确定图像的位置，一般坐标系的原点在窗口的左上角，也就是窗口左上角的位置的坐标为（0，0）。水平向右为正向x轴，垂直向下为正向y轴，这跟我们数学课中遇到的坐标系可能不一样，数学中一般都是垂直向上是正向的。如果我们设置一个图像的位置在（100，200）处，也就是这个图像的左上角在坐标系的x轴为100、y轴为200的位置，长度单位就是像素，如图16-2所示。

图 16-1

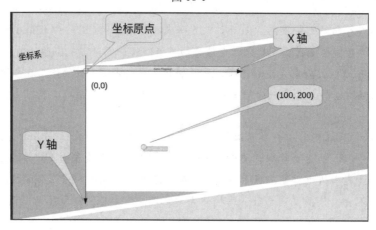

图 16-2

第三个需要了解的概念是颜色值，颜色值用于表示图像的颜色，最常用的表示方法为RGBA，也就是使用三原色红绿蓝和透明度表示颜色，如图16-3所示。

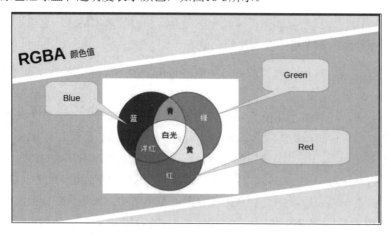

图 16-3

最后了解一个比较抽象的概念——帧，我们是通过播放连续的图片形成动画效果的，可以说电影视频就是通过很多幅静态照片的连续播放形成的，如图16-4所示。每次播放一幅照片称为 1 帧，每秒钟内播放的帧越多，视频动画的效果就越流畅，一般我们每秒钟播放30帧，也就是每秒钟要完成30次图像的重新绘制。

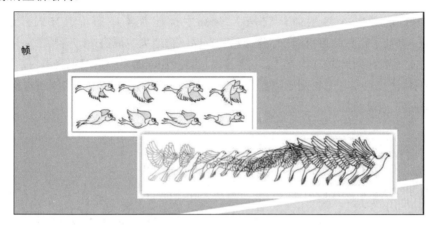

图 16-4

目前先介绍这些，真正的图像编程还有很多概念，但本书不是专门介绍图像编程的书籍，因此不再赘述。

16.2　Piston概述

Piston不仅是一个用户界面库，还是一个游戏引擎，它本身是用Rust写的。通常游戏开发都是基于游戏引擎的，因为直接调用底层的绘图API工作量比较大，游戏引擎帮我们做了封装，使用起来相对简单。这样，我们一旦学会了Piston，那么图形界面开发或游戏开发工作都可以上手了。

Piston的核心是一个精简的模块化抽象，用于用户输入、窗口和事件循环。核心模块旨在由通用库直接使用，通过直接依赖核心模块更容易维护生态系统。

Piston是基于MVC架构的。M是指模型（Model），V是指视图（View），C则是指控制器（Controller），使用MVC的目的是将M和V的实现代码分离，从而使同一个程序可以使用不同的表现形式。其中，View的定义比较清晰，就是用户界面。在编写应用程序代码时，通常会将依赖于各种抽象的可重用代码与特定于平台的代码分开。Piston中的默认编程模式就是基于MVC架构的，即控制器处理事件并操纵模型，视图在屏幕上渲染模型。

Piston核心库为输入、窗口和事件循环3个子库，即pistoncore-input、pistoncore-window和pistoncore-event_loop。核心库不依赖于任何特定于操作系统平台的API，这样使得我们的软件项目可以跨平台。

16.3　WindowSettings结构体

WindowSettings 是一个结构体，它是在 Piston 中构建新窗口的首选方式。通过结构体 WindowSettings封装了常见的窗口操作。这个结构存储了构造大多数窗口时需要自定义的所有内容。这种结构使创建具有相同设置的多个窗口变得容易，也使Piston的多个后端更容易为开发人员实现。

这个结构体比较重要，无论是用户界面还是游戏，通常都是基于该结构体创建窗口的。下面来看一下它的常见成员函数。

16.3.1　new 函数

new函数使用默认值创建窗口设置，该函数声明如下：

```
pub fn new<T: Into<String>, S: Into<Size>>(title: T, size: S) -> WindowSettings
```

调用形式如下：

```
WindowSettings::new("piston: hello_world", [200, 200]);
```

16.3.2　build 函数

build函数根据给定的设置构建窗口，该函数声明如下：

```
pub fn build<W: BuildFromWindowSettings>(&self) -> Result<W, Box<dyn Error>>
```

返回值不明确，以允许对多个后端进行操作。客户端应显式命名返回类型。如果后端返回错误，则该函数将返回错误。

16.3.3　get_title 函数

get_title函数用于获取已生成窗口的标题，该函数声明如下：

```
pub fn get_title(&self) -> String
```

该函数返回字符串形式的窗口标题。

16.3.4　set_title 函数

set_title函数用于设置已构建窗口的标题，该函数声明如下：

```
pub fn set_title(&mut self, value: String)
```

16.3.5　title 函数

title函数用户设置已构建窗口的标题，该函数声明如下：

```
pub fn title(self, value: String) -> Self
```

与set_title函数不同，该函数会移动当前窗口数据，以便在方法链接中使用。

16.3.6　get_size 函数

get_size函数用于获取已构建窗口的尺寸，该函数声明如下：

```
pub fn get_size(&self) -> Size
```

16.3.7　set_size 函数

set_size函数用于设置已构建窗口的尺寸，该函数声明如下：

```
pub fn set_size(&mut self, value: Size)
```

16.3.8　size 函数

size函数用于设置已构建窗口的尺寸，该函数声明如下：

```
pub fn size(self, value: Size) -> Self
```

与set_size函数不同，此函数会移动当前窗口数据，以便在方法链接中使用。

16.3.9　get_fullscreen 函数

get_fullscreen函数用于获取生成的窗口是不是全屏的，该函数声明如下：

```
pub fn get_fullscreen(&self) -> bool
```

16.3.10　set_fullscreen 函数

set_fullscreen函数用于设置生成的窗口是否为全屏，该函数声明如下：

```
pub fn set_fullscreen(&mut self, value: bool)
```

16.3.11　fullscreen 函数

fullscreen函数用于设置生成的窗口是否为全屏，该函数声明如下：

```
pub fn fullscreen(self, value: bool) -> Self
```

与set_fullscreen函数不同，该函数移动当前窗口数据，以便在方法链接中使用。

16.3.12　get_exit_on_esc 函数

get_exit_on_esc函数用于获取生成的窗口是否应在按Esc键时退出，该函数声明如下：

```
pub fn get_exit_on_esc(&self) -> bool
```

16.3.13　set_exit_on_esc 函数

set_exit_on_esc函数用于设置按Esc键时是否应退出已构建的窗口，该函数声明如下：

```
pub fn set_exit_on_esc(&mut self, value: bool)
```

16.3.14　exit_on_esc 函数

exit_on_esc函数用于设置按Esc键时是否应退出已构建的窗口，该函数声明如下：

```
pub fn exit_on_esc(self, value: bool) -> Self
```

与set_exit_on_esc函数不同，该函数移动当前窗口数据，以便在方法链接中使用。

16.3.15　get_automatic_close 函数

get_automatic_close函数用于获取在按X键或ALT+F4键时生成的窗口是否应自动关闭，该函数声明如下：

```
pub fn get_automatic_close(&self) -> bool
```

16.3.16　set_automatic_close 函数

set_automatic_close函数用于设置当按X键或ALT+F4键时，构建的窗口是否应自动关闭。该函数声明如下：

```
pub fn set_automatic_close(&mut self, value: bool)
```

如果禁用此选项，则可以通过Input::close事件检测关闭窗口的尝试，并且可以调用window::set_sshould_close来实际关闭窗口。

16.3.17　automatic_close 函数

automatic_close函数用于设置当按X键或ALT+F4键时，构建的窗口是否应自动关闭。该函数声明如下：

```
pub fn automatic_close(self, value: bool) -> Self
```

如果禁用此选项，则可以通过 Input::close 事件检测关闭窗口的尝试，并且可以调用 window::set_sshould_close 来实际关闭窗口。与 set_automatic_close() 不同，此方法移动当前窗口数据，以便在方法链接中使用。

下面来看一个实例，用来绘制一个动画矩形。

【例16.1】 第一个Piston程序

步骤 01 打开 VS Code，单击菜单 Terminal→New Terminal，执行命令 cargo new hello 来新建一个 Rust 工程，工程名是 hello。然后在 VS Code 中打开文件夹 hello，再打开 cargo.toml 文件，在该文件的 [dependencies] 字段下添加如下内容：

```
piston = "*"
piston2d-graphics = "*"
pistoncore-glutin_window = "*"
piston2d-opengl_graphics = "*"
```

dependencies 是依赖的意思，也就是当前工程所依赖的软件包都要写在这个字段下面。现在这几行都是本工程要用到的软件包。但我们现在不知道这些软件包当前最新的版本号，因此先用星号来代替，而且等于号左边的软件包名称也可以告诉 Cargo 要获取哪些软件包的版本。下面用 cargo update 命令来获取这些库的最新版本号，在 TERMINAL 窗口的命令行下输入：

```
cargo update
```

执行这个命令的目的是获知各个第三方库的最新版本号。值得注意的是，cargo update 会从远程服务器下载软件包，默认的远程服务器是国外官网的，速度非常慢，所以有必要预先指定国内的软件源服务器。方法是进入 C:\Users\Administrator\.cargo，然后在这个路径下新建一个文本文件，并输入如下内容：

```
[source.crates-io]
registry = "https://mirrors.aliyun.com/crates.io"
replace-with = 'ustc'

[source.ustc]
registry = "git://mirrors.ustc.edu.cn/crates.io-index"
```

这样就会从 ustc 的服务器上下载软件包了。保存该文件为 config，注意没有后缀 .txt。然后执行 cargo update 命令，速度就飞快了，如下所示：

```
PS D:\ex\hello_world> cargo update
    Updating `ustc` index
      Fetch [=======================> ]  96.89%, (2674/2802) resolving deltas
```

稍等片刻，执行完毕，我们在 VS Code 中双击打开 Cargo.lock 文件，然后搜索 piston，找到如下文本：

```
[[package]]
name = "piston"
version = "0.55.0"
```

由此可知，软件包Piston的新版本号是0.55.0，这样我们可以在cargo.toml中将piston="*"改为 piston = "0.55.0"。

然后回到Cargo.lock，搜索piston2d-graphics，找到如下文本：

```
[[package]]
name = "piston2d-graphics"
version = "0.44.0"
```

接着在cargo.toml中将piston2d-graphics = "*"改为piston2d-graphics = "0.44.0"。

然后回到Cargo.lock搜索pistoncore-glutin_window，找到如下文本：

```
[[package]]
name = "pistoncore-glutin_window"
version = "0.72.0"
```

接着在cargo.toml中将pistoncore-glutin_window = "*"改为pistoncore-glutin_window = "0.72.0"。

然后回到Cargo.lock，搜索piston2d-opengl_graphics，找到如下文本：

```
[[package]]
name = "piston2d-opengl_graphics"
version = "0.83.0"
```

接着在cargo.toml中将piston2d-opengl_graphics = "*"改为piston2d-opengl_graphics = "0.83.0"。最终形式如下：

```
[dependencies]
piston = "0.55.0"
piston2d-graphics = "0.44.0"
pistoncore-glutin_window =  "0.72.0"
piston2d-opengl_graphics = "0.83.0"
```

全部改完后记得保存cargo.toml文件。

步骤 02 下面正式输入代码。打开main.rs，输入代码如下：

```
extern crate glutin_window;          //声明Piston核心库中的表示游戏窗口的库
extern crate graphics;               //声明软件包piston2d-graphics中的graphics
extern crate opengl_graphics;        //声明软件包piston2d-opengl_graphics中的库
opengl_graphics
extern crate piston;                 //声明核心库Piston

use glutin_window::GlutinWindow as Window;
use opengl_graphics::{GlGraphics, OpenGL};
use piston::event_loop::{EventSettings, Events};        //引用核心库中的事件循环子库
use piston::input::{RenderArgs, RenderEvent, UpdateArgs, UpdateEvent};      //引
用核心库中输入子库
use piston::window::WindowSettings;          //在引用核心库中的窗口子库

pub struct App {                             //定义一个结构体
    gl: GlGraphics,                          // OpenGL drawing backend
    rotation: f64,                           // Rotation for the square
}
```

```rust
impl App {                                       //实现结构体的成员函数
    fn render(&mut self, args: &RenderArgs) {     //渲染
        use graphics::*;

        const GREEN: [f32; 4] = [0.0, 1.0, 0.0, 1.0];
        const RED: [f32; 4] = [1.0, 0.0, 0.0, 1.0];

        let square = rectangle::square(0.0, 0.0, 50.0);
        let rotation = self.rotation;
        let (x, y) = (args.window_size[0] / 2.0, args.window_size[1] / 2.0);

        self.gl.draw(args.viewport(), |c, gl| {
            // 清空屏幕
            clear(GREEN, gl);

            let transform = c
                .transform
                .trans(x, y)
                .rot_rad(rotation)
                .trans(-25.0, -25.0);

            //画一个围绕屏幕中间旋转的方框
            rectangle(RED, square, transform, gl);
        });
    }

    fn update(&mut self, args: &UpdateArgs) {
        //每秒旋转两个弧度
        self.rotation += 2.0 * args.dt;
    }
}


fn main() {
    //如果不起作用，请将其更改为OpenGL::V2_1
    let opengl = OpenGL::V3_2;

    // 创建并显示一个窗口
    let mut window: Window = WindowSettings::new("spinning-square", [200, 200])
        .graphics_api(opengl)
        .exit_on_esc(true)
        .build()
        .unwrap();


    //创建新游戏并运行
    let mut app = App {
        gl: GlGraphics::new(opengl),
        rotation: 0.0,
    };


    let mut events = Events::new(EventSettings::new()); //实例化事件
```

```
    while let Some(e) = events.next(&mut window) {  //开始事件循环
        if let Some(args) = e.render_args() {
            app.render(&args);
        }

        if let Some(args) = e.update_args() {
            app.update(&args);
        }
    }
}
```

软件包piston2d-graphics表示用自己的图形库来绘制2D图形。软件包piston2d-opengl_graphics表示用OpenGL这个开源库来绘制2D图形。OpenGL是用于渲染2D、3D矢量图形的跨语言、跨平台应用程序编程接口（Application Programming Interface，API）。这个接口由近350个不同的函数调用组成，用来绘制从简单的图形到比较复杂的三维景象。

WindowSettings是一个结构体，它是在Piston中构建新窗口的首选方式。它使用BuildFromWindowSettings特性，后端实现该特性来处理窗口的创建和设置。

图 16-5

步骤 03 准备运行程序。在VS Code的**TERMINAL**窗口中运行如下命令：

```
cargo run
```

稍等片刻，就可以看到结果了，如图16-5所示。

可以看到，中间的矩形在不停地旋转着。

16.4　piston_window库

为了方便开发者基于Piston开发窗口界面，Piston特意封装了一个名为piston_window的库供开发者使用。设计piston_window库的目的只有一个：方便。piston_window相当于一个方便使用的前端，其默认对应的后端就是Piston核心库的三大金刚之一的glutin_window。这个后端是可以改变的，但不建议初学者去换。

piston_window不仅用来显示窗口，还可以进行绘制图形操作，比如画矩形、画圆等。它所包含的模块如表16-1所示。

表 16-1　piston_window 所包含的模块

模　　块	说　　明
character	文本字符
circle_arc	绘制圆弧
color	颜色的辅助方法
context	转换上下文
controller	后端控制器

（续表）

模　　块	说　　明
draw_state	图形绘制状态
ellipse	画椭圆
event_id	事件标识符
generic_event	泛型事件
glyph_cache	CharacterCache 特性的实现
grid	带有方形单元格的平面网格
image	绘制图像
keyboard	后端不可知键盘键
line	画线
math	矢量计算的各种方法
modular_index	安全计算模块化索引的辅助函数
mouse	后端不可知的鼠标按钮
polygon	绘制多边形
radians	从向量重新导出弧度辅助特性
rectangle	绘制矩形
text	绘制文本
texture_packer	纹理包装
triangulation	将形状转换为三角形的方法
types	包含此库中使用的类型别名

piston_window一些常用的成员函数如表16-2所示。

表 16-2　piston_window 常用的成员函数

成员函数	说　　明
circle_arc	绘制圆弧
clear	清空屏幕
ellipse	画椭圆
ellipse_from_to	按角绘制椭圆
image	绘制图像
line	画线
line_from_to	在点之间绘制直线
polygon	绘制多边形
rectangle	画矩形
rectangle_from_to	画矩形
text	绘制文本

下面来看一个实例，在一个窗口上绘制一段文本。

【例16.2】 第一个piston_window程序

步骤 **01** 打开VS Code，单击菜单Terminal→New Terminal，执行命令cargo new hello_world来新建一个Rust工程，工程名是hello_world。然后在VS Code中打开文件夹hello_world，再打开cargo.toml文件，在该文件的[dependencies]字段下添加如下内容：

```
piston_window = "*"
find_folder = "*"
```

下面用cargo update命令来获取这些库的最新版本号，在TERMINAL窗口的命令行下输入：

```
cargo update
```

执行这个命令的目的是获取各个第三方库的最新版本号。稍等片刻，执行完毕，我们在VS Code中双击打开Cargo.lock文件，然后搜索piston_window，找到如下文本：

```
[[package]]
name = "piston_window"
version = "0.131.0"
```

可以看到，当前的版本是0.131.0。打开cargo.toml文件，将piston_window = "*"改为piston_window = "0.131.0"。同样的方法得到文件夹搜索的软件包版本：

```
find_folder = "0.3.0"
```

然后保存文件。

步骤 **02** 下面就可以添加源码了。在VS Code中打开main.rs文件，输入如下内容：

```
extern crate piston_window;
extern crate find_folder;          // find_folder是一个搜索文件夹的小型库

use piston_window::*;

fn main() {
    let mut window: PistonWindow = WindowSettings::new(
            "piston: hello_world",
            [200, 200]
        )
        .exit_on_esc(true)
        //.opengl(OpenGL::V2_1)      // Set a different OpenGl version
        .build()                    //注意: 返回值不明确，因此我们指定了返回类型PistonWindow
        .unwrap();

    let assets = find_folder::Search::ParentsThenKids(3,
3).for_folder("assets").unwrap();          //搜索文件夹
    println!("{:?}", assets);              //打印文件夹路径
    //加载该文件夹下的字体文件FiraSans-Regular.ttf
    let mut glyphs =
window.load_font(assets.join("FiraSans-Regular.ttf")).unwrap();

    window.set_lazy(true);
    while let Some(e) = window.next() {
        window.draw_2d(&e, |c, g, device| {     // draw_2d函数在渲染事件上调用闭包
```

```
    let transform = c.transform.trans(10.0, 100.0);

    clear([1.0, 1.0, 1.0, 1.0], g);
    text::Text::new_color([0.0, 0.0, 0.0, 1.0], 32).draw(    //绘制文本
        "Hello world!",
        &mut glyphs,
        &c.draw_state,
        transform, g
    ).unwrap();

    // Update glyphs before rendering.
    glyphs.factory.encoder.flush(device);
    });
  }
}
```

我们把含有字体文件FiraSans-Regular.ttf的文件夹assets放在工程目录下。搜索方式是通过函数ParentsThenKids来决定的，该函数的意思是先搜索父母，然后搜索孩子。函数for_folder用于查找具有给定名称的文件夹。

步骤 **03** 准备运行程序。在VS Code的TERMINAL窗口中运行如下命令：

```
cargo run
```

运行结果如图16-6所示。

图 16-6

这个实例只绘制了一段文本，大家也可以按照本实例调用不同的绘制函数（比如绘制矩形函数）来绘制不同的图形。下面我们进一步来做一个画图板，也就是让用户通过鼠标来画图形。这个实例将体现用户的输入。

【例16.3】　实现画图板

步骤 **01** 打开VS Code，单击菜单Terminal→New Terminal，执行命令cargo new paint来新建一个Rust工程，工程名是paint。然后在VS Code中打开文件夹paint，再打开cargo.toml文件，在该文件的[dependencies]字段下添加依赖，输入如下内容：

```
piston_window = "0.131.0"
vecmath = "1.0.0"
image = "0.24.7"
```

具体这个版本号如何得来的，这里不再赘述了，前面已经讲过了。

步骤 02 打开main.rs，输入代码如下：

```
extern crate piston_window;
extern crate image as im;
extern crate vecmath;

use piston_window::*;
use vecmath::*;

fn main() {
    let opengl = OpenGL::V3_2;
    let (width, height) = (300, 300);
    let mut window: PistonWindow =
        WindowSettings::new("piston: paint", (width, height))  //创建窗口
        .exit_on_esc(true)
        .graphics_api(opengl)
        .build()
        .unwrap();

    let mut canvas = im::ImageBuffer::new(width, height);
    let mut draw = false;
    let mut texture_context = TextureContext {
        factory: window.factory.clone(),
        encoder: window.factory.create_command_buffer().into()
    };
    let mut texture: G2dTexture = Texture::from_image(
            &mut texture_context,
            &canvas,
            &TextureSettings::new()
        ).unwrap();

    let mut last_pos: Option<[f64; 2]> = None;

    while let Some(e) = window.next() {
        if e.render_args().is_some() {
            texture.update(&mut texture_context, &canvas).unwrap();
            window.draw_2d(&e, |c, g, device| {
                // Update texture before rendering
                texture_context.encoder.flush(device);

                clear([1.0; 4], g);
                image(&texture, c.transform, g);
            });
        }
        if let Some(button) = e.press_args() {
            if button == Button::Mouse(MouseButton::Left) {
                draw = true;
            }
        };
```

```
    if let Some(button) = e.release_args() {
        if button == Button::Mouse(MouseButton::Left) {
            draw = false;
            last_pos = None
        }
    };
    if draw {
        if let Some(pos) = e.mouse_cursor_args() {
            let (x, y) = (pos[0] as f32, pos[1] as f32);

            if let Some(p) = last_pos {
                let (last_x, last_y) = (p[0] as f32, p[1] as f32);
                let distance = vec2_len(vec2_sub(p, pos)) as u32;

                for i in 0..distance {
                    let diff_x = x - last_x;
                    let diff_y = y - last_y;
                    let delta = i as f32 / distance as f32;
                    let new_x = (last_x + (diff_x * delta)) as u32;
                    let new_y = (last_y + (diff_y * delta)) as u32;
                    if new_x < width && new_y < height {
                        canvas.put_pixel(new_x, new_y, im::Rgba([0, 0, 0, 255]));
                    };
                };
            };

            last_pos = Some(pos)
        };

    }
    }
}
```

步骤 **03**　准备运行程序。在VS Code的TERMINAL窗口中运行如下命令：

```
cargo run
```

运行结果如图16-7所示。

图 16-7

16.5　游戏实战案例

在前面的实例中，我们通过鼠标进行画图，本小节通过操作键盘来控制蛇的走向。这样鼠标操作、键盘操作都学会了。现在开始用Rust写一个小游戏，大家可能都玩过一个小游戏——贪吃蛇，接下来就写个贪吃蛇游戏。

【例16.4】　贪吃蛇游戏

步骤 **01** 打开VS Code，单击菜单Terminal→New Terminal，执行命令cargo new snake来新建一个Rust工程，工程名是paint。然后在VS Code中打开文件夹snake，再打开cargo.toml文件，在该文件的[dependencies]字段下添加如下内容：

```
rand = "*"
piston_window = "*"
```

看名字就知道模块rand用于生成随机数，然后执行cargo update，在cargo.lock中得到这两个软件包的版本号，在cargo.toml文件修改如下内容：

```
[dependencies]
rand = "0.8.5"
piston_window = "0.131.0"
```

步骤 **02** 最终的项目文件结果如图16-8所示。

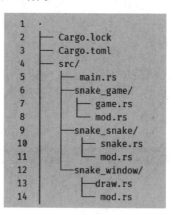

```
1   .
2   ├── Cargo.lock
3   ├── Cargo.toml
4   └── src/
5       ├── main.rs
6       ├── snake_game/
7       │   ├── game.rs
8       │   └── mod.rs
9       ├── snake_snake/
10      │   ├── snake.rs
11      │   └── mod.rs
12      └── snake_window/
13          ├── draw.rs
14          └── mod.rs
```

图 16-8

因此，我们需要在src目录下新建子目录snake_game、snake_snake和snake_window，然后在这3个文件夹下分别新建文件mod.rs，在snake_game/mod.rs中输入如下内容：

```
pub mod game;
```

在snake_snake/mod.rs中输入如下内容：

```
pub mod snake;
```

在snake_window/mod.rs中输入如下内容：

```
pub mod draw;
```

接着，在snake_game目录下新建文件game.rs，并输入代码如下：

```rust
use crate::snake_snake::snake::{Direction, Snake};
use crate::snake_window::draw::{draw_block, draw_rectangle};
use piston_window::rectangle::Shape;
use piston_window::types::Color;
use piston_window::{Context, G2d, Key};
use rand::{thread_rng, Rng};

/// 食物颜色
const FOOD_COLOR: Color = [255.0, 0.0, 255.0, 1.0];
/// 上边框颜色
const T_BORDER_COLOR: Color = [0.0000, 0.5, 0.5, 0.6];
/// 下边框颜色
const B_BORDER_COLOR: Color = [0.0000, 0.5, 0.5, 0.6];
/// 左边框颜色
const L_BORDER_COLOR: Color = [0.0000, 0.5, 0.5, 0.6];
/// 右边框颜色
const R_BORDER_COLOR: Color = [0.0000, 0.5, 0.5, 0.6];

///游戏结束颜色
const GAMEOVER_COLOR: Color = [0.90, 0.00, 0.00, 0.5];

/// 移动周期，每过多长时间进行一次移动
const MOVING_PERIOD: f64 = 0.3;

/// 游戏主体
#[derive(Debug)]
pub struct Game {
    /// 蛇的主体
    snake: Snake,
    /// 食物是否存在
    food_exists: bool,
    /// 食物x坐标
    food_x: i32,
    /// 食物y坐标
    food_y: i32,
    /// 游戏的宽
    width: i32,
    /// 游戏的高
    height: i32,
    /// 游戏是否结束
    game_over: bool,
    /// 等待时间
    waiting_time: f64,
    /// 是否暂停
    game_pause: bool,
}

impl Game {
```

```rust
/// 初始化游戏数据
pub fn new(width: i32, height: i32) -> Game {
    Game {
        snake: Snake::new(2, 2),
        food_exists: true,
        food_x: 6,
        food_y: 4,
        width,
        height,
        game_over: false,
        waiting_time: 0.0,
        game_pause: false,
    }
}


/// 对外暴露的控制方法
pub fn key_pressed(&mut self, key: Key) {
    // 输入 R 快速重新开始游戏
    if key == Key::R {
        self.restart()
    }

    if self.game_over {
        return;
    }

    let dir = match key {
        Key::Up => Some(Direction::Up),
        Key::Down => Some(Direction::Down),
        Key::Left => Some(Direction::Left),
        Key::Right => Some(Direction::Right),
        Key::P => {
            // 输入P暂停/启动游戏
            self.game_pause = !self.game_pause;
            None
        }
        _ => None,
    };

    if let Some(d) = dir {
        // 如果输入方向为当前方向的相反方向，不做任何处理
        if d == self.snake.head_direction().opposite() {
            return;
        }
    }

    // 如果为有效输入，则直接刷新蛇的方向
    self.update_snake(dir);
}


/// 是否吃到了果子
```

```
fn check_eating(&mut self) {
    let (head_x, head_y) = self.snake.head_position();
    if self.food_exists && self.food_x == head_x && self.food_y == head_y {
        self.food_exists = false;
        self.snake.restore_tail();
    }
}

/// 对外暴露的游戏绘制
pub fn draw(&self, con: &Context, g: &mut G2d) {
    self.snake.draw(con, g);
    if self.food_exists {
        draw_block(
            FOOD_COLOR,
            Shape::Round(8.0, 16),
            self.food_x,
            self.food_y,
            con,
            g,
        );
    }

    //上边框
    draw_rectangle(T_BORDER_COLOR, 0, 0, self.width, 1, con, g);
    // 下边框
    draw_rectangle(B_BORDER_COLOR, 0, self.height - 1, self.width, 1, con, g);
    // 左边框
    draw_rectangle(L_BORDER_COLOR, 0, 1, 1, self.height - 2, con, g);
    // 右边框
    draw_rectangle(
        R_BORDER_COLOR,
        self.width - 1,
        1,
        1,
        self.height - 2,
        con,
        g,
    );

    // 如果游戏失败，则绘制游戏失败画面
    if self.game_over {
        draw_rectangle(GAMEOVER_COLOR, 0, 0, self.width, self.height, con, g);
    }
}

// 对外暴露的游戏更新入口
pub fn update(&mut self, delta_time: f64) {
    // 如果游戏暂停/结束，则不执行操作
    if self.game_pause || self.game_over {
        return;
    }
```

```
       // 增加游戏的等待时间
       self.waiting_time += delta_time;

       if !self.food_exists {
           self.add_food()
       }

       if self.waiting_time > MOVING_PERIOD {
           self.update_snake(None)
       }
   }

/// 添加果子
fn add_food(&mut self) {
   let mut rng = thread_rng();

   let mut new_x = rng.gen_range(1..self.width - 1);
   let mut new_y = rng.gen_range(1..self.height - 1);

   while self.snake.over_tail(new_x, new_y) {
       new_x = rng.gen_range(1..self.width - 1);
       new_y = rng.gen_range(1..self.height - 1);
   }
   self.food_x = new_x;
   self.food_y = new_y;
   self.food_exists = true;
}

/// 检查当前游戏蛇的生存状态、蛇自身碰撞检测、游戏边界碰撞检测
fn check_if_snake_alive(&self, dir: Option<Direction>) -> bool {
   let (next_x, next_y) = self.snake.next_head(dir);

   if self.snake.over_tail(next_x, next_y) {
       return false;
   }

   next_x > 0 && next_y > 0 && next_x < self.width - 1 && next_y < self.height
- 1
}

/// 更新蛇的数据
fn update_snake(&mut self, dir: Option<Direction>) {
   if self.game_pause {
       return;
   }
   if self.check_if_snake_alive(dir) {
       self.snake.move_forward(dir);
       self.check_eating();
   } else {
       self.game_over = true;
```

```
        }
        self.waiting_time = 0.0;
    }

    /// 重置游戏
    fn restart(&mut self) {
        self.snake = Snake::new(2, 2);
        self.waiting_time = 0.0;
        self.food_exists = true;
        self.food_x = 6;
        self.food_y = 4;
        self.game_over = false;
        self.game_pause = false;
    }
}
```

接着，在snake_game目录下新建文件snake.rs，并输入代码如下：

```
use crate::snake_window::draw::draw_block;
use piston_window::rectangle::Shape;
use piston_window::types::Color;
use piston_window::{Context, G2d};
use std::collections::LinkedList;

/// 蛇身体的颜色
const SNAKE_BODY_COLOR: Color = [0.5, 0.0, 0.0, 1.0];
/// 蛇头的颜色
const SNAKE_HEAD_COLOR: Color = [1.0, 0.00, 0.00, 1.0];

/// 输入方向限定为"上下左右"
#[derive(Debug, Clone, Copy, PartialEq, Eq)]
pub enum Direction {
    Up,
    Down,
    Left,
    Right,
}

impl Direction {
    /// 方向输入合法性验证，不能直接转向相反方向
    pub fn opposite(&self) -> Direction {
        match *self {
            Direction::Up => Direction::Down,
            Direction::Down => Direction::Up,
            Direction::Left => Direction::Right,
            Direction::Right => Direction::Left,
        }
    }
}

/// 块，蛇的身体的最小单元
#[derive(Debug, Clone)]
```

```rust
struct Block {
    x: i32,
    y: i32,
}


/// 定义蛇的数据
#[derive(Debug)]
pub struct Snake {
    /// 当前朝向
    direction: Direction,
    /// 蛇的身体
    body: LinkedList<Block>,
    /// 蛇的尾巴
    tail: Option<Block>,
}

impl Snake {
    /// 蛇的初始化
    pub fn new(x: i32, y: i32) -> Snake {
        let mut body: LinkedList<Block> = LinkedList::new();
        body.push_back(Block { x: x + 2, y: y });
        body.push_back(Block { x: x + 1, y: y });
        body.push_back(Block { x: x, y: y });
        Snake {
            direction: Direction::Right,
            body,
            tail: None,
        }
    }

    /// 蛇的绘制
    pub fn draw(&self, con: &Context, g: &mut G2d) {
        let mut is_head = true;
        for block in &self.body {
            if is_head {
                is_head = false;
                draw_block(
                    SNAKE_HEAD_COLOR,
                    Shape::Round(10.0, 16),
                    block.x,
                    block.y,
                    con,
                    g,
                );
            } else {
                draw_block(
                    SNAKE_BODY_COLOR,
                    Shape::Round(12.5, 16),
                    block.x,
                    block.y,
                    con,
```

```
                    g,
                );
            }
        }
    }

    /// 蛇头的当前坐标
    pub fn head_position(&self) -> (i32, i32) {
        let head = self.body.front().unwrap();
        (head.x, head.y)
    }

    /// 蛇头的当前方向
    pub fn head_direction(&self) -> Direction {
        self.direction
    }

    /// 蛇头的下一个位置的坐标
    pub fn next_head(&self, dir: Option<Direction>) -> (i32, i32) {
        let (head_x, head_y): (i32, i32) = self.head_position();

        let mut moving_dir = self.direction;
        match dir {
            Some(d) => moving_dir = d,
            None => {}
        }

        match moving_dir {
            Direction::Up => (head_x, head_y - 1),
            Direction::Down => (head_x, head_y + 1),
            Direction::Left => (head_x - 1, head_y),
            Direction::Right => (head_x + 1, head_y),
        }
    }

    /// 向前移动
    pub fn move_forward(&mut self, dir: Option<Direction>) {
        match dir {
            Some(d) => self.direction = d,
            None => (),
        }

        let (x, y) = self.next_head(dir);
        self.body.push_front(Block { x, y });
        let remove_block = self.body.pop_back().unwrap();
        self.tail = Some(remove_block);
    }

    /// 增加蛇的长度
    pub fn restore_tail(&mut self) {
        let blk = self.tail.clone().unwrap();
```

```
        self.body.push_back(blk);
    }

    /// 自身碰撞检测
    pub fn over_tail(&self, x: i32, y: i32) -> bool {
        let mut ch = 0;
        for block in &self.body {
            if x == block.x && y == block.y {
                return true;
            }
            ch += 1;
            if ch == self.body.len() - 1 {
                break;
            }
        }
        false
    }
}
```

步骤 **03** 准备运行程序。在VS Code的TERMINAL窗口中运行如下命令:

```
cargo run
```

运行结果如图16-9所示。

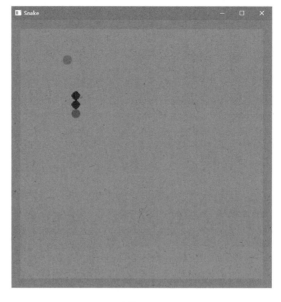

图 16-9

第 **17** 章
数据分析实战

在日常工作中，笔者经常有数据分析的需求，目前大部分常规任务都可以在公司内部的 BI（Business Intelligence，商业智能）平台上完成。BI 不仅是一个数据分析平台，还是一个可视化数据平台。它使企业能够将数据从多个来源集中到一个中央位置。这使企业能够更好地管理、访问和分析数据。BI 包括数据采集、清洗、整合、存储、计算、建模、训练、展现、协作等，让用户可以在一个统一的平台上完成全流程数据分析任务。

不过业务数据需要先同步到数据仓库后才能在 BI 平台内使用，偶尔还需要在本地进行一些离线数据分析，笔者一般会使用 Pandas。作为老牌的数据分析工具，Pandas 基本上可以满足日常的数据分析需求，但是在处理大数据时，Pandas 的性能就显得不够优秀了，并且会占用大量内存。另外，在进行多个数据源的联合查询时，Pandas 也不够灵活。

最近发现了 Polars 库，体验相当不错，已经可以说服笔者将 Pandas 替换为 Polars 了。本章就来阐述如何使用 Polars。

17.1　Polars概述

17.1.1　什么是 Polars

Polars是一个基于 Rust 的数据分析库，它的目标是提供一个高性能的数据分析工具，同时也提供了Python和JavaScript的接口，也就是说这款工具还可以供Python使用。Polars是一个用纯Rust开发的速度极快的DataFrame库，底层使用Apache Arrow内存模型。

数据科学家和数据分析师都对Pandas非常熟悉。对于数据科学领域的从业者来说，几乎无一例外地都会花费大量时间学习用Pandas处理数据。然而Pandas被诟病最多的是其运行速度和大数据集的处理效率。幸运的是，Polars的出现弥补了Pandas的不足。

Polars最核心的概念是表达式（Expressions），也是其拥有快速性能的核心。Polars提供了一个强大的表达式API。表达式API允许你创建和组合多种操作，例如过滤、排序、聚合、窗口函数等。表达式API也可以优化查询性能和内存使用。

17.1.2　Polars 和 Pandas 对比

Polars与Pandas在许多方面具有截然不同的设计与实现。不像Pandas中每个DataFrame都有一个索引列（Pandas的很多操作也是基于索引的，例如join两个DataFrame进行联合查询），Polars并没有索引（Index）概念。主要区别如下：

（1）Polars使用Apache Arrow作为内部数据格式，而Pandas使用NumPy数组。

（2）Polars提供比Pandas更多的并发支持。

（3）Polars支持惰性查询并提供查询优化。

（4）Polars提供了与Pandas相似的API，以便于用户更快地上手。

简单地说，Polars相当于Rust的Pandas，且性能比Pandas要好很多。总体感觉，Polars就是奔着取代Pandas而生的。

17.1.3　为什么需要 Polars

跟Pandas比，Polars有如下优势：

（1）Polars取消了DataFrame中的索引。消除索引让Polars更容易操作数据（Pandas中的DataFrame的索引很鸡肋）。

（2）Polars数据底层用Apache Arrow数组表示，而Pandas数据背后用NumPy数组表示。Apache Arrow在加载速度、内存占用和计算效率上都更加高效。

（3）Polars比Pandas支持更多并行操作。因为Polars是用Rust写的，所以可以无畏并发。

（4）Polars支持延迟计算（Lazy Evaluation），Polars会根据请求检验、优化数据以找到加速方法或降低内存占用。另一方面，Pandas仅支持立即计算（Eager Evaluation），即收到请求立即求值。

Polars就是为了解决Pandas的性能而生的。在很多测试中，Polars比Pandas快2～3倍。Pandas与Polars的对比如表17-1所示。

表 17-1　Pandas 与 Polars 的对比

操　　作	Pandas	Polars
读取 CSV	217.17	114.04
大小（Shape）	0.0	0.0010
过滤（Filter）	0.80	0.779
分组（Group By）	3.59	1.23
应用（Apply）	13.08	6.03
计数（Value Counts）	2.82	1.76

（续表）

操　作	Pandas	Polars
去重（Unique）	2.15	1.03
保存到 CSV	779	439

17.1.4　安装 Polars

由于Polars提供Python和JavaScript绑定，因此Polars支持多种语言环境安装。下面阐述针对各种语言的Polars安装。

（1）对于Rust，传统的Rust程序有Cargo进行包管理，只需要在cargo.toml的[dependencies]中加入：

```
polars = "0.25.1"
```

或者用cargo add命令即可：

```
$ cargo add polars
```

（2）对于Python环境，可以安装Polars的Python语言绑定PyPolars：

```
$ pip install polars
```

（3）对于Node环境，可以安装Polars的JavaScript语言绑定：

```
$ yarn add nodejs-polars
```

（4）数据科学家和算法工程师更喜欢用Jupyter，在Jupyter环境下需要用evcxr的:dep命令来引入包。在Jupyter中输入代码如下：

```
:dep polars = {version = "0.25.1"}
```

17.1.5　创建 DataFrame

我们先来看一下如何手动创建DataFrame（数据帧）。

【例17.1】　手动创建DataFrame

步骤 **01**　打开VS Code，单击菜单Terminal→New Terminal，执行命令cargo new myrust来新建一个Rust工程，工程名是myrust。打开cargo.toml文件准备添加依赖软件包，在[dependencies]下添加如下内容：

```
polars = { version = "0.25.1", features = ["json"] }
```

步骤 **02**　准备添加代码。打开main.rs，添加代码如下：

```
use polars::prelude::*;  //引用Polars

fn main() {
    let df = df! [    //定义数据
```

```
        "Model" => ["iPhone XS", "iPhone 12", "iPhone 13", "iPhone 14", "Samsung
S11", "Samsung S12", "Mi A1", "Mi A2"],
        "Company" => ["Apple", "Apple", "Apple", "Apple", "Samsung", "Samsung",
"Xiao Mi", "Xiao Mi"],
        "Sales" => [80, 170, 130, 205, 400, 30, 14, 8],
        "Comment" => [None, None, Some("Sold Out"), Some("New Arrival"), None,
Some("Sold Out"), None, None],
    ];

    println!("{:?}", &df);    //输出数据
}
```

Polars提供了df!宏来创建DataFrame。df!按列接受数据，每列含有列名和数据，数据以数组形式提供。这里需要注意，如果数据中存在空数据，则需要用None来表示，而Rust是强类型语言，需要列数据类型一致，因此，如果数据中有None存在，则其他非None数据需要用Some()包裹，达到类型一致。

DataFrame实现了std::fmt::Display方法，因此创建的对象可以直接利用println!宏输出。跟Pandas一样，在Jupyter Notebook中Polars DataFrame会以整齐美观的格式输出，并且还很贴心地将每列的数据类型展示出来，非常方便。

步骤 03 在TERMINAL窗口的命令行中输入运行命令cargo run，运行结果如图17-1所示。

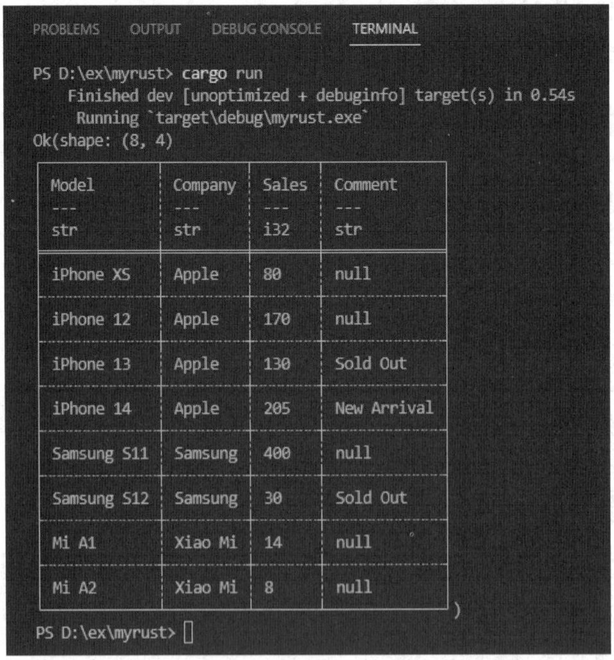

图 17-1

这里需要注意，Polars DataFrame跟Pandas DataFrame有一点不同，Polars DataFrame的列名必须是字符串类型。如果列名不是字符串类型，运行时会报错。请看下面的代码：

```
let df2 = df! [
    0 => [Some(0), Some(1), Some(2)],
```

```
    1 => [Some("x"), Some("y"), Some("z")],
];
println!("{}", &df2);
```

上面的代码运行会报个错：mismatched types，如图17-2所示。

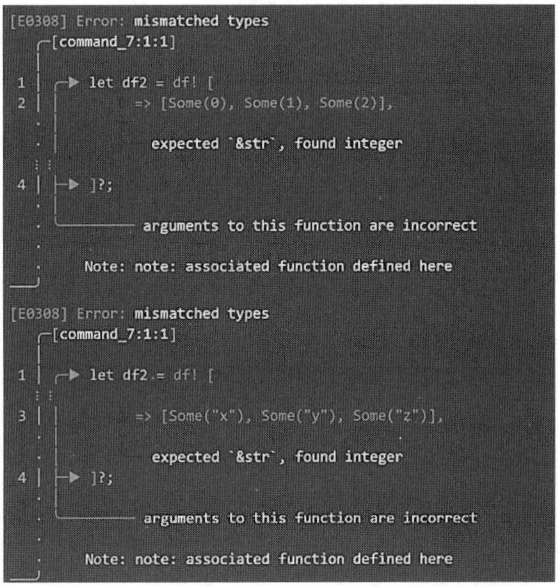

图 17-2

这是因为列名是i32类型，而不是str字符串类型。除显示列名外，Polars DataFrame还会在列名下面显示该列的数据类型。我们也可以调用dtypes()方法获取各列的数据类型：

```
df.dtypes()
```

运行上面的代码会看到下面的输出：

```
[Utf8, Utf8, Int32, Utf8]
```

也可以用get_column_names()方法获取所有列名：

```
df.get_column_names()
```

输出：

```
["Model", "Company", "Sales", "Comment"]
```

也可以通过get_row()方法传入行下标来获取一行数据：

```
df.get_row(0)
```

上面的代码会将第一行数据显示出来：

```
Row([Utf8("iPhone XS"), Utf8("Apple"), Int32(80), Null])
```

值得注意的是，与Pandas不同，Polars中没有行索引的概念。Polar的设计哲学认为DataFrame不需要行索引。

下面再看一个实例,读取JSON(JavaScript Object Notation,JS对象简谱)数据。JSON是一种轻量级的数据交换格式,它基于 ECMAScript(European Computer Manufacturers Association,欧洲计算机协会制定的JS规范)的一个子集,采用完全独立于编程语言的文本格式来存储和表示数据。简洁和清晰的层次结构使得 JSON 成为理想的数据交换语言,易于人阅读和编写,同时也易于机器解析和生成,并有效地提升了网络传输效率。JSON是Douglas Crockford在2001年开始推广使用的数据格式,在2005~2006年正式成为主流的数据格式,雅虎和谷歌就在那个时候开始广泛地使用JSON格式。

任何支持的类型都可以通过JSON来表示,例如字符串、数字、对象、数组等,但是对象和数组是比较特殊且常用的两种类型。

- 对象:对象在JS中是使用花括号 "{}" 包裹起来的内容,数据结构为{key1: value1, key2: value2, …}的键-值对结构。在面向对象的语言中,key为对象的属性,value 为对应的值。键名可以使用整数和字符串来表示。值可以是任意类型。

- 数组:数组在JS中是方括号"[]"包裹起来的内容,数据结构为 ["java", "javascript", "vb", …]的索引结构。在JS中,数组是一种比较特殊的数据类型,它也可以像对象那样使用键-值对,但还是索引使用得多。同样,值可以是任意类型。

【例17.2】 定义并加载JSON数据

步骤01 打开VS Code,单击菜单Terminal→New Terminal,执行命令cargo new myrust来新建一个Rust工程,工程名是myrust。打开cargo.toml文件准备添加依赖软件包,在[dependencies]下添加如下内容:

```
polars = { version = "0.25.1", features = ["json"] }
```

步骤02 准备添加代码。打开main.rs,添加代码如下:

```rust
use std::io::Cursor;
use polars::prelude::*;

fn main() {
    let data = r#"[                     //定义JSON数据
        {"date": "1996-12-16T00:00:00.000", "open": 16.86, "close": 16.86, "high":
16.86, "low": 16.86, "volume": 62442.0, "turnover": 105277000.0},
        {"date": "1996-12-17T00:00:00.000", "open": 15.17, "close": 15.17, "high":
16.79, "low": 15.17, "volume": 463675.0, "turnover": 718902016.0},
        {"date": "1996-12-18T00:00:00.000", "open": 15.28, "close": 16.69, "high":
16.69, "low": 15.18, "volume": 445380.0, "turnover": 719400000.0},
        {"date": "1996-12-19T00:00:00.000", "open": 17.01, "close": 16.4, "high":
17.9, "low": 15.99, "volume": 572946.0, "turnover": 970124992.0}
    ]"#;

    let res = JsonReader::new(Cursor::new(data)).finish();
    println!("{:?}", res);
    assert!(res.is_ok());
    let df = res.unwrap();
    println!("{:?}", df);                //输出结果
}
```

步骤 03 在TERMINAL窗口的命令行中输入运行命令cargo run，运行结果如图17-3所示。

```
PROBLEMS   OUTPUT   DEBUG CONSOLE   TERMINAL

PS D:\ex\read_json> cargo run
    Compiling read_json v0.1.0 (D:\ex\read_json)
    Finished dev [unoptimized + debuginfo] target(s) in 53.65s
     Running `target\debug\read_json.exe`
Ok(shape: (4, 7)
```

date	open	close	high	low	volume	turnover
---	---	---	---	---	---	---
str	f64	f64	f64	f64	f64	f64
1996-12-16T00:00:00.000	16.86	16.86	16.86	16.86	62442.0	1.05277e8
1996-12-17T00:00:00.000	15.17	15.17	16.79	15.17	463675.0	7.18902016e8
1996-12-18T00:00:00.000	15.28	16.69	16.69	15.18	445380.0	7.194e8
1996-12-19T00:00:00.000	17.01	16.4	17.9	15.99	572946.0	9.70124992e8

```
shape: (4, 7)
```

date	open	close	high	low	volume	turnover
---	---	---	---	---	---	---
str	f64	f64	f64	f64	f64	f64
1996-12-16T00:00:00.000	16.86	16.86	16.86	16.86	62442.0	1.05277e8
1996-12-17T00:00:00.000	15.17	15.17	16.79	15.17	463675.0	7.18902016e8
1996-12-18T00:00:00.000	15.28	16.69	16.69	15.18	445380.0	7.194e8
1996-12-19T00:00:00.000	17.01	16.4	17.9	15.99	572946.0	9.70124992e8

```
PS D:\ex\read_json> []
```

图 17-3

17.1.6　加载外部数据

除手动创建DataFrame外，我们更多时候都是从外部将数据集加载到DataFrame中。Polars支持多种格式的数据加载，包括CSV、JSON、Parquet等常见的数据格式。我们以CSV数据载入为例，演示一下Polars如何加载外部数据，通过这个实例，我们还能学到从命令行下指定加载文件的方式。

【例17.3】　加载外部数据

步骤 01 打开VS Code，单击菜单Terminal→New Terminal，执行命令cargo new myrust来新建一个
Rust工程，工程名是myrust。打开cargo.toml文件准备添加依赖软件包，在[dependencies]
下添加如下内容：

```
csv = {version = "1.1"}
```

步骤 02 准备添加代码。打开main.rs，添加代码如下：

```
use std::{env, error::Error, ffi::OsString, fs::File, process};

fn run() -> Result<(), Box<dyn Error>> {
    let file_path = get_first_arg()?;
```

```
    let file = File::open(file_path)?;
    let mut rdr = csv::Reader::from_reader(file);

    /* //可以通过这个循环输出知道列数
    for result in rdr.records() {
        let record = result?;
        println!("{:?}", record);
    }
    */
    println!("{:?}", rdr.headers());                    //输出列头
    for row in rdr.records() {                          //输出结果
        let row = row?;
        println!(
            " {} | {} | {} | {} |", &row[0], &row[1], &row[2], &row[3],
        );
    }
    Ok(())
}

//返回发送到此进程的第一个位置参数。如果没有位置参数，则返回一个错误
fn get_first_arg() -> Result<OsString, Box<dyn Error>> {
    match env::args_os().nth(1) {
        None => Err(From::from("expected 1 argument, but got none")),
        Some(file_path) => Ok(file_path),
    }
}

fn main() {
    if let Err(err) = run() {
        println!("{}", err);
        process::exit(1);
    }
}
```

在程序中，我们没有显式指明要加载的CSV文件，而是通过用户在命令行下指定的。这里，笔者把一个名为smallpop.csv的数据文件放在myrust\target\debug\下。

步骤 **03** 在TERMINAL窗口中，从命令行进入myrust目录，然后输入编译命令cargo build，此时将在myrust\target\debug\目录下生成可执行文件myrust.exe，进入myrust\target\debug\目录，然后运行myrust.exe，运行结果如下：

```
PS D:\ex\myrust\target\debug> .\myrust.exe smallpop.csv
Ok(StringRecord(["city", "region", "country", "population"]))
 Southborough | MA | United States | 9686 |
 Northbridge | MA | United States | 14061 |
 Westborough | MA | United States | 29313 |
 Marlborough | MA | United States | 38334 |
 Springfield | MA | United States | 152227 |
 Springfield | MO | United States | 150443 |
 Springfield | NJ | United States | 14976 |
 Springfield | OH | United States | 64325 |
 Springfield | OR | United States | 56032 |
```

```
Concord   | NH | United States |  42605 |
PS D:\ex\myrust\target\debug>
```

可以看出，我们把smallpop.csv中的内容都读取出来了。

有了数据之后，通常第一步需要对数据进行一些探索，常用的数据探索功能Polars都已经内置。

17.2　浏　览　数　据

当我们需要分析的数据集比较大时，一般只选择开头或结尾的几行来浏览数据。比如：

```
iris_data.head(Some(5))            //输出前5行
```

输出结果如图17-4所示。

shape: (5, 5)				
sepal.length	sepal.width	petal.length	petal.width	variety
f64	f64	f64	f64	str
5.1	3.5	1.4	0.2	Setosa
4.9	3.0	1.4	0.2	Setosa
4.7	3.2	1.3	0.2	Setosa
4.6	3.1	1.5	0.2	Setosa
5.0	3.6	1.4	0.2	Setosa

图 17-4

又比如输出后5行：

```
iris_data.tail(Some(5))            //输出后5行
```

输出结果如图17-5所示。

shape: (5, 5)				
sepal.length	sepal.width	petal.length	petal.width	variety
f64	f64	f64	f64	str
6.7	3.0	5.2	2.3	Virginica
6.3	2.5	5.0	1.9	Virginica
6.5	3.0	5.2	2.0	Virginica
6.2	3.4	5.4	2.3	Virginica
5.9	3.0	5.1	1.8	Virginica

图 17-5

17.3　数　据　描　述

我们可以通过shape()来查看数据集的大小：

```
iris_data.shape()
```

输出：

```
(150, 5)
```

对数据集更详细的描述，可以使用类似于Pandas的describe()方法。describe()方法在describe feature中，所以要使用describe()，我们需要在引入Polars时带上feature。

```
iris_data.describe(None)
```

输出结果如图17-6所示。

shape: (8, 6)					
describe --- str	sepal.length --- f64	sepal.width --- f64	petal.length --- f64	petal.width --- f64	variety --- f64
count	150.0	150.0	150.0	150.0	150.0
mean	5.843333	3.057333	3.758	1.199333	null
std	0.828066	0.435866	1.765298	0.762238	null
min	4.3	2.0	1.0	0.1	null
25%	5.1	2.8	1.6	0.3	null
50%	5.8	3.0	4.35	1.3	null
75%	6.4	3.3	5.1	1.8	null
max	7.9	4.4	6.9	2.5	null

图 17-6

从输出可以看到，Polars的describe()方法的输出跟Pandas的几乎一致。

describe()方法接受一个参数，用于指定分位数。如果传None，则默认显示25%、50%、75%分位数。我们可以传入f64数组引用来自定义分位数，比如：

```
iris_data.describe(Some(&[0.3, 0.6, 0.9]))
```

上面的代码会输出30%、60%、90%分位数，结果如图17-7所示。注意，describe()方法的参数是Option类型，所以需要用Some函数将浮点数数组包裹起来。

```
shape: (8, 6)
┌──────────┬──────────────┬─────────────┬──────────────┬─────────────┬─────────┐
│ describe │ sepal.length │ sepal.width │ petal.length │ petal.width │ variety │
│ ---      │ ---          │ ---         │ ---          │ ---         │ ---     │
│ str      │ f64          │ f64         │ f64          │ f64         │ f64     │
╞══════════╪══════════════╪═════════════╪══════════════╪═════════════╪═════════╡
│ count    │ 150.0        │ 150.0       │ 150.0        │ 150.0       │ 150.0   │
│ mean     │ 5.843333     │ 3.057333    │ 3.758        │ 1.199333    │ null    │
│ std      │ 0.828066     │ 0.435866    │ 1.765298     │ 0.762238    │ null    │
│ min      │ 4.3          │ 2.0         │ 1.0          │ 0.1         │ null    │
│ 30%      │ 5.27         │ 2.8         │ 1.7          │ 0.4         │ null    │
│ 60%      │ 6.1          │ 3.1         │ 4.64         │ 1.5         │ null    │
│ 90%      │ 6.9          │ 3.61        │ 5.8          │ 2.2         │ null    │
│ max      │ 7.9          │ 4.4         │ 6.9          │ 2.5         │ null    │
└──────────┴──────────────┴─────────────┴──────────────┴─────────────┴─────────┘
```

图 17-7

17.4　聚 合 统 计

describe()中已经包含常用的聚合统计功能，这些功能都可以使用对应的函数来单独统计。除此之外，Polars还提供了众多聚合统计函数：

- sum()：求和。
- std()：求标准差。
- var()：求方差。
- mean()：求平均数。
- median()：求中位数。
- max()：求最大值。
- min()：求最小值。
- quantile()：求分位数。

这里详细介绍一下quantile()，其他的函数跟Pandas非常类似。quantile()接受2个参数，第一个参数为分位数；第二个参数是求值策略，它是个QuantileInterpolOptions枚举值，有如下选项：

- Nearest。
- Lower。
- Higher。
- Midpoint。
- Linear。

下面的代码演示如何用线性策略求33%分位数：

```
iris_data.quantile(0.33, QuantileInterpolOptions::Linear);
```

结果如图17-8所示。

```
shape: (1, 5)

 sepal.length    sepal.width    petal.length    petal.width    variety
 ---             ---            ---             ---            ---
 f64             f64            f64             f64            str

 5.4             2.9            2.087           0.668          null
```

图 17-8

17.5　数　据　清　洗

17.5.1　处理缺失值

我们来看处理缺失值这个常见场景，Polars提供了drop_nulls()来删除缺失值。请看下面的代码：

```
let df2 = df.drop_nulls(Some(&["Comment".to_string()]));
println!("{}", &df2);
```

上面的代码移除了Comment列数据为空的记录，输出结果如图17-9所示。

```
shape: (3, 4)

 Model         Company    Sales    Comment
 ---           ---        ---      ---
 str           str        i32      str

 iPhone 13     Apple      130      Sold Out

 iPhone 14     Apple      205      New Arrival

 Samsung S12   Samsung    30       Sold Out
```

图 17-9

如果参数传None，则是对所有列移除数据为空的记录。除直接将缺失值所在行删除外，很多时候我们希望用某个值来填充缺失值。Polars中提供了fill_null()来实现这个功能。

```
let df3 = df.fill_null(FillNullStrategy::Forward(None))?;
println!("{}", &df3);
```

上面的代码会用遇到的第一个非空值填充后面的空值，输出结果如图17-10所示。

fill_null提供了以下多种填充策略。

- Forward(Option)：向后遍历，用遇到的第一个非空值（或给定下标位置的值）填充后面的空值。
- Backward(Option)：向前遍历，用遇到的第一个非空值（或给定下标位置的值）填充前面的空值。

- Mean：用算术平均值填充。
- Min：用最小值填充。
- Max：用最大值填充。
- Zero：用0填充。
- One：用1填充。
- MaxBound：用数据类型的取值范围的上界填充。
- MinBound：用数据类型的取值范围的下界填充。

```
shape: (8, 4)

| Model     | Company | Sales | Comment     |
| ---       | ---     | ---   | ---         |
| str       | str     | i32   | str         |

| iPhone XS  | Apple   | 80    | null        |
| iPhone 12  | Apple   | 170   | null        |
| iPhone 13  | Apple   | 130   | Sold Out    |
| iPhone 14  | Apple   | 205   | New Arrival |
| Samsung S11 | Samsung | 400  | New Arrival |
| Samsung S12 | Samsung | 30   | Sold Out    |
| Mi A1      | Xiao Mi | 14    | Sold Out    |
| Mi A2      | Xiao Mi | 8     | Sold Out    |
```

图 17-10

17.5.2　剔除重复值

在数据清洗时，我们往往还要去除数据中的重复记录，Polars提供了drop_duplicates()。请看下面的代码：

```
let df4 = df.drop_duplicates(true, Some(&["Company".to_string()]));
println!("{}", &df4);
```

drop_duplicates()接收2个参数，第一个参数是个bool值，表示是否保持数据的顺序；第二个参数是要处理的列名列表，如果传None，则表示所有列。上面的代码执行后，Company列中重复的数据只会保留第一条。输出结果如图17-11所示。

```
shape: (3, 4)

| Model       | Company | Sales | Comment |
| ---         | ---     | ---   | ---     |
| str         | str     | i32   | str     |

| iPhone XS   | Apple   | 80    | null    |
| Samsung S11 | Samsung | 400   | null    |
| Mi A1       | Xiao Mi | 14    | null    |
```

图 17-11

17.6 数 据 操 作

17.6.1 选择列

我们先看选择列，Polars中选择列非常直接，只需要给出列名即可：

```
df.select(["Model"]);
```

上面的代码会返回仅包含Model列的DataFrame，输出结果如图17-12所示。

如果想获取多列，只需要将多个列名放在数组中即可：

```
df.select(["Model", "Company"]);
```

输出结果如图17-13所示。

图 17-12   图 17-13

除用列名获取列外，还可以用下标来获取：

```
df.select_by_range(0..1);
df.select_by_range(0..=1);
```

上面两行代码的输出跟之前用列名选择列的输出是一样的。

17.6.2 数据筛选（过滤）

从数据集中按条件筛选（过滤）数据是最常用的操作之一。Polars用filter()进行数据筛选。filter()

接收一个bool数组为参数，根据数组中的bool值来留下（为true时）或过滤掉（为false时）数据。因此，数据筛选（过滤）的核心是产生此bool数组。比如，我们想筛选出苹果公司的手机，可以这样写：

```
let mask = df.column("Company")?.equal("Apple");
df.filter(&mask);
```

上面的代码df.column("Company")获取Company列数据，然后用equal()判断值相等，得到bool数组，再由filter()函数过滤出数据。输出结果如图17-14所示。

当然，也可以通过逻辑运算（与（&）、或（|）、非（!））组合多个筛选条件。比如想筛选出苹果公司销售量大于100的数据，可以这样组合：

```
let mask = df.column("Company")?.equal("Apple")? & df.column("Sales")?.gt(100);
df.filter(&mask);
```

这里用与运算符（&）组合两个判断条件，形成新的bool数组，输出结果如图17-15所示。

```
shape: (4, 4)

┌───────────┬─────────┬───────┬─────────────┐
│ Model     ┆ Company ┆ Sales ┆ Comment     │
│ ---       ┆ ---     ┆ ---   ┆ ---         │
│ str       ┆ str     ┆ i32   ┆ str         │
╞═══════════╪═════════╪═══════╪═════════════╡
│ iPhone XS ┆ Apple   ┆ 80    ┆ null        │
│ iPhone 12 ┆ Apple   ┆ 170   ┆ null        │
│ iPhone 13 ┆ Apple   ┆ 130   ┆ Sold Out    │
│ iPhone 14 ┆ Apple   ┆ 205   ┆ New Arrival │
└───────────┴─────────┴───────┴─────────────┘
```

图 17-14

```
shape: (3, 4)

┌───────────┬─────────┬───────┬─────────────┐
│ Model     ┆ Company ┆ Sales ┆ Comment     │
│ ---       ┆ ---     ┆ ---   ┆ ---         │
│ str       ┆ str     ┆ i32   ┆ str         │
╞═══════════╪═════════╪═══════╪═════════════╡
│ iPhone 12 ┆ Apple   ┆ 170   ┆ null        │
│ iPhone 13 ┆ Apple   ┆ 130   ┆ Sold Out    │
│ iPhone 14 ┆ Apple   ┆ 205   ┆ New Arrival │
└───────────┴─────────┴───────┴─────────────┘
```

图 17-15

17.6.3　排序

对数排序是数据分析中最常用的另一个操作。Polars提供sort()方法进行单列排序或多列组合排序。单列排序很简单，只需要传入两个参数：列名和是否降序排列，请看下面的代码：

```
df.sort(["Sales"], true);
```

上面的代码对Sales列降序排序，输出结果如图17-16所示。

多列组合排序需要传入多个列名组成的数组和对应的排序方式数组，请看下面的代码：

```
df.sort(["Model", "Sales"], vec![false, true]);
```

排在前面的列为主排序列，后面的列为辅助排序列。排序时会先按主列排序，然后按辅列排序。上面的代码实现的是先按Model升序排序，然后在此基础上按Sales降序排序，所以输出结果如图17-17所示。

shape: (8, 4)

Model --- str	Company --- str	Sales --- i32	Comment --- str
Samsung S11	Samsung	400	null
iPhone 14	Apple	205	New Arrival
iPhone 12	Apple	170	null
iPhone 13	Apple	130	Sold Out
iPhone XS	Apple	80	null
Samsung S12	Samsung	30	Sold Out
Mi A1	Xiao Mi	14	null
Mi A2	Xiao Mi	8	null

图 17-16

shape: (8, 4)

Model --- str	Company --- str	Sales --- i32	Comment --- str
Mi A1	Xiao Mi	14	null
Mi A2	Xiao Mi	8	null
Samsung S11	Samsung	400	null
Samsung S12	Samsung	30	Sold Out
iPhone 12	Apple	170	null
iPhone 13	Apple	130	Sold Out
iPhone 14	Apple	205	New Arrival
iPhone XS	Apple	80	null

图 17-17

17.6.4 合并

有时我们需要将两个DataFrame按主键合并成一个DataFrame，此时就需要用得到join()。join()接收5个参数，分别是要合并的DataFrame、左键、右键、合并方式及前缀。请看下面的代码：

```
let df_price = df! [
    "Model" => ["iPhone XS", "iPhone 12", "iPhone 13", "iPhone 14", "Samsung S11",
"Samsung S12", "Mi A1", "Mi A2"],
    "Price" => [2430, 3550, 5700, 8750, 2315, 3560, 980, 1420],
    "Discount" => [Some(0.85), Some(0.85), Some(0.8), None, Some(0.87), None,
Some(0.66), Some(0.8)],
]?;
let mut df_join = df.join(&df_price, ["Model"], ["Model"], JoinType::Inner, None)?;
println!("{}", &df_join);
```

上面的代码将新建的df_price按照Model为主键合并到df中，合并后的结果如图17-18所示。

shape: (8, 6)

Model --- str	Company --- str	Sales --- i32	Comment --- str	Price --- i32	Discount --- f64
iPhone XS	Apple	80	null	2430	0.85
iPhone 12	Apple	170	null	3550	0.85
iPhone 13	Apple	130	Sold Out	5700	0.8
iPhone 14	Apple	205	New Arrival	8750	null
Samsung S11	Samsung	400	null	2315	0.87
Samsung S12	Samsung	30	Sold Out	3560	null
Mi A1	Xiao Mi	14	null	980	0.66
Mi A2	Xiao Mi	8	null	1420	0.8

图 17-18

17.6.5　分组

在进行数据分析时往往需要分组来分析，我们可以用groupby()对数据进行分组。groupby()接受一个参数，指定以哪个属性（列名）来分组。比如，我们想按公司品牌来统计销量，可以这样写：

```
df.groupby(["Company"])?
    .select(["Sales"])
    .sum()?
```

上面的代码很好理解，先按Company分组，然后对Sales进行加总，输出结果如图17-19所示。

最后，我们可以将前面学到的内容结合在一起使用，按公司品牌统计销售额并降序排序。其中折扣为空表示不打折。其代码如下：

```
// 计算销售额
let mut amount = (df_join.column("Sales")?) * (df_join.column("Price")?) *
(df_join.column("Discount")?.fill_null(FillNullStrategy::One)?);
amount.rename("Amount");
// 将销售额加入DataFrame
df_join.with_column(amount)?;
// 分组统计销售额
df_join.groupby(["Company"])?
    .select(["Amount"])
    .sum()?
    .sort(["Amount_sum"], true)?
```

输出结果如图17-20所示。

shape: (3, 2)

Company	Sales_sum
str	i32
Apple	585
Xiao Mi	22
Samsung	430

图 17-19

shape: (3, 2)

Company	Amount_sum
str	f64
Apple	2.0288e10
Samsung	2.0028e9
Xiao Mi	1.6181e7

图 17-20

本章我们学习了Polars的基本用法，并带领读者实操了从数据生成/加载到数据探索、数据清洗，再到数据操作整个数据处理流程。Pandas能实现的功能，Polars都能实现且性能更好。Polars的功能还有很多，能处理的问题十分丰富，这里限于篇幅不再展开，请读者参考官方文档和相关互联网博客文章自行探索。